果蔬中
真菌毒素

薛华丽 · 主编　　宗元元　王　蒙　王军节 · 副主编
毕　阳 · 主审

Mycotoxin in Fruits and Vegetables

U0311495

化学工业出版社
· 北京 ·

《果蔬中真菌毒素》共分十二章，比较系统地介绍了果蔬采后病害发生原理、果蔬中真菌毒素的产生及对人类健康的危害，针对果蔬和果蔬制品质量安全问题，结合国内外科研进展和实际工作成果，从专业的角度系统介绍了果蔬中棒曲霉素、赭曲霉素、交链孢毒素、单端孢霉烯族毒素、黄曲霉毒素等真菌毒素的产生规律以及果蔬各种真菌病害的消减和脱除方法、检测方法和限量标准，并给出果蔬中几种重要真菌毒素的检测技术的案例分析。

《果蔬中真菌毒素》可供食品科学、食品质量与安全相关专业的高等学校、培训机构和科研人员作为参考。可供农产品安全与检测、出入境检验检疫、产品质量监督检验政府实验室和第三方实验室技术人员参考与使用，也可供果蔬生产、采收和储运行业技术人员参考。

图书在版编目（CIP）数据

果蔬中的真菌毒素/薛华丽主编．—北京：化学工业出版社，2018.6

ISBN 978-7-122-31880-0

Ⅰ.①果…　Ⅱ.①薛…　Ⅲ.①水果-真菌毒素-微生物检定　②蔬菜-真菌毒素-微生物检定　Ⅳ.①TS207.4

中国版本图书馆 CIP 数据核字（2018）第 065040 号

责任编辑：李　琰

责任校对：王素芹　　　　　　　　　　装帧设计：关　飞

出版发行：化学工业出版社（北京市东城区青年湖南街 13 号　邮政编码 100011）

印　　装：大厂聚鑫印刷有限责任公司

787mm×1092mm　1/16　印张 13½　字数 324 千字　2018 年 10 月北京第 1 版第 1 次印刷

购书咨询：010-64518888（传真：010-64519686）　售后服务：010-64518899

网　　址：http://www.cip.com.cn

凡购买本书，如有缺损质量问题，本社销售中心负责调换。

定　　价：68.00 元

《果蔬中真菌毒素》参加编写人员

主　编　薛华丽　甘肃农业大学　博士、副教授

副主编　宗元元　甘肃农业大学　博士、讲师

王　蒙　北京农业质量标准与检测技术研究中心　博士、副研究员

王军节　北方民族大学　博士、副教授

主　审　毕　阳

序言

我国是全球最大的水果和蔬菜生产国和消费国，果蔬在广大消费者每日膳食中具有重要的地位，为广大消费者的营养和健康提供了重要的保证。然而，由于缺乏必要的冷链、适宜的采后处理和有效的物流渠道，我国果蔬的采后腐烂非常严重，水果的腐烂率可占到田间产量的15％～20％，蔬菜则高达25％～35％，经济损失十分巨大。由于绝大多数果蔬的腐烂均由各类植物病原真菌通过采前潜伏或采后伤口侵染引起，真菌在生长发育期间会在果蔬体内代谢积累重要的次生代谢产物——真菌毒素，这些毒素除了在腐烂部位显著积累外，还会扩散至没有明显腐烂症状的健康组织，以及用这些果蔬生产的汁、浆、酒、干果等加工制品中。真菌毒素可自然发生于果蔬生产、采收、贮藏及运输等各个环节。现已查明的棒曲霉素、赭曲霉素A、交链孢毒素、黄曲霉毒素和单端孢霉烯族毒素就是这些真菌毒素的典型代表，这些真菌毒素不仅污染果蔬及其制品，而且具有致癌、致畸、致突变等作用，存在潜在的安全隐患，有些甚至造成严重的危害。

果蔬中的真菌毒素污染是国际社会广泛关注的影响果蔬质量安全的一类关键风险因子，不仅危害人类健康，也直接造成严重的经济损失和频繁的国际贸易纠纷。果蔬中真菌毒素的研究近年来受到国际社会的广泛关注，已成为食品安全学和果蔬采后病理学的研究热点。参与本书编写的四位作者都是近年来积极参与果蔬真菌毒素研究的青年科研人员，他们在真菌毒素的分析检测、产毒调查、代谢机理和消解控制等方面均作出了积极而又富有成效的贡献。本书的内容既是他们亲身研究经历和成就的总结，也是国内外最新进展的汇编。全书系统介绍了果蔬中真菌毒素的产生规律及其控制和消解方法，各种毒素的检测方法及限量标准，是关于果蔬中真菌毒素的一本难得的专业参考书。

通过本书的出版发行希望会有更多的人员关注果蔬真菌毒素的潜在危害，也希望更多的人士投身到果蔬真菌毒素的研究与控制中来，对促进我国果蔬产业的健康发展、保障果蔬质量安全作出积极的贡献。

毕　阳

甘肃农业大学　教授

2018 年 2 月于甘肃兰州

前言

果蔬采后腐烂颇为严重，据不完全统计，发达国家水果的采后腐烂率20%～30%；发展中国家则更为严重，采后腐烂率达30%～40%；热带地区由于环境因素更有利于采后病害的发生，水果采后腐烂率高达50%。腐烂的果蔬不仅造成巨大的经济损失，而且会在其腐烂部位及无明显病害症状的健康组织中积累大量的真菌毒素，继而通过食物链对人类和动物健康造成潜在的威胁。

真菌毒素污染问题是国际社会广泛关注的问题，不仅危害人类健康，造成巨大的经济损失，对我国出口也带来了贸易纠纷。真菌毒素不仅污染果蔬，更重要的是，许多果蔬类制品中也检测到了真菌毒素的存在，这给人类的健康带来了潜在的安全隐患，有些甚至造成严重的危害。目前已报道果蔬及其制品中检测到的真菌毒素种类，主要包括：曲霉属（*Aspergillus* spp.）产生的赭曲霉素（ochratoxin）和黄曲霉毒素（aflatoxin），青霉属（*Penicillium* spp.）产生的棒曲霉素（patulin）；交链孢属（*Alternaria* spp.）产生的交链孢毒素（*Alternaria* toxin）及镰刀菌属（*Fusarium* spp.）产生的单端孢霉烯族毒素（Trichothecenes）。这些真菌毒素主要是植物病原真菌通过采前潜伏或采后伤口侵染引起果蔬发病，然后在果蔬体内代谢产生的次生代谢产物。

全书共十二章，内容涉及果蔬真菌性病害发生的原理；果蔬中棒曲霉素的产生、污染状况、毒性及合成和代谢；果蔬中赭曲霉素的产生、污染状况、毒性及合成和代谢；果蔬中交链孢毒素的产生、污染状况、毒性及合成和代谢；果蔬中单端孢霉烯族毒素的产生、污染状况、毒性及合成和代谢；果蔬中黄曲霉毒素的产生、污染状况、毒性及合成和代谢；果蔬中产毒真菌及病害的化学控制；果蔬中产毒真菌及病害的物理控制；果蔬中产毒真菌及病害的生物控制；果蔬中常见真菌毒素的消减与脱除技术；果蔬中常见真菌毒素的限量标准；果蔬中常见5种真菌毒素的检测方法。

薛华丽（甘肃农业大学，博士、副教授）负责编写本书第三章、第五章、第七章、第十章第二节、第十二章第二节、第十二章第四节，宗元元（甘肃农业大学，博士、讲师）负责编写第二章、第六章、第九章、第十章第三节第十二章第一节、第十二章第五节，王蒙（北京农业质量标准与检测技术研究中心，博士、副研究员）负责编写第四章、第八章、第十章第一节、第十一章第十二章第三节，王军节（北方民族大学，博士、副教授）负责编写第一章，最后由薛华丽负责统稿，甘肃农业大学毕阳教授审稿。

本书的编写得到了国家重点研发项目：果蔬采后病害与品质安全控制关键技术研究（2016YFD0400902）的资助。编写资料来源于国内外相关研究的期刊、专著和学位论文，以及甘肃农业大学采后生物学与技术研究团队和北京农业质量标准与检测技术研究中心近年来在果蔬中真菌毒素检测与脱除研究方面的成果。本书的编写得到了甘肃农业大学毕阳教授的指导，化学工业出版社的大力支持，以及本研究团队研究生司敏、张珊等的热情协助，在此一并向各位帮助本书编写的朋友和同仁表示衷心的感谢！

由于作者水平有限，书中不足和疏漏之处在所难免，敬请广大读者批评指正。

编者

2018 年 2 月

目录

第十章　/ 138 果蔬中真菌毒素的削减与脱除

第十一章　/ 155 果蔬中真菌毒素的限量标准

第十二章　/ 175 果蔬中重要真菌毒素的检测方法

第一章 果蔬采后病害与真菌毒素

根据自然资源保护委员会、美国农业部、联合国粮农组织和经济合作与发展组织官方机构统计，果蔬的采后损失高达 40%～50%，而真菌侵染引起的采后病害是其主要原因[1~4]。除造成经济损失之外，一些真菌侵染后还能产生真菌毒素，从而给果蔬及其加工食品带来安全隐患[5,6]。因此，真菌毒素与采后病害发生的关系，以及真菌毒素的控制策略已成为采后生物学和食品科学领域的研究热点。

第一节　果蔬采后病害发生原理

果蔬从采前生长、到采收及采后各个环节遭受病原真菌侵染而引起的腐烂统称为采后病害（严格意义应为采后侵染性病害）[7]。侵染果蔬的微生物为病原，因果蔬本身偏酸性，故大多数病原为真菌。病原真菌侵染的果蔬称为寄主，根据病原真菌侵染寄主的时期可将采后病害分为采前侵染性病害（又称潜伏侵染病害）和采后侵染性病害。大多数病原真菌在采收及采收以后的分级、包装、运输、贮藏和销售等过程中，通过表面机械伤口[8～10]、生理损伤表面[11,12]、衰老表皮[9,10]、采后处理和接触侵染[9,10]以及二次侵染[13,14]等途径对果蔬造成侵染，即采后侵染。而潜伏侵染是指一些具有潜伏侵染能力的病原真菌通过寄主在田间生长的花期或果实发育的某个时期，通过表皮或角质层[15～17]、自然孔口[18～20]或果蔬表面各种伤口[21]进入寄主表皮细胞并开始潜伏，直到果实进入采后衰老阶段，潜伏侵染病原产生大量腐生型菌丝最终造成果实开始腐烂[22]（图 1.1）。

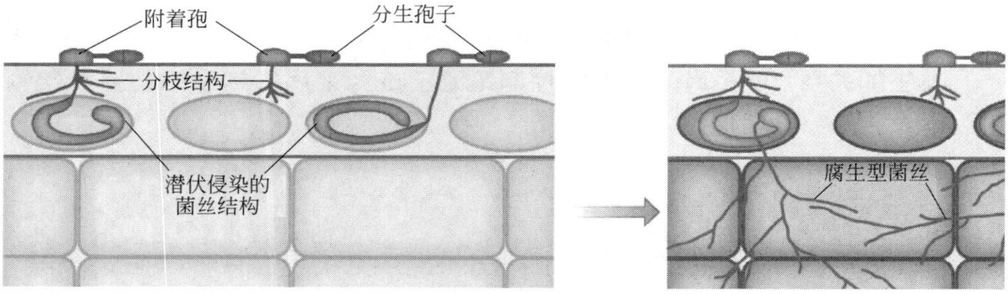

图 1.1　潜伏侵染模式图[22]

与采前植物病害发生条件类似，果蔬采后病害发生离不开病原、寄主和环境三个基本条件。此外，采后病害的发生还与果蔬的成熟和衰老过程相关[23]（图 1.2)。果蔬采后病害发生的环境条件主要包括采前因素和采后因素。采前因素包括种类和品种[7,24～26]、田间生长[7,9,27～30]以及田间感病状况[31～33]等生物因素；温度[34,35]、降雨量[36,37]、光照[38]、土壤[39]和地理条件[7]等生态因素和施肥[40～43]、灌水[44,45]、修剪[46]、疏花疏果和套袋[27,47,48]、药物处理[10,49,50]、保护地栽培[51,52]等农业技术因素。温度[9,53～55]、水分活度和空气湿度[56～58]、气体成分[59～61]以及化学药物[62～64]等采后因素也会影响采后病害的发生。细胞壁降解、果蔬软化、角质组分改变及变薄、可溶性固形物增加、pH 变化、酚类物质减少、氧化胁迫增加、植物激素的积累等果蔬本身的成熟和衰老为采后病害发生提供有利条件[23,65～69]。

当环境条件适宜，并且果蔬进入成熟和衰老阶段后，采后病害发生主要取决于真菌的致病性和寄主的反应[7,9,10]。真菌的致病性主要包括潜伏性寄生和攻击性腐生（图 1.3)，其中潜伏过程包括分泌降解酶、效应子、激发子、引起 pH 变化、细胞周期停滞以及组蛋白重塑等手段；而攻击性腐生主要有分泌降解酶、效应子、毒素和激发子、引起 pH 变化以及产生植物激素（如乙烯、脱落酸等）等策略[7,23,69]。潜伏期寄主的反应主要包括产生活性氧、植物激素、植保素、预合成抗菌物质、脂肪酸代谢的角质和蜡质等。腐生阶段寄主反应包括植物激素、活性氧和程序性细胞死亡[7,23,70,71]。

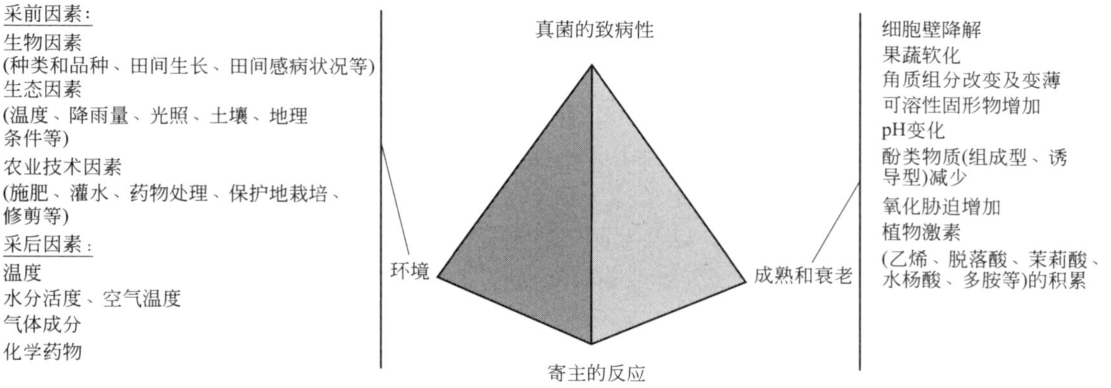

图 1.2　采后病害发生条件[7,23]

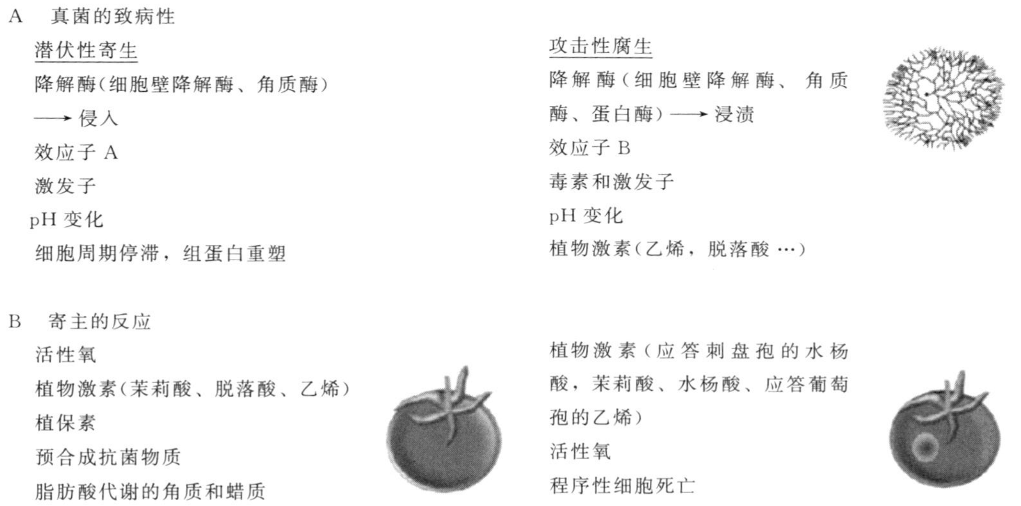

A　真菌的致病性
潜伏性寄生
降解酶(细胞壁降解酶、角质酶)
——→侵入
效应子 A
激发子
pH 变化
细胞周期停滞，组蛋白重塑
攻击性腐生
降解酶(细胞壁降解酶、角质酶、蛋白酶)——→浸渍
效应子 B
毒素和激发子
pH 变化
植物激素(乙烯，脱落酸…)
B　寄主的反应
活性氧
植物激素(茉莉酸、脱落酸、乙烯)
植保素
预合成抗菌物质
脂肪酸代谢的角质和蜡质
植物激素(应答刺盘孢的水杨酸，茉莉酸、水杨酸、应答葡萄孢的乙烯)
活性氧
程序性细胞死亡

图 1.3　采后病害发生原理图[23,69]

真菌病害发生是寄主与病原真菌相互作用的结果，也是病原真菌致病与寄主防卫平衡被破坏的结果。当环境条件适宜、寄主抗病能力减弱、病原真菌致病性超过寄主防卫能力时，采后病害发生并逐渐扩展最终表现症状直至腐烂。在这一过程中，无论潜伏侵染[72]还是采后侵染[73]，真菌毒素在其侵入或致病致毒中均可能起到关键作用。

第二节　真菌毒素在采后病害发生中的作用

虽然一些引起农作物病害的产毒病原所产生的真菌毒素被证明在病害发生中起到调节致病性和毒性作用[74,75]，但真菌毒素等次生代谢产物的生物学作用仍未彻底清楚[5,73,76]。一般观点认为产生真菌毒素的真菌能够保护和防止其它生物分享相同的生态位[77]，并且一些真菌毒素在寄主病害发生过程中可能作为定植因子或具有强化真菌攻击的作用[5]。

一、链格孢菌毒素的定植及致病作用

互隔交链孢的一些致病菌株产生寄主转化性毒素（host specific toxins，HST）来帮助其侵染活的植株。这些毒素在腐生菌株内并不存在或没有活性，因而必须存在其它机制帮助菌株在具有防御反应果蔬上的采后定植[5]。例如由扩展青霉产生的棒曲霉素[76～78] 或由镰刀菌产生的单端孢霉烯族毒素[79] 以及互隔交链孢产生的交链孢醇在西红柿中为一种定植因子[80]。与野生型不同，不能产生交链孢醇的突变体几乎不能在受伤的西红柿中定植。外源添加交链孢醇增加了其定植能力。进一步研究表明，因为交链孢醇作为定植因子的重要性，它的生物合成被严格地调节，确保它在必要时产生。这是由于两种信号通路的协同作用。其中一条是 HOG MAP 激酶途径，调节与环境渗透条件变化有关的交链孢醇的生物合成。实际上，在非果蔬所特有的高渗透条件下，交链孢醇生物合成几乎被彻底废除。另一条 pacC 信号途径是调节环境 pH 改变条件下的基因表达。因此，互隔交链孢中 HOG 途径调节交链孢醇生物合成响应渗透压变化，但仅仅在中性环境 pH 条件下发生。而在极端 pH 值下，pacC 信号传递途径起到激活交链孢醇的生物合成的作用。这些发现表明交链孢醇的生物合成可能有助于在类似于西红柿植物产品上的定植。然而，交链孢醇仅仅是导致交链孢成功定植多个因子之一。pH 改变也能调控致病因子。Eshel 等表明内切 1,4-β-葡聚糖酶（交链孢在柿子果实中一个重要定植因子）能够被弱酸条件（pH 为 6）诱导并被强酸条件（pH 为 2.5）抑制[81]。在侵入过程中证明[82]，互隔交链孢在柑橘果实中定植的关键是内切多聚半乳糖醛酸酶活性和 MAP 激酶，几乎所有互隔交链孢菌株都能大量产生的 TeA 也有植物毒性，因为它可以抑制蛋白质合成[83]。根据 Suvarnalatha 等研究结果表明，TeA 在由互隔交链孢侵染的陆地坚果中起到致病因子的作用，因为它可能对其它果蔬起作用，这将解释分离自其它几种产品菌株的一致性和高产量[84]。

二、棒曲霉素的生物学作用

近年来，有一些关于棒曲霉素在致病性作用方面的研究报道。棒曲霉素积累的寄主细胞毒性效应表明它可能作为独立的因子调节扩展青霉的致病性/毒性[73]。Ballester 等[85] 和 Li 等[86] 并没有发现棒曲霉素产生和病害发生与病害发展之间的必然联系。但也有许多不同的研究结果。例如，Sanzani 等[76] 研究报道了棒曲霉素产生与苹果青霉病发病率和严重度之间直接的关系。在该研究中，棒曲霉素生物合成基因 PepatK 的中断，导致突变体中棒曲霉素产生量比对照野生菌株减少 33%～41%。该突变表现出人工接种苹果致病性和毒性减少高达 54%。Barad 等进一步证明棒曲霉素参与了致病性[77]。他们进一步利用 RNAi 调节阻断 IDH 基因编码水平导致固体培养基上棒曲霉素减少了 87.5%，并且苹果上扩展青霉毒性减少了 28%。Snini 等（2015）报道缺失 Pepat1 基因突变体的获得造成所有生物合成基因的显著下调和棒曲霉素的产生。与野生型菌株相比，缺失菌株仍然能够侵染苹果，但是症状严重性在 13 个测试品种中有 9 个明显被减弱[78]。而且，在突变互补菌株中，正常的体内生长和棒曲霉素产生被恢复。不同接种时间、不同的野生菌株和不同的致病条件也许可以解释不同研究之间结果差异的原因[5]。例如，Li 等研究的仅仅是富士苹果[86]。而在 Snini 等（2015）研究中，该品种和 Granny Smith 和 Braebrun 品种，同属于限制性组苹果，野生和突变菌株之间没有差异[78]。

三、其它真菌毒素的生物学作用

B系列的伏马毒素通过抑制神经酰胺合酶来影响拟南芥的脂质代谢，导致细胞死亡[87,88]。因此，即使没有实验证明，由炭黑曲霉产生的FB2在葡萄定植中可能起潜在的促进毒性作用。Peng等[89]报道赭曲霉素具有植物毒性效应，拟南芥在赭曲霉素A（OTA）培养基上被抑制生长。类似地，De Rossi等[90]研究表明，OTA作为一个攻击因子能够促进葡萄上炭黑曲霉污染的引发和扩散。在该病害系统中，摘贮葡萄增强白藜芦醇生物合成的能力遵守时间效应、真菌成功侵染和OTA合成。反过来，OTA可能在白藜芦醇作为脂质氧化剂功能的抗真菌效果上起作用[91]。

虽然在一些采后病害发生过程伴随有真菌毒素产生，但并无证据表明所有病害均产生毒素。相反，一些研究表明在某些病害发生中并未检测到毒素的产生。因此，真菌毒素可能是部分产毒病害发生的致病因子。

第三节　果蔬中主要产毒的致病真菌及其毒素

根据对寄主的选择性的不同，真菌毒素可分为寄主专化性毒素（host specific toxin，HST）和非寄主专化性毒素（non-host specific toxin，NHST）。前者只对产生该毒素的病原真菌感病寄主表现毒性，而对抗病寄主和非寄主不表现毒性，这类毒素主要与潜伏侵染性病害的发生密切相关，是直接决定病原真菌致病性的重要因素。后者对寄主不表现选择性，即所危害的寄主种类要比产生该毒素的病原真菌种类要多，这类毒素主要由青霉、曲霉、镰刀菌和交链孢等真菌产生[7]。

一、寄主专化性毒素

交链孢是目前发现产生寄主专化性毒素类型较多的病原真菌，其产生的毒素有AK、ACT、AAL、AF、ACR、AM、AT、AB、AP等九种（表1.1），涉及病原有菊池交链孢（*Alternaria kikuchiana*）、柑橘链格孢（*A. citri*）、互隔交链孢（*A. alternata*）、簇生链格孢（*A. fragariae*）、苹果交链孢（*A. mali*）、长柄链格孢（*A. longipes*）、芸苔链格孢（*A. brassicae*）和细极链格孢（*A. tenuissima*）[92～96]。此外，采后病原真菌刺盘孢和长蠕孢也能产生寄主转化性毒素[7,97]。

表1.1　链格孢属产生的非寄主专化性毒素[92～96]

毒素及其类型	产生病原	作用寄主及其位点	病害
AK 毒素 AK 毒素Ⅰ和Ⅱ	*Alternaria kikuchiana*	日本梨-细胞膜	黑斑病
ACT 毒素 ACT 毒素Ⅰ和Ⅱ	*A. citri*	柑橘及其杂种-叶绿体	褐斑病

续表

毒素及其类型	产生病原	作用寄主及其位点	病害
AL 毒素 AAL 毒素 TA 和 TB	*A. alternata*	番茄-线粒体	茎枯病
AF 毒素 AF 毒素Ⅰ、Ⅱ和Ⅲ	*A. fragariae*	草莓-细胞膜	黑斑病
ACR 毒素 ACR 毒素Ⅰ	*A. citri*	粗皮柠檬-线粒体	褐斑病
AM 毒素 AM 毒素Ⅰ、Ⅱ和Ⅲ	*A. mali*	苹果-细胞膜、叶绿体	轮斑病
AT 毒素	*A. longipes*	烟草-线粒体	赤星病
AB 毒素 腐败菌素 B、 高腐败菌素 B、 腐败菌素 B2、 脱甲基腐败菌素	*A. brassicae*	白菜-细胞膜、叶绿体	黑斑病
AP 毒素	*A. tenuissima*	木豆-线粒体	黑斑病

二、非寄主专化性毒素

非寄主专化性毒素主要由青霉、曲霉、交链孢、镰刀菌、单端孢、头孢霉、漆斑霉、轮枝孢和黑色葡萄状穗霉等属的真菌产生[7]。棒曲霉素、交链孢毒素、单端孢霉烯族毒素和赭曲霉素是其中最重要的四类（表 1.2）[7,98]。

表 1.2 主要采后病害中的非寄主专化性毒素[7,98]

毒素类型	产生病原	侵染寄主
棒曲霉素	曲霉属和青霉属中的棒曲霉、扩展青霉、棒曲霉、曲青霉等真菌	苹果、梨、桃、葡萄等
交链孢毒素： ① 二苯吡喃酮(聚酮)化合物：交链孢酚(AOH)、交链孢酚单甲醚(AME)、交链孢烯(ALT)；②四价酸类化合物，如交链孢菌酮酸(TeA)；③戊醌类化合物，交链孢毒素Ⅰ(ATX-Ⅰ)、ATX-Ⅱ、ATX-Ⅲ；④腾毒素(TEN)	主要是互隔链格孢病原真菌	西红柿、梨、苹果、柑橘等
单端孢霉烯族毒素：据结构不同可分为 A、B、C、D 四大类	镰刀菌、木霉、单端孢、头孢霉、漆斑霉、轮枝孢和黑色葡萄状穗霉等属的真菌	马铃薯、甜瓜等
赭曲霉素：据结构分为赭曲霉素 A、B、C；赭曲霉素 A 甲酯、B 甲酯、B 乙酯和 4-羟基赭曲霉素 A 等七种，赭曲霉素 A(OTA)在自然界分布最广毒性最强	赭曲霉、硫黄色曲霉、菌核、洋葱曲霉、孔曲霉、炭黑曲霉等曲霉属和纯绿青霉、疣孢青霉、产紫青霉、圆弧青霉等青霉属真菌	干果、葡萄等

果蔬采后寿命受到生理特性和生物/非生物胁迫等多个因素的影响。其中，病原真菌侵染引起的采后病害不但给产品造成巨大经济损失，病害发生过程中产生的真菌毒素也带来了食品安全问题。例如，易产生毒素次级代谢物的青霉、曲霉、镰刀菌和链格孢等采后病原真菌侵染果蔬给人类和动物造成了健康风险而备受关注。因此，国际上一些组织建立了一些毒素在采后及其衍生产品中的最大限量标准。尽管一些真菌毒素生物学作用方面仅知道其对竞

争性微生物或植物有毒，但越来越多研究表明它们参与病害的发生和扩展。因此，控制病害发生是减少真菌毒素产生的最理想的方法。事实上由于药物残留的限制和抗性菌株的出现，合成杀菌剂的使用在采后并不总有效，并且未达标杀菌剂的使用还可能增加真菌毒素的生物合成。因此，如生物拮抗剂、天然或公认安全化合物、一些物理措施等替代杀菌剂方法已成为采后病害控制研究和应用的新方向。后面相关章节将分别对果蔬五类常见毒素及其产生、产毒真菌及病害控制、消减与脱除、限量标准和检测方法等内容进行详细描述。

参考文献

[1] Gustavsson，J，Cederberg，C，Sonesson，U，et al. Global food losses and food waste-extent，Causes and Prevention. Rome：Food and Agriculture Organization，2011.

[2] Lipinski，B，Hanson，C，Lomax，J，et al. Reducing food loss and waste. Washington，DC：United Nations Environment Programme，2013.

[3] Buzby J C，Wells H F，Hyman J. The estimated amount，value，and calories of postharvest food losses at the retail and consumer levels in the United States. USDAEIB-121，US. Department of Agriculture，Economic Research Service，2014，1：39.

[4] Okawa，K. Market and trade impacts of food loss and waste reduction（Paris：Organisation for Economic Co-operation and Development），2014.

[5] Sanzani S M，Reverberi M，Geisen R Mycotoxins in harvested fruits and vegetables：insights in producing fungi，biological role，conducive conditions，and tools to manage postharvest contamination. Postharvest Biology and Technology，2016，122：95-105.

[6] Kumar D，Barad S，Sionov E，et al. Does the host contribute to modulation of mycotoxin production by fruit pathogens? Toxins，2017，9：280-293.

[7] 毕阳．果蔬采后病害：原理与控制．科学出版社，2016：1-18.

[8] Kavanagh J A，Wood R K S. The role of wounds in the infection of oranges by *Penicillium digitatum* Sacc. Annual Applied Biology，1967，60：375-383.

[9] Barkai-Golan R. Postharvest diseases of fruits and vegetables：development and control. Amsterdam：Elsevier Science B. V，2001.

[10] 张维一，毕阳．果蔬采后病害与控制．北京：中国农业出版社，1996.

[11] Lavy-Meir G，Barkai-Golan R，Kopeliovitch E. Resistance of tomato ripening mutants and their hybrids to *Botrytis cinerea*. Plant Disease，1989，73：976-978.

[12] Snowdon A L. Post-harvest disease and disorders of fruits and vegetables，Vol. 2. Vegetables. Boca Raton：CRC Press，1992.

[13] Snowdon A L. Post-harvest disease and disorders of fruits and vegetables，Vol. 1. General Introduction and Fruits. Boca Raton：CRC Press，1990.

[14] Nishijima W T，Ebersole S，Fernandez J A. Factors influencing development of postharvest incidence of Rhizopus soft rot of papaya. Acta Horticulturae，1990，269：495-502.

[15] Binyamini N，Schiffmann-Nadel M. Latent infection in avocado fruit due to *Colletrichum gloeoeporioides*. Phytopathology，1972，62：592-594.

[16] Williamson D，McNicol R J. Pathways of infection of flowers and fruits of red raspberry by *Botrytis cinerea*. Acta Horticulturae，1986，183：137-141.

[17] Wade G C，Cruickshank R H. The establishment and structure of latent infections with *Monilinia fructicola* on apricots. Journal of Phytopathology，1992，136：95-106.

[18] Perombelon M C M，Lowe R. Studies on the initiation of bacterial soft rot in potato tubers. Potato Research，1975，18：64-82.

[19] 呼丽萍，马春红，张健等．苹果霉心病菌的侵染过程．植物病理学报，1995，25：351-356.

[20] Li Y C，Bi Y，An L Z. Occurrence and latent infection of Alternaria rot of Pingguoli pear（*Pyrus bretchneideri* Rehd cv. Pingguoli）fruits in Gansu，China. Journal of Phytopathology，2007，155：56-60.

[21] 葛永红，毕阳，马凌云．黄河蜜甜瓜果实致病真菌潜伏侵染的时期与途径．中国西瓜甜瓜，2005，3：1-3.

[22] Prusky D，Alkan N，Mengiste T，et al. Quiescent and necrotrophic lifestyle choice during postharvest disease development. Annual Review of Phytopathology，2013，51：155-176.

[23] Alkan N，Fortes A M. Insights into molecular and metabolic events associated with fruit response to post-harvest fungal pathogens. Frontiers in Plant Science，2015，6：889-902.

[24] Legard D E，Xiao C L，Mertely J C，et al. Effects of plant spacing and cultivar on incidence of Botrytis fruit rot in annual strawberry. Plant Disease，2000，84：531-538.

[25] Bi Y，Tian S P，Liu H X. et al. Effect of temperature on chilling injury，decay and quality of Hami melon during storage. Postharvest Biology and Technology，2003，29：229-232.

[26] Konstantinou S，Karaoglanidis G S，Bardas G A，et al. Postharvest fruit rots of apple in Greece：pathogen incidence and relationships between fruit quality parameters，cultivar susceptibility，and patulin production. Plant Disease，2011，95：666-672.

[27] Tahir I I，Johansson E，Olsson M E. Improvement of quality and storability of apple cv. aroma by adjustment of some pre-harvest conditions. Scientia Horticulturae，2007，112：164-171.

[28] Russo N L，Robinson T L，Fazio G，et al. Fire blight resistance of Budagovsky 9 apple rootstock. Plant Disease，2008，92：385-391.

[29] Spotts R A，Wallis K M，Serdani M，et al. Bacterial canker of sweet cherry in Oregon-infection of horticultural and natural wounds，and resistance of cultivar and rootstock combinations. Plant Disease，2010，94：345-350.

[30] Chávez R A S，Peniche R A M，Medrano S A M，et al. Effect of maturity stage，ripening time，harvest year and fruit characteristics on the susceptibility to *Penicillium expansum* Link of apple genotypes from Queretaro，Mexico. Scientia Horticulturae，2014，180：86-93.

[31] Lennox C L，Spotts R A. Timing of preharvest infection of pear fruit by *Botrytis cinerea* and the relationship to postharvest decay. Plant Disease，2004，88：468-473.

[32] Gell I，De Cal A，Torres R，et al. Relationship between the incidence of latent infection caused by *Monilinia spp*. and the incidence of brown rot of peach fruit：Factors affecting latent infection. European Journal of Plant Pathology，2008，121：487-498.

[33] Kobiler I，Akerman M，Huberman L，et al. Integration of pre- and postharvest treatments for the control of black spot caused by *Alternaria alternata* in stored persimmon fruit. Postharvest Biology and Technology，2011，59：166-171.

[34] Maziero J M N，Maffia L A，Mizubuti E S G. Effects of temperature on events in the infection cycle of two clonal lineages of *Phytophthora infestans* causing late blight on tomato and potato in Brazil. Plant Disease，2009，93：459-466.

[35] Scott J C，Gordon T R，Shaw D V，et al. Effect of temperature on severity of Fusarium wilt of lettuce caused by *Fusarium oxysporum* f. sp. lactucae. Plant Disease，2010，94：13-17.

[36] Lalancette N，Mcfarland K A，Burnett A L. Modeling sporulation of *Fusicladium carpophilum* on nectarine twig lesions：relative humidity and temperature effects. Phytopathology，2012，102：421-428.

[37] Bassimba D D M，Mira J L，Vicent A. Inoculum sources，infection periods，and effects of environmental factors on Alternaria brown spot of mandarin in mediterranean climate conditions. Plant Disease，2014，98：409-417.

[38] Lee T C，Zhong P J，Chang P T. The effects of preharvest shading and postharvest storage temperatures on the quality of 'Ponkan'（*Citrus reticulata* Blanco）mandarin fruits. Scientia Horticulturae，2015，188：57-65.

[39] Porter L D，Dasgupta N，Johnson D A. Effects of tuber depth and soil moisture on infection of potato tubers in soil by *Phytophthora infestans*. Plant Disease，2005，89：146-152.

[40] Woldetsadik S K，Workneh T S. Effects of nitrogen levels，harvesting time and curing on quality of shallot bulb. African Journal of Agricultural Research，2010，5：3342-3353.

[41] Madani B，Mohamed M T M，Biggs A R，et al. Effect of pre-harvest calcium chloride applications on fruit calcium

level and post-harvest anthracnose disease of papaya. Crop Protection，2014，55：55-60.

[42] Singh R P，Jain N K，Poonia B L. Response of Kharif onion to nitrogen，phosphorus and potash in eastern plains of Rajasthan. Indian Journal of Agricultural Sciences，2000，70：871-872.

[43] Nigro F，Schena L，Ligorio A，et al. Control of table grape storage rots by pre-harvest applications of salts. Postharvest Biology and Technology，2006，42：142-149.

[44] Johnson D A，Alldredge J R，Hamm P B，et al. Aerial photography used for spatial pattern analysis of late blight infection in irrigated potato circles. Phytopathology，2003，93：805-812.

[45] Pérez-Pastor A，Martínez J A，Nortes P A，et al. Effect of deficit irrigation on apricot fruit quality at harvest and during storage. Journal of the Science of Food and Agriculture，2007，87：2409-2415.

[46] Mercier V，Bussi C，Plenet D，et al. Effects of limiting irrigation and of manual pruning on brown rot incidence in peach. Crop Protection，2008，27：678-688.

[47] Hofman P J，Beasley D R，Joyce D C，et al. Bagging of mango（*Mangifera indica* cv. 'Keitt'）fruit influences fruit quality and mineral composition. Postharvest Biology and Technology，1997，12：83-91.

[48] 林河通，瓮红利，张居念等．果实采前套袋对龙眼果实品质和耐贮性的影响．农业工程学报，2006，22：232-237.

[49] Zoffoli J P，Latorre B A，Naranjo P. Preharvest applications of growth regulators and their effect on postharvest quality of table grapes during cold storage. Postharvest Biology and Technology，2009，51：183-192.

[50] Workneh T S，Osthoff G，Steyn M. Effects of preharvest treatment，disinfections，packaging and storage environment on quality of tomato. Journal of Food Science & Technology，2012，49：685-694.

[51] Segall R H，Dow A T，Geraldson C M. The effects of fertilizer components on yield，ripening，and susceptibility of tomato fruit to postharvest soft rot. Proceedings of the Florida State Horticultural Society，1977，90：393-394.

[52] 罗永兰，李蜜．覆膜栽培对辣椒贮期软腐病的防治效果．中国蔬菜，2003，(6)：39-40.

[53] Bertolini P，Tian S P. Effect of low temperature on growth and pathogenicity of *Phoma betae* on sugar beet steckling in storage. Petria，1995，6：215-223.

[54] Bertolini P，Tian S P. Low-temperature biology and pathogenicity of *Penicillium hirsutum* on garlic in storage. Postharvest Biology and Technology，1996，7：83-89.

[55] Kramchote S，Srilaong V，Wongs-Aree C，et al. Low temperature storage maintains postharvest quality of cabbage（*Brassica oleraceae* var. *capitata* L.）in supply chain. International Food Research Journal，2012，19：759-763.

[56] Xu X M，Robinson J D，Berrie A M，et al. Spatio-temporal dynamics of brown rot（*Monilinia fructigena*）on apple and pear. Plant Pathology，2001，50：569-578.

[57] Plaza P，Usall J，TorresR，et al. Control of green and blue mould by curing on oranges during ambient and cold storage. Postharvest Biology and Technology，2003，28：195-198.

[58] Aharoni N. Postharvest physiology and technology of fresh culinary herbs. Israel Agresearch，1994，7：35-59.

[59] 田世平，罗云波，王贵禧．园艺产品采后生物学基础．北京：科学出版社，2011.

[60] 姜爱丽，何煜波，兰鑫哲等．动态气调贮藏对甜樱桃果实采后生理、品质和贮藏性的影响．食品工业科技，2011，32：354-357.

[61] Romero I，Sanchez-Ballesta M T，Maldonado R，et al. Expression of class I chitinase and β-1，3-glucanase genes and postharvest fungal decay control of table grapes by high CO_2 pretreatment. Postharvest Biology and Technology，2006，41：9-15.

[62] Prusky D，Wattad C，Kobiler I. Effect of ethylene on activation of lesion development from quiescent infections of *Colletotrichum gloeosporioides* in avocado fruits. Molecular Plant-Microbe Interaction，1996，9：864-868.

[63] Miceli A，Ippolito A，Linsalata V，et al. Effect of preharvest calcium treatments on decay and biochemical changes in table grape during storage. Phytopathology Mediterr，1999，38：47-53.

[64] 李辉，林毅雄，林河通等．1-甲基环丙烯控制采后"油柰"果实腐烂与抗病相关酶诱导的关系．热带作物学报，2015，36：786-791.

[65] Huckelhoven，R. Cell wall-associated mechanisms of disease resistance and susceptibility. Annual Review of Phytopathology，2007，45：101-127.

[66] Bargel H，Neinhuis C Tomato（*Lycopersicon esculentum* Mill.）fruit growth and ripening as related to the biome-

chanical properties of fruit skin and isolated cuticle. Journal of Experimental Botany，2005，56：1049-1060.

[67] Prusky D. Pathogen quiescence in postharvest diseases. Annual Review of Phytopathology，1996，34：413-434.

[68] Prusky D，Alkan N，Mengiste T，et al. Quiescent and necrotrophic lifestyle choice during postharvest disease development. Annual Review of Phytopathology，2013，51：55-76.

[69] Alkan A，Friedlander G，Ment D，et al. Simultaneous transcriptome analysis of *Colletotrichum gloeosporioides* and tomato fruit pathosystem reveals novel fungal pathogenicity and fruit defense strategies. New Phytologist，2015，205：801-815.

[70] Blanco-Ulate B，Morales-Cruz A，Amrine K，et al. Genome-wide transcriptional profiling of Botrytis cinerea genes targeting plant cell walls during infections of different hosts. Frontiers in Plant Science，2014，5：435.

[71] Agudelo-Romero P，Erban A，Rego C，et al. Transcriptome and metabolome reprogramming in *Vitis vinifera* cv. *Trincadeira berries* upon infection with *Botrytis cinerea*. Journal of Experimental Botany，2015，66：1769-1785.

[72] Tsuge T，Harimoto Y，Akimitsu K，et al. Host-selective toxins produced by the plant pathogenic fungus *Alternaria alternate*. FEMS Microbiology Reviews，2013，37：44-66.

[73] Barad S，Sionov E，Prusky D. Role of patulin in post-harvest diseases. Fungal Biology Reviews，2016，30：24-32.

[74] Mobius N，Hertweck C：Fungal phytotoxins as mediators of virulence. Current Opinion in Plant Biology，2009，12：390-398.

[75] Yoder O，Turgeon B G. Molecular-genetic evaluation of fungal molecules for roles in pathogenesis to plants. Journal of Genetics，1996，75：425-440.

[76] Scharf D H，Heinekamp T，Brakhage A A. Human and plant fungal pathogens：the role of secondary metabolites. PLoS Pathogens，2014，10：e1003859.

[77] Fox M E，Howlett B J. Secondary metabolism：regulation and role in fungal biology. Current Opinion in Microbiology，2008，11：481-487.

[78] Sanzani S M，Reverberi M，Punelli M，et al. Study on the role of patulin on pathogenicity and virulence of *Penicillium expansum*. International Journal of Food Microbiology，2012，153：323-331.

[79] Barad S，Horowitz S B，Kobiler I，et al. Accumulation of the mycotoxin patulin in the presence of gluconic acid contributes to pathogenicity of *Penicillium expansum*. Molecular Plant-Microbe Interactions，2014，27：66-77.

[80] Snini S P，Tannous J，Heuillard P，et al. Patulin is a cultivar dependent aggressiveness factor favoring the colonization of apples by *Penicillium expansum*. Molecular Plant Pathology，2016，17：920-930.

[81] Hohn T M，McCormick S P，Alexander M J，et al. Function and biosythesis of trichothecenes produced by Fusarium species. In：Kohmoto，K.，Yoder，O. C.（Eds.），Molecular Genetics of Host-Specific Toxins in Plant Disease. Springer，1998，17-24.

[82] Graf E，Schmidt-Heydt M，Geisen R. HOG MAP kinase regulation of alternariol biosynthesis in Alternaria alternata is important for substrate colonization. Int. J. Food Microbiol，2012，157：353-359.

[83] Eshel D，Miyara I，Ailing T，et al. PH regulates endoglucanase expression and virulence of *Alternaria alternata* in persimmon fruit. Molecular Plant-Microbe Interactions. 2002，15：774-779.

[84] Lin C H，Yang S L，Wang N J，et al. The FUS3 MAPK signaling pathway of the citrus pathogen *Alternaria alternata* functions independently or cooperatively with the fungal redox-responsive AP1 regulator for diverse developmental，physiological and pathogenic processes. Fungal Genetics and Biology，2010，47：381-391.

[85] Thomma B P H J，*Alternaria* spp.：from general saprophyte to specific parasite. Mol. Plant Pathol，2003，4，225-236.

[86] Suvarnalatha D P，Reddy M N，Nagalakshmi D M，et al. Identification and characterization of tenuazonic acid as the causative agent of *Alternaria alternata* toxicity towards groundnut. African Journal of Microbiology Research，2010，4，2184-2190.

[87] Ballester A R，Marcet-Houben M，Levin E，et al. Genome transcriptome and functional analyses of *Penicillium expansum* provide new insights into secondary metabolism and pathogenicity. Molecular Plant-Microbe Interaction，2015，28：232-248.

[88] Li B, Zong Y, Du Z, et al. Genomic characterization reveals insights into patulin biosynthesis and pathogenicity in Penicillium species. Molecular Plant-Microbe Interaction, 2015, 28: 635-647.
[89] Asai T, Stone J M, Heard J E, et al. Fumonisin B1-induced cell death in Arabidopsis protoplasts requires jasmonate-, ethylene-, and salicylate dependent signaling pathways. The Plant Cell, 2000, 12: 1823-1836.
[90] Berkey R, Bendigeri D, Xiao S. Sphingolipids and plant defense/disease: the death connection and beyond. Frontiers in Plant Science, 2012: 3.
[91] Peng X L, Xu W T, Wang Y, et al. Mycotoxin ochratoxin A-induced cell death and changes in oxidative metabolism of *Arabidopsis thaliana*. Plant Cell Report, 2010, 29: 153-161.
[92] De Rossi P, Ricelli A, Reverberi M, et al. Grape variety related trans-resveratrol induction affects *Aspergillus carbonarius* growth and ochratoxin A biosynthesis. Interactional Journal of Food Microbiology, 2012, 156: 127-132.
[93] Kumar M, Dwivedi P, Sharma A K, et al, Apoptosis and lipid peroxidation in ochratoxin A- and citrinin-induced nephrotoxicity in rabbits. Toxicology and Industrial Health, 2014, 30: 90-98.
[94] 万佐玺，强胜，李扬汉．链格孢菌寄主选择性毒素的研究现状．湖北民族学院报，2001，19：19-22.
[95] 王洪秀，张倩，王玲杰等．链格孢菌毒素合成相关基因研究进展．中国生物工程杂志，2015，35（11）：92-98.
[96] 王瑶，姜冬梅，姜楠，韦迪哲，王蒙．番茄中交链孢菌及其产毒的防治技术研究进展．食品科学，23：275-281.
[97] Tsuge T, Harimoto Y, Akimitsu K, et al. Host-selective toxins produced by the plant pathogenic fungus *Alternaria alternata*. FEMS Microbiology Reviews, 2013, 37: 44-66.
[98] Rieko H, Akihisa S, Sheila R, et al. DNA transposon fossils present on the conditionally dispensable chromosome controlling AF-toxin biosynthesis and pathogenicity of *Alternaria alternata*. Journal of General Plant Pathology, 2006, 72: 210-219.
[99] 祁高富，杨斌，叶建仁．植物病原真菌毒素研究进展．南京农业大学学报，2000，24：66-70.
[100] 薛华丽，毕阳，宗元元，蒲陆梅，王毅，李永才．果蔬及其制品中真菌毒素的污染与检测研究进展．食品科学，2016，37：285-290.

第二章 果蔬中棒曲霉素

棒曲霉素(patulin, PAT)又名展青霉素，是由多种果蔬病原真菌产生的有毒次生代谢产物。主要存在于腐烂果蔬及其制品中，尤以苹果、梨和山楂及其制品中检出最多，是影响水果及果汁饮料品质的主要因素之一。毒理学实验表明，棒曲霉素具有致癌、致畸、影响生育和免疫抑制等作用。由于棒曲霉素易溶于水，热稳定性高，在酸性溶液中较稳定，在水果制品加工过程中，过滤及杀菌等工艺不能将其去除干净。棒曲霉素不仅影响了我国新鲜果实和相关加工产品的出口，给相关产业带来巨大经济损失，同时也危害消费者的身体健康和生命安全。国际癌症研究组织（International Agency for Research on Cancer, IARC）将其列为第三类致癌物，即现有证据尚不能就其对人类致癌性进行分类。

第一节 果蔬中棒曲霉素的产生

一、棒曲霉素概况

（一）棒曲霉素的发现

自从 1929 年 Fleming 发现青霉素以后，科学家们一直致力于寻找青霉素的替代品。1941 年，Glister 在牛津大学发现了一种新的抗菌物质[1]，随后许多学者从青霉属和曲霉属的多种真菌培养物中也分别分离得到具有抗菌活性的物质，并将其进行命名为 clavacin，expansine，claviformin，clavatin，gigantic acid 和 myocin C 等。后来研究表明上述代谢物虽然名称不同，但是性质相同，是同一种物质，现统称为棒曲霉素（patulin）。最初的研究发现棒曲霉素具有广谱的抗真菌活性，随后证实它还可抑制 70 多种细菌的生长，对治疗鼻塞和感冒具有一定的积极作用[2]。随后，又有很多研究证实棒曲霉素不仅对细菌和真菌的生长具有抑制作用，对动物和高等植物（如：黄瓜、小麦、豆类、玉米、亚麻）也具有一定的毒害作用。因此，20 世纪 60 年代棒曲霉素被重新归类为真菌毒素。

（二）棒曲霉素的结构及理化性质

棒曲霉素分子式为 $C_7H_6O_4$，分子量为 154，化学名称为 4-羟基-4-氢-呋喃（3,2 碳）并吡喃-2（6 氢）酮，是一种杂环内酮结构化合物，其结构简式如图 2.1 所示。

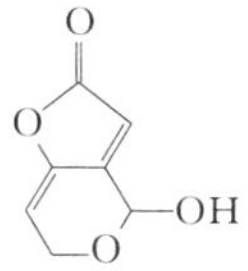

图 2.1 棒曲霉素结构简式

棒曲霉素固体为无色针状晶体，熔点为 110.5～112℃，在高真空度下的挥发温度为 70～100℃，最大紫外吸收波长为 276nm。对光较敏感，易溶于水、乙醇、丙酮、乙酸乙酯、氯仿等一般的极性有机溶剂，微溶于乙醚和苯，不溶于石油醚。在氯仿、苯、二氯甲烷等溶剂中能长期稳定存在，在水和甲醇中则会逐渐分解。棒曲霉素在碱性条件下不稳定，结构易遭到破坏，而在酸性环境中稳定性增加[3]。棒曲霉素在碱性条件下可发生碘仿反应，与 20%硝酸反应生成草酸，强酸如硫酸，强碱如氢氧化钠可使其水解，棒曲霉素还可还原斐林试剂、高锰酸钾和硝酸银氨溶液[4～8]。

二、棒曲霉素的产生及污染

（一）棒曲霉素的产生

据报道，30 个属 60 多种霉菌可以产生棒曲霉素[9]，主要包括扩展青霉（*Penicillium expansum*，也称 *P. expansum*）、展青霉（*P. patuliun*）、棒状青霉（*P. claviforme*）、新西兰青霉（*P. novaezeelandiae*）、石状青霉（*P. lapiclosum*）、粒状青霉（*P. granulatum*）、圆弧青霉（*P. cyclopium*）、产黄青霉（*P. chrysogemun*）、蓤地青霉（*P. roguefooti*）、棒曲霉（*Aspergillus clavatu*）、巨大曲霉（*A. nivea*）、土曲霉（*A. terreu*）等，其中扩展青霉和展青霉产毒能力最强。

P. expansum 侵染果实的主要途径如图 2.2 所示，首先腐生在寄主果实上，产生大量的

分生孢子，并通过空气传播，经伤口及果蒂剪口处侵入果实。在贮藏期间，也可通过病果和健果接触而传染。病原真菌与果皮接触后，侵入果皮，在运输、贮藏的过程中，遇到适宜的条件，就可通过果实的伤口侵入果肉，很快形成褐色的腐斑；发病后产生的分生孢子不断再次侵染，造成更大范围的果实腐烂。腐烂的果实具有强烈的霉味，同时伴随大量的棒曲霉素合成。扩展青霉广泛分布于自然界中，是引起多种水果采后腐烂的主要病原，同时，也是果汁生产过程中产生棒曲霉素的主要病原真菌[10～13]，对果汁品质具有直接的影响。

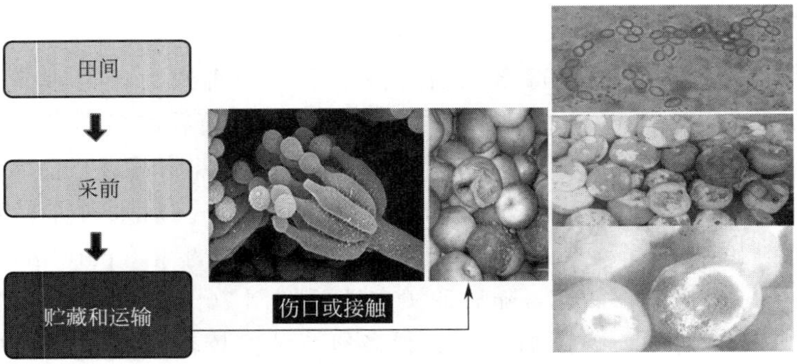

图 2.2　棒曲霉素产生菌侵染果实的主要途径示意图

扩展青霉代谢产生棒曲霉素的能力受诸多因素影响。温度和水分活度（a_w）是影响棒曲霉素合成的重要因素[8,14,15]。温度影响病原真菌的生长，并在很大程度上影响棒曲霉素的合成。Sommer 等[16] 研究表明 *P. expansum* 可以在 0～30℃范围内生长，并且在各温度下均可以检测到棒曲霉素的产生，但是在 30℃条件下棒曲霉素产量最低。Roland 和 Beuchat[17] 研究表明 *A. nivea* 在 30～37℃温度范围内生长较快，但在 21℃时棒曲霉素的产量最大。苹果接种 *P. expansum* 后低温贮藏，果实有明显病害症状，但在病部组织中检测不到棒曲霉素的积累[18,19]。另外，a_w 也显著影响棒曲霉素的产生，Northolt 等[14] 研究表明 *Penicillium* 和 *Aspergillus* 真菌可以在较大的 a_w 范围内生长，但棒曲霉素的产生仅局限在较小的 a_w 范围内。Roland 和 Beuchat[17] 研究还表明，*A. nivea* 相对于菌丝的生长，棒曲霉素的产生需要一个更高的 a_w 值。

营养条件的差异也会影响菌株的产毒能力。Stott 和 Bullerman[20] 研究了不同碳源对 *P. patulum* 产毒能力的影响，结果发现葡萄糖比乳糖更利于棒曲霉素的产生。Rollins 和 Gaucher [21]研究发现，高浓度的铵盐会抑制 *P. urticae* 代谢产生棒曲霉素的能力。在实验室培养中，当细胞生长受到限制，如因氮含量下降而导致生长速率下降时，菌株才会产生棒曲霉素[22]。

棒曲霉素的产生还受到环境 pH 值的影响，一般表现为随 pH 值的升高而降低，在高 pH 值下棒曲霉素不稳定[23]。棒曲霉素的产生具有相当的可变性，甚至不同的苹果品种也会影响 *P. expansum* 产生棒曲霉素的能力[24]。

此外，采后不同贮藏时间对苹果果实中棒曲霉素的含量也有一定的影响。苹果果实采后立即加工，浓缩苹果汁中棒曲霉素的含量最低，而随着贮藏时间的延长，果汁中棒曲霉素含量呈增加的趋势。十一月份和十二月份的苹果果汁中棒曲霉素含量均比十月份有较大增加，含量超出 50μg/kg。另外，用落地果加工的苹果果汁，其中的棒曲霉素含量也较高，用腐烂果加工的产品棒曲霉素含量更高。而当苹果腐烂率低于 2%时，基本上检测不到棒曲霉素的存在，当苹果腐烂率达到7%～8%时，生产的果汁中棒曲霉素含量远高于50μg/kg。

（二）棒曲霉素污染状况

棒曲霉素的污染主要来源于被*P. expansum*污染的苹果、梨等果蔬以及它们的水果制品，如果汁、果酱等。棒曲霉素已成为判断果汁质量安全性的一个重要指标[25]。当使用发病腐烂的果实作为原材料进行果汁等产品的生产时，棒曲霉素就随着生产加工过程进入果汁等产品中。原料污染是苹果及其制品中棒曲霉素污染的根源所在[26]。目前，国内用于控制棒曲霉素的主要方法是在生产中尽量降低其残留量，并没有做到从源头上去控制这种毒素的产生。然而由于棒曲霉素在酸性条件下比较稳定[27]，很难在生产过程中将其脱除。另外，加工过程中工序的延误或半成品的暂时滞留，都会造成毒素产生菌的再次生长与产毒，从而形成二次污染。所以，毒素产生菌一旦进入工艺流程，就很难将其完全去除。

棒曲霉素对食品的污染现象普遍存在，是影响浓缩苹果汁质量安全和限制浓缩苹果汁出口的首要问题。1989～1990年，中国预防医学科学院等单位对我国水果制品棒曲霉素的污染情况进行调查的结果显示：水果制品的原汁、原浆等半成品中棒曲霉素的检出率达76.9%，含量为18～953μg/kg，水果制品的成品中棒曲霉素的检出率达19.6%，含量为4～262μg/kg[28]。鲁琳等[29]对2005～2007年广东省市场销售的苹果和山楂制品进行了棒曲霉素含量的测定，结果显示：抽检的83份样品中有6份检出棒曲霉素，检出率为7.2%，其中有1份检出超标，棒曲霉素的含量为95μg/kg。吴南等[30]对9个省市401份样品进行了棒曲霉素残留量的检测，发现在水果制品及原料中棒曲霉素的检出率高达76.9%，成品中检出率为19.6%。贺玉梅等[31]对北京7个生产厂家的28份样品进行了棒曲霉素的检测，发现在果酱中棒曲霉素的检出率为31.3%，最高达87%，最高检出浓度为77.26μg/L。刘绘园等[32]对山楂及其产品中棒曲霉素含量进行调查分析，结果发现鲜山楂中未检出，8份霉烂山楂中棒曲霉素含量达4543～28234μg/kg，山楂罐头检出率为14.8%。宋家玉等[33]对山东省125份水果及制品进行检测，发现新鲜水果未见棒曲霉素污染，霉烂苹果污染率为40%（8/20），平均浓度为4324μg/kg，苹果制品污染率达70%，山楂制品污染率达31.4%。

Leggott等[34]对南非本地零售的60个苹果制品进行检测，结果31份苹果汁中棒曲霉素检出率为25.8%（8/31），水果制品中检出率为33.3%，婴儿苹果汁中检出比例高达60%。Spadaro等[35]对欧洲市场上的135份苹果制品中的棒曲霉素进行了检测，检出率为34.8%，其中部分产品的棒曲霉素含量超过了欧盟（EU）的最高限量标准。Marín等[36]的研究显示，西班牙市场梨和苹果中棒曲霉素的最高水平达126μg/kg，超过欧盟限量标准的2倍。Funes等[37]检测了阿根廷45份苹果制品和6份梨制品，结果显示苹果制品中棒曲霉素检出率达22.2%，其中50%苹果酱受棒曲霉素污染最严重，平均浓度达123μg/kg；16.7%梨制品受污染。Zaied等[38]调查了突尼斯市场的苹果制品，结果显示棒曲霉素总污染率为35%，28%的婴儿食品与18%的果汁样品分别超过欧盟的最大限量标准（10μg/kg和50μg/kg）。Oroian等[39]对罗马市场的苹果汁进行了调查，50个样品中有6%超出欧盟棒曲霉素最大限量标准。Gillard等[40]对比利时两个苹果加工企业进行调查后发现，56%的总样品棒曲霉素污染量超过当地法律限量标准。Gokmen等[41]在土耳其市场研究，发现43.5%苹果汁棒曲霉素污染量超过限量标准。Cheraghali等[42]对伊朗市场的苹果汁调查发现，33%的样品棒曲霉素超过当地限量标准。

我国苹果产量居世界首位，年产苹果约3000万吨，占世界总产量约40%，其中20%～30%的苹果用于果汁加工。我国浓缩苹果汁产量及出口量也均居世界之首，90%以上用于出口，其主要出口市场是美国、欧洲和日本。果汁出口过程中对棒曲霉素残留量有非常严格的检测和准入标准。因此，棒曲霉素对水果及水果制品的污染不仅危及广大消费者的身体健康和生命安全，更会影响我国果汁和其它深加工产业的发展，影响我国农产品出口创汇，危害整个水果产业链的健康持久发展。

第二节　棒曲霉素的毒性及限量

一、棒曲霉素的毒性

关于棒曲霉素对人体的负面作用，人们在过去的 50 多年中做了大量的研究，结果表明棒曲霉素在急性、慢性和细胞层面均有毒性作用。棒曲霉素急性中毒症状表现为神经烦躁、痉挛、水肿等现象，也可对肠道、胃、肾脏等器官造成损害。在慢性中毒症状方面，棒曲霉素具有遗传、神经、免疫、致癌等多方面的毒性，这些症状往往是伴随出现的。

（一）急性、亚急性毒性

啮齿类动物口服棒曲霉素的 LD_{50} 在 17～55mg/kg・bw（bw：body weight，即体重），家禽口服 LD_{50} 达到了 170 mg/kg・bw[43]。采用静脉、腹腔或皮下注射棒曲霉素对动物的毒性相比口服加剧了 3～6 倍。急性中毒症状包括痉挛、抽搐、呼吸困难、肺出血和水肿、胃肠溃疡、充血和水肿[44]。Speijers 等[45] 利用大鼠研究 棒曲霉素的亚急性毒性，不同的浓度喂养 4 周左右，中高剂量处理组食物摄入有所下降、十二指肠充血，而高剂量处理组大鼠尿样中尿蛋白等的浓度稍有增加，并发现胃部基底有溃烂。

（二）致癌性

首次报道棒曲霉素具有致癌性是在 1961 年，Dickens 等[46] 以大白鼠为试体跟踪了棒曲霉素的 $^{14}CO_2$ 标记物的代谢情况，发现其中 85%通过粪便排出，1%～2%通过呼吸排出，绝大部分截留在身体里的标记物是从血红细胞中检测出的，另外还发现大白鼠皮下注射棒曲霉素后，注射部位诱发肿瘤。

（三）遗传毒性

Lee 等[47] 研究发现，当棒曲霉素含量为 10μg/mL 时可引起大肠杆菌活体细胞的单链 DNA 断裂，而当含量达 50μg/mL 时可引起双链断裂，而当浓度在 250～500μg/mL 范围时才可抑制体外蛋白质的合成，棒曲霉素是具有选择性的 DNA 损害的毒素。David 等[48] 研究也发现，棒曲霉素能够导致细胞 V79 产生畸变，并且还能诱导 DNA 双分子结构键链接。

（四）免疫

多项研究表明棒曲霉素是一种很强的免疫抑制剂[49,50]。Escoula 等[5] 研究了棒曲霉素在亚致死量时对老鼠和兔的免疫系统的影响。试验发现棒曲霉素对老鼠和兔的腹膜白细胞的化学发光的反应有显著的制作用。经棒曲霉素处理后老鼠脾脏淋巴细胞的绝对数量减少，特别是 B 细胞减少最为显著，但 Ts 细胞却相对增加。且棒曲霉素对 PHA、Con A 和 PWMd 的促有丝分裂反应也有抑制作用。但免疫抑制作用是可逆的。Llewellyn 等[51] 研究了棒曲霉素对雌性 B6C3F1 小鼠免疫系统作用。小鼠以 0.08mg/kg、0.16mg/kg、0.32mg/kg、0.64mg/kg、1.28mg/kg 和 2.56mg/kg 的水平给药 28d，试验并未发现小鼠的体重有什么变化，且小鼠的肝脏、脾脏、胸腺、肾带肾上腺和肺的相对重量也未发生变化。但在最高剂量的 2 组中小鼠的外周血白细胞和淋巴细胞数减少约 30%，白细胞特征并未改变。口服给药 28d 并未改变雌性 B6C3F1 小鼠的细胞介导和体液免疫反应的固有功能。

（五）胚胎毒性

棒曲霉素还会影响动物的胚胎发育。Smith 等[52] 发现当将老鼠胚胎置于 47～55μmol/L 的棒曲霉素环境下时，蛋白质和 DNA 浓度、胚胎液囊直径、头臀长、体节数均有不同程度的下降；而在 62μmol/L 的棒曲霉素环境下，胚胎 40 小时内便死亡。棒曲霉素对雏鸡的胚胎发育也有致畸作用，中毒出壳后的小鸡表现为外张爪、颅裂、啄畸形、突眼等[2,51]。

（六）细胞毒性

对棒曲霉素细胞层面毒性作用的研究可以解释上述病状的产生原因。棒曲霉素可以使哺乳动物细胞中的氨基酰基-tRNA 合成酶以及 Na^+-K^+-腺苷三磷酸酶失活[53]，使植物细胞的染色体有丝分裂受阻，形成异常的双核细胞，从而扰乱正常的细胞发育[54]。棒曲霉素能改变细胞膜的通透性，可抑制细胞中大分子物质合成，并能造成细胞中非蛋白质巯基耗竭，导致细胞活性丧失，发生组织病变，如上皮组织退化、出血、胃黏膜溃疡、中性白细胞和单核细胞渗透等[55～58]。

二、棒曲霉素的限量标准

从 20 世纪 60 年代起，棒曲霉素就引起了人们的重视，世界各国卫生毒理医学、食品生产和安全等各方面专家学者就对其给予了极大的关注，目前已有十几个国家制定了水果及其制品中棒曲霉素的最高限量标准。国际上建议人类食用的苹果产品中的棒曲霉素残留量小于 50μg/kg，而很多国家将果汁中的棒曲霉素残留量调整在更为严格的范围。2004 年 4 月，由欧盟委员会通过的果汁准入新标准已在欧盟各成员国施行（表 2.1）。果汁、特别是苹果汁及含苹果汁的酒精饮料中，棒曲霉素最大限量为 50μg/kg，固体苹果产品中，棒曲霉素最大限量为 25μg/kg，儿童用苹果汁和婴儿食品中，棒曲霉素最大限量为 10μg/kg[59,60]，WHO 建议人每天棒曲霉素的摄入量不超过 0.4μg/kg 体重。相对于我国国家标准 GB 14974—2003《苹果和山楂制品中棒曲霉素限量》中的相应规定（50μg/kg），欧盟新的标准对我国的苹果汁质量提出了更高的要求。

表 2.1 欧盟第 455/2004 号条例

产品	棒曲霉素最高含量/(μg/kg)	参考分析方法
果汁及水果原汁，特别是苹果汁以及其它饮品的果汁成分	50.0	第 2003/78/EC 号指令
酒精饮品、苹果酒，以及其它用苹果制成或含有苹果汁的发酵饮品	50.0	第 2003/79/EC 号指令
苹果肉产品，包括可直接食用的苹果蜜饯、苹果泥	25.0	第 2003/80/EC 号指令
苹果汁及苹果肉产品，包括供婴儿及幼童食用的苹果蜜饯及苹果泥。该等产品标签为婴儿及幼童食品	10.0	第 2003/81/EC 号指令

第三节　棒曲霉素的合成及代谢

一、棒曲霉素的生物合成

（一）棒曲霉素的生物合成生化途径

棒曲霉素属于聚酮途径代谢物（polyketide）[61]，其它典型的聚酮类毒素包括黄曲霉素（aflatoxin），伏马菌素（Fumonisins）以及赭曲霉素（ochratoxin）等。关于棒曲霉素合成途径的研究多集中在20世纪50到20世纪80年代，早期的研究通过同位素标记前体物的示踪技术，生物合成阻断突变株的筛选以及关键中间体的胞外提取及鉴定等方法，揭示了棒曲霉素代谢途径中的大量细节。

棒曲霉素的生物合成途径包括十步由酶催化的反应过程（图2.3）。首先由1分子的乙酰辅酶A（Acetyl-CoA）和3分子的丙二酰辅酶A（malonyl-CoA）经6-甲基水杨酸合成酶（6-MSA synthetase）催化生成6-甲基水杨酸（6-methylsalicylic acid，6-MSA）[62,63]；第二步，6-MSA通过6-MSA脱羧酶的作用转化成间-甲酚（m-cresol）[64]，m-Cresol随后被间-甲酚-2-羟基化酶（m-cresol 2-hydroxylase）转化成间-羟基苯醇（m-hydroxybenzyl alcohol）[65]；然后，间-羟基苯醇被转化为龙胆醛（gentisaldehyde）[66]，龙胆醛形成后，接着依次被转化为异环氧菌素（isoepoxydon），叶点霉素（phyllostine），neopatulin，E-ascladiol，最终形成棒曲霉素[66~70]。异环氧菌素（isoepoxydon）到叶点霉素的转化是由依赖于NADPH的异环氧菌素脱氢酶（Isoepoxydon dehydrogenase）催化反应发生的[70]。从neopatulin到E-ascladiol的转化是通过NADPH还原作用，这一反应的产物E-ascladiol可被氧化成棒曲霉素，或者直接转化为相应的异构体Z-ascladiol[66]。

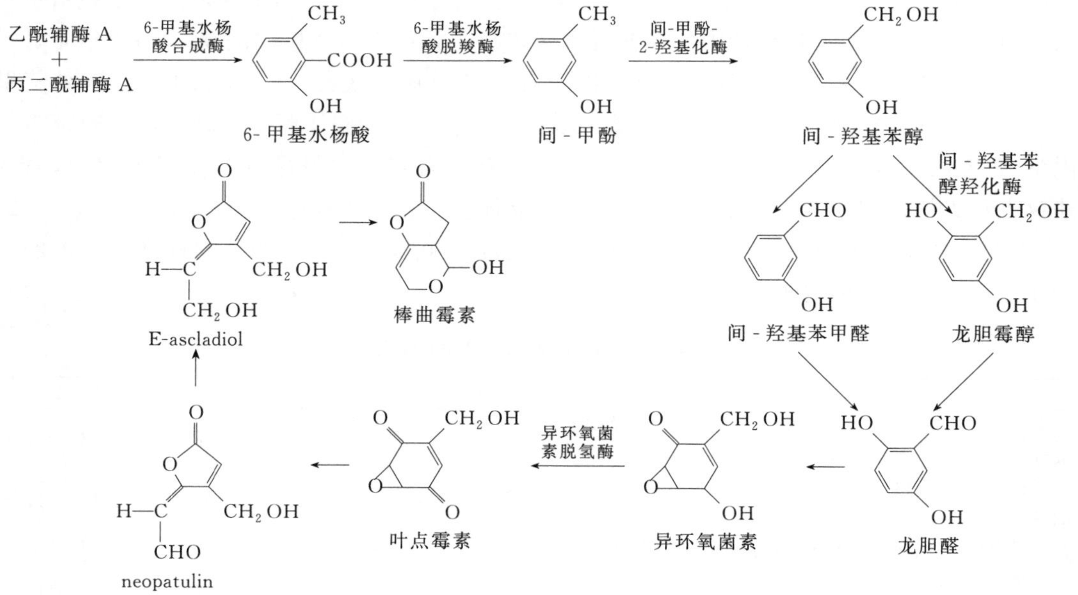

图2.3　棒曲霉素的生物合成途径

20 世纪 90 年代，随着分子生物学技术的快速发展，一些参与棒曲霉素合成的酶的编码基因逐渐被克隆出来。首先，6-甲基水杨酸合酶的编码基因分别从 *P. patulum* 和 *P. urticae* 中得到克隆[64,71]。随后，部分其它相关的基因或片段也陆续得到克隆[72]，但相关研究总体进展缓慢，大部分的编码基因及其功能仍不清楚。根据其它微生物中类似次生代谢产物的合成途径推测，棒曲霉素生物合成的编码基因可能是由 10 个以上基因构成的基因簇[73]。

基因测序技术的快速发展为研究棒曲霉素生物合成的分子机制提供了强有力的基础。研究人员从完成测序的棒曲霉（*A. clavatus*）NRRL 1 菌株基因组中检测并鉴定得到一个棒曲霉素合成的基因簇，该基因簇由 15 个基因组成[74]。目前，大部分已知的棒曲霉素产生菌主要来自青霉属（*Pecinillium*），其中扩展青霉（*P. expansum*）是苹果、梨、桃等大宗果实采后的重要病原真菌，也是棒曲霉素的主要产生菌，因此解析 *P. expansum* 中棒曲霉素生物合成和调控的分子机制对控制食品中棒曲霉素的污染具有更重要的意义。Li 等[75] 基于二代测序技术对从苹果果实分离的 *P. expansum* T01 菌株进行了全基因组测序，获得了 33.52 Mb 的高质量基因组草图，并成功检测鉴定得到一个完整的棒曲霉素合成基因簇。该基因簇全长约 41kb，由 15 个基因（PatA-PatO）组成，包括 1 个推测的转录因子编码基因（*PatL*），3 个转运蛋白编码基因（*PatM*、*PatC* 和 *PatA*），9 个催化酶编码基因（*PatB*、*PatD*、*PatE*、*PatG*、*PatH*、*PatI*、*PatK*、*PatN*、*PatO*），以及 2 个功能未知的基因（*PatF* 和 *PatJ*）（图 2.4）。Banani 等[76] 通过全基因组测序的方法在灰黄青霉 *P. griseofulvumi* 中也检测鉴定得到了完整的棒曲霉素合成基因簇。对比发现两种青霉病菌中棒曲霉素合成基因簇的基因组成和排列顺序相同，但与曲霉菌 *A. clavatus* 的基因簇相比在基因排列上有明显差异。

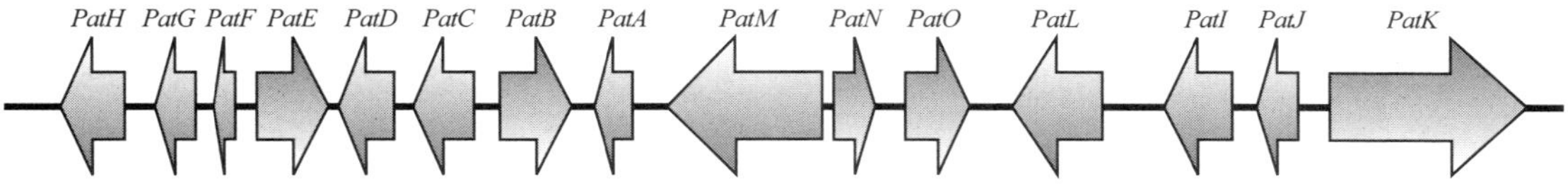

图 2.4 扩展青霉中的棒曲霉素合成基因簇（自 Li 等[16]）

Li 等[75] 结合转录组和 Real-time PCR 分析发现棒曲霉素合成基因簇的所有基因在利于毒素产生的条件下表达量均显著增加，表明这些基因可能均参与棒曲霉素的合成。目前，部分基因已经被证明在棒曲霉素合成中起到关键作用[76]。Sanzani 等[77] 利用 T-DNA 插入的方法打断了 *PatK* 基因，突变株棒曲霉素的产量降到野生型的 60%左右。Barad 等[78] 通过 RNAi 的方法抑制 *PatN* 的表达，将毒素产量降到野生型的 10%左右。Li 等[75] 和 Ballester 等[79] 通过基因敲除的方法将 *PatK*、*PatL* 和 *PatN* 完全敲除，结果表明这 3 个基因的敲除突变株几乎完全丧失了棒曲霉素的合成能力。上述研究表明 *PatK*、*PatL* 和 *PatN* 是棒曲霉素合成的关键基因。基因簇中其它基因在棒曲霉素合成中的作用还有待进一步研究。

（二）棒曲霉素生物合成调控的分子机制

真菌毒素等次生代谢产物的合成受控于一套复杂而多层次的调控网络。在丝状真菌的次生代谢基因簇中，除了生物合成相关酶的编码基因外，一般还有一个基因编码基因簇特异性的转录因子，调控基因簇内其它基因的表达[80]。比较典型的是黄曲霉等真菌中的转录因子 AflR，它是由 *aflR* 基因编码的 Zn（Ⅱ）$_2$Cys$_6$ 型转录因子，识别并结合黄曲霉毒素（Aflatoxins）生物合成基因的启动子区特有序列（5′-TCGN5CGR-3′），调控黄曲霉毒素的生物合成[81]。在棒曲霉素合成基因簇中也有一个基因（*PatL*）编码 Zn（Ⅱ）$_2$Cys$_6$ 型转录因子。Li 等[75] 进一步研究发现 *PatL* 定位于细胞核。当 *PatL* 基因被敲除后，*P.expansum* 完全丧失了产毒能力，同时棒曲霉素合成基因簇内所有其它基因的表达量均显著下调。上述研究表明 *PePatL* 可能是调控棒曲霉素生物合成的特异性转录因子。

除特异性的转录因子外，全局性的调控因子也参与次生代谢产物合成的调控。LaeA 是在构巢曲霉（*A.nidulans*）中最先被发现的全局性调控因子[82]。在扩展青霉中，Kumar 等[83] 敲除了分别来自中国和以色列的 2 个 *P.expansum* 菌株（Pe-T01 和 Pe21）中的 *LaeA* 基因，发现敲除突变株中棒曲霉素的合成显著下降，同时棒曲霉素合成基因簇中绝大部分基因都显著下调表达，说明 *LaeA* 是棒曲霉素合成的正调控因子。关于 *LaeA* 调控棒曲霉素合成的具体机制尚不清楚。在曲霉菌中，*LaeA* 作为一个全局性调控因子对有性/无性繁殖、次生代谢等多个生物学过程均有调控作用[84,85]，而且受 *LaeA* 调控的基因具有一定的位置特异性，表明 *LaeA* 可能通过识别染色体上的特异性位点或结构来调控特定基因的表达[86]。*LaeA* 具有甲基转移酶的保守结构域，它对次生代谢的调控可能与其甲基转移作用密切相关[86]。

二、影响棒曲霉素代谢产生的因素

除了受基因调控外，外界环境因子对棒曲霉素合成也具有显著影响。Stott 和 Bullerman[20] 研究了不同碳源对棒曲霉素产生的影响，结果表明：葡萄糖更利于棒曲霉素的产生和积累。同时，Rollins 和 Gaucher [21]比较了不同浓度铵盐对 *P.urticae* 代谢产生棒曲霉素的影响，结果表明：高浓度的铵盐会显著影响毒素的积累。且实验发现，培养基中氮含量的下降会伴随着病原真菌菌株生长速率的下降，而菌株生长速率的下降伴随着棒曲霉素的积累[22]。

此外，环境 pH 值也影响着棒曲霉素的产生，随环境 pH 值的升高，棒曲霉素的积累量降低，可能是棒曲霉素在 pH 值下结构不稳定的原因[23]。

参考文献

[1] Glister G A. A New Antibacterial Agent produced by a Mould. Nature，1941，148（3755）：470.

[2] Ciegler A，Vesonder RF，Jackson LK. Production and biological activity of patulin and citrinin from *Penicillium expansum*. Appied Environmental and Microbiology，1977，33，1004-1006.

[3] 孙有恒．应对欧盟新法规要求-如何预防和减少苹果汁中棒曲霉素污染．食品安全，2004，4，54-55.

[4] Ashoor SH，Chu SS. Inibition of alcohol and lactic dehydrogenase by patulin and penicillic acid in vitro. Food Cosmetics Toxicology，1988，11，617-624.

[5] Escoula L，Thomsen M，Bourdiol D，Pipy B，Peuriere S，Roubinet F. Patulin immunotoxicology：effect on phagocyte activation and cellular and humoral immune system of mice and rabbits. International Journal of Immunopharmacology，1988，10，983-989.

[6] Brause AR，Trucksess MW，Thomas FS，Page SW. Determination of patulin in apple juice by liquid chromatography：collaborative study. Journal of AOAC International，1996，79，451-455.

[7] Larrison TO，Frisvad JC，Ravn G，Skaaning T. Mycotoxin production by *Penicillium expansum* on blackcurrant and cherry juice. Food Additives and Contaminants，1998，15，671-675.

[8] Lopez TM，Flannigan B. Production of patulin and cytochalasin E by 4 strains of *Aspergillus clavatus* during malting

of barley and wheat. International of Journal Food Microbiology，1997，35，129-136.

[9] Lai CL，Fuh Y-M，Shih DY-C. Detection of mycotoxin patulin in apple juice. Journal of Food Drug Analysis，2000，2：85 - 96.

[10] Wilson DM，Nuovo GJ. Patulin production in apples decayed by Penicillium expansum. Applied Microbiology，1973，26 (1)：124-125.

[11] Bissessur J P，Odhav B. Reduction of patulin during apple juice clarification. Journal of Food Protection，2001，21：1216-1219.

[12] Chen L，Ingham B H. Survival of Penicillium expansum and Patulin Production on Stored Apples after Wash Treatments. Journal of Food Science，2004，69 (8)：669-675.

[13] Wilson D M，Nuovo G J. Patulin production in apples decayed by *Penicillium expansum*. Applied Microbiology，1973，26 (1)：124-125.

[14] Northolt MD，Van Egmond HP，Paulsch WE. Patulin production by some fungal species in relation to water activity and temperature. Journal of Food Protect，1978，41，889-890.

[15] Garcia D，Ramos AJ，Sanchis V，Marín S. Intraspecific variability of growth and patulin production of 79*Penicillium expansum*isolates at two temperatures. International Journal of Food Microbiology，2011，151，195-200.

[16] Sommer NF，Buchanan JR，Fortlage RJ. Production of patulin by *Penicillium expansum*. Applied Microbiology，1974，28，589-593.

[17] Roland JO，Beuchat LR. Biomass and patulin production by *Byssochlamysnivea*in apple juice as affected by sorbate，benzoate，SO_2 and temperature. Journal of Food Science，1984，49，402-406.

[18] Morales H，Marín S，Rovira A，Ramos AJ，Sanchis V. Patulin accumulation in apples by *Penicillium expansum*during postharvest stages. Letter Applied Microbiology，2007a，44，30-35.

[19] Morales H，Sanchis V，Rovira A，Ramos AJ，Marín S. Patulin accumulation in apples during postharvest：Effect of controlled atmosphere storage and fungicide treatments. Food Control，2007b，18：1443-1448.

[20] Stott WT，Bullerman LB. Patulin：a mycotoxin of potential concern in foods. Journal of Milk Food Technology，1975a，38：695-705.

[21] Rollins MJ，Gaucher GM. Ammonium repression of antibiotic and intracellular proteinase production in *Penicillium urticae*. Applied Microbiology Biotechnology，1994，41：447-455.

[22] Grootwassink JWD，Gaucher GM. De novo biosynthesis of secondary metabolism enzymes in homogeneous cultures of *Penicillium urticae*. Bacteriology，1980，141：443-55.

[23] McCallum JL，Tsao R，Zhou T. Factors affecting patulin production by *Penicillium expansum*. Journal of Food Protect，2002，65：1937-1942.

[24] Marín S，Morales H，Hasan HA，Ramos AJ，Sanchis V. Patulin distribution in Fuji and Golden apples contaminated with *Penicillium expansum*. Food Additives Contaminants，2006，23：1316-1322.

[25] Leggott N L，Shephard G S. Patulin in South African commercial apple products. Food Control，2001，12 (2)：73-76.

[26] 张小平，李元瑞，师俊玲等．苹果汁中棒曲霉素控制技术研究进展．中国农业科学，2004，37 (11)：1672-1676.

[27] Gokmen V，Artik N，AcarJ，et al. Effects of various clarification treatments on patulin，phenolic compound and organic acid composition of apple juice. European Food Research and Technology，2001，213：194-199.

[28] 张亚健，刘阳，邢福国．我国浓缩苹果汁生产现状及棒曲霉素对其品质的危害．食品科技，2009，34：54-57.

[29] 鲁琳，高燕红，许秀敏，黄湘东，李晖．2005～2007 年广东省抽检苹果、山楂制品中展青霉素残留量结果分析．中国卫生检验杂志，2008，18，1591-1604.

[30] 吴南，王玉华，刘勇等．我国部分地区水果制品中展青霉素含量的调查．中国食品卫生杂志，1992，4 (3)：67-68.

[31] 贺玉梅，贾珍珍，赵新生等．北京市部分水果制品霉菌及展青霉素的污染情况调查．卫生研究，1993，(3)：173-176.

[32] 刘绘园，于孔玖．山楂及其制品中展青霉素的含量及污染的调查分析．中国食品卫生杂志，1995，(4)：42.

[33] 宋家玉，邢金川，林艺等．山东省部分水果及制品中展青霉素污染调查分析．中国食品卫生杂志，1995，(2)：43-44.

[34] Leggott N L，Shephard G S. Patulin in South African commercial apple products. Food Control，2001，12 (2)：73-

76.

[35] Spadaro D, Ciavorella A, Frati S, Garibaldi A, Gullino ML. Incidence and level of patulin contamination in pure and mixed apple juices. Food Control, 2007, 18: 1098-1102.

[36] Marín S, Mateo E M, Sanchis V, et al. Patulin contamination in fruit derivatives, including baby food, from the Spanish market. Food Chemistry, 2011, 124 (2): 563-568

[37] Funes G J, Resnik S L. Determination of patulin in solid and semisolid apple and pear products marketed in Argentina. Food Control, 2009, 20 (3): 277-280.

[38] Zaied C, Abid S, Hlel W, et al. Occurrence of patulin in apple-based-foods largely consumed in Tunisia. Food Control,, 2013. 31 (2): 263-267.

[39] Oroian M, Amariei S, Gutt G. Patulin in apple juices from the Romanian market. Food Additives & Contaminants: Part B, 2013, 7 (2): 147-150.

[40] Gillard N, Agneessens R, Dubois M L, et al. Quantification of patulin in Belgian handicraft-made apple juices. World Mycotoxin Journal, 2009, 2 (1): 95-104.

[41] Gokmen V, Akar J. Incidence of patulin in applejuiceconcentratesproduced in Turkey. Journal Chromatography, 1998, 815: 99-102.

[42] Cheraghali A M, Mohammadi H R, Amirahmadi M, et al. Incidence of patulin contamination in apple juice produced in Iran. Food Control, 2005, 16 (2): 165-167

[43] McKinley E R, Carlton W W, Boon G D. Patulin mycotoxicosis in the rat: toxicology, pathology and clinical pathology. Food and Chemical Toxicology, 1982, 20 (3): 289-300.

[44] Appell M, Dombrink-Kurtzman M A, Kendra D F. Comparative study of patulin, ascladiol, and neopatulin by density functional theory. Journal of Molecular Structure: Theochem, 2009, 894 (1-3): 23-31.

[45] Speijers G J, Franken M A, van Leeuwen F X. Subacute toxicity study of patulin in the rat: effects on the kidney and the gastro-intestinal tract. Food chemical Toxicology, 1988, 26 (01): 23-30.

[46] Dickens F, Jones HEH. Carcinogenic activity of a series of reactive lactones and related substances. British Journal Cancer, 1961, 15, 85-100.

[47] Lee KSR, Schenthaler RJ. DNA-Damaging Activity of Patulin in Escherichia coli. Applied Environmental Microbiology, 1986, 52 (5): 1046-1054.

[48] David MS, Carolin M, Manfred M, et al. DNA-DNA cross-links contribute to the mutagenic potential of the mycotoxin patulin. Toxicology Letter, 2006, 166 (3): 268-275.

[49] Paucod JC, Krivobok S, Vidal D. Immunotoxicity testing of mycotoxins T-2 and patulin on Balb/C mice. Acta Microbiology Hungarica, 1990, 37, 331-339.

[50] Sharma RP. Immunotoxicity of mycotoxins. Journal of Dairy, 1993, 76, 892-897.

[51] Llewellyn GC, Mccay JA, Brown RD, et al. Immu-nological evaluation of the mycotoxin patulin in female B6C3F1 mice. Food Chemical Toxicology, 1998, 36 (12): 1107-1115.

[52] Smith EE, Duffus EA, Small MH. Effects of patulin on postimplantation rat embryos. Archives of Environmental Contamination and Toxicology, 1993, 25: 267-270.

[53] Phillips TD, Hayes AW. Effects of patulin on adenosine triphosphatase activities in the mouse. Toxicology Applied Pharmacology, 1977, 42: 175-187.

[54] Hamittou M, Larous L, Harzallah D, Ghoul M. Effect of *Penicillium expansum* filtrate on the embryo and germinability of some legume seeds. Arab Journal of Plant Protection, 1998, 16: 12-18.

[55] Harwig J, Chen Y, Kennedy BPC, Scott PM. Occurrence of patulin and patulin-producing strains of *Penicillium expansum* in natural rot of apples in Canada. Canada Institute Food Technology Journal, 1973, 6: 22-25.

[56] Lovett J, Thompson RG, Boutin B. Trimming as a means of removing patulin from Fungusrotted apples. Journal of Association Of Analysis Chemistry, 1975, 58: 909-911.

[57] IARC. Patulin. *IARC Monogr. Eval. Carcinog.* Risk Chemical Hum Supply, 1986, 40; 83-98.

[58] Harrison MA. Presence and stability of patulin in apple products: A review. Journal of Food Safety, 1989, 9: 147-153.

[59] Forbito PR, Babsky NE. Rapid liquid chromatographicdeterminationofpatulin in applecider. Journal of Chromatography, 1996, 730, 53-58.

[60] Gokmen V, Acar J. Incidence of patulin in apple juice concentrates produced in Turkey. Journal of Chromatography A, 1998, 815 (1): 99-102

[61] Turner WB. Polyketides and related metabolites. In: Smith JE, Berry DR (eds.) London: Edward Arnold, Ltd., 1976.

[62] Gaucher GM. m-Hydroxybenzyl alcohol dehydrogenase. Methods Enzymology, 1975, 43: 540-548.

[63] Lynen FH, Engeser J, Freidrich W. Fattyacid synthetase of yeast and 6-Methylsalicylate synthetase of *Penicillium patulum*-Two multi-enzyme complexes. In: Srere PA, Estabrook RW (eds.) Microenvironments and Metabolic Compartmentation. New York: Academic Press, Inc, 1978: 283-303.

[64] Wang IK, Reeves C, Gaucher GM. Isolation and sequencingof a genomic DNA clonecontainingthe 3 terminusofthe 6-methysalicylic acidpoly ketide synthetase gene of *Penicillium urticae*. Canada Journal of Microbiology, 1991, 37, 86-95.

[65] Neway J, Gaucher GM. Intrinsic limitations on the continued production of the antibiotic patulin by *Penicillium urticae*. Canada Journal of Microbiology, 1981, 27: 206-215.

[66] Sekiguchi J, Shimamoto T, Yamada Y, Gaucher GM. Patulin biosynthesis: enzymatic and nonenzymatic transformations of the mycotoxin (E) -ascladiol. Applied and Environmental Microbiology, 1983, 45: 1939-1942.

[67] Sekiguchi J, Gaucher GM. Conidiogenesis and secondary metabolism in *Penicillium urticae*. Applied and Environmental Microbiology, 1977, 33: 147-158.

[68] Sekiguchi J, Gaucher GM. Identification of phyllostine as an intermediate of the patulin pathway in *Penicillium urticae*. Biochemistry, 1978, 17: 1785-1791.

[69] Sekiguchi J, Gaucher GM. Isoepoxydon, a new metabolite of the patulin pathway in *Penicillium urticae*. Biochemistry, 1979, 182: 445-453.

[70] Sekiguchi J, Gaucher GM, Yamada Y. Biosynthesis of patulin in*Penicillium urticae*: identification of isopatulin as a new intermediate. Tetrahedron Letter, 1979, 20: 41-42.

[71] Beck J, Ripka S, Siegner A, et al. The multifunctional 6- methyl salicylic acid synthase gene of *Penicillium patulum*. European Journal of Biochemistry, 1990, 192: 487-498.

[72] White S, O'Callaghan J, Dobson ADW. Cloning and molecular characterization of *Penicillium expansum* genes upregulated under conditions permissive for patulin biosynthesis. FEMS Microbiol ogy Letter, 2006, 255: 17-26.

[73] Yu JH, Keller NP. Regulation of secondary metabolism in filamentous fungi. Annual of Review Phytopathology, 2005, 43: 437-458.

[74] Artigot MP, Loiseau N, Laffitte J, et al. Molecularcloning and functional characterization of two CYP619 cytochrome P450s involved in biosynthesisofpatulin in *Aspergillus clavatus*. Microbiology, 2009, 155: 1738-1747.

[75] Li BQ, Zong YY, Du ZL, et al. Genomic characterization reveals insights into patulin biosynthesis and pathogenicity in *Penicillium species*. Molcular Plant Microbe Interaction, 2015, 28: 635-647.

[76] Banani H, Marcet-Houben M, Ballester AR, et al. Genome sequencing and secondary metabolism of the postharvest pathogen *Penicillium griseofulvum*. BMC Genomics, 2016, 17: 19.

[77] Sanzani SM, Reverberi M, Punelli M, et al. Study on the role of patulin on pathogenicity and virulence of *Penicillium expansum*. International Journal of Food Microbiology, 2012, 153: 323-331.

[78] Barad S, Horowitz SB, Kobiler I, et al. Accumulation of the mycotoxin patulin in the presence of gluconic acid contributes to pathogenicity of *Penicillium expansum*. Molcular Plant Microbe Interaction, 2014, 27: 66-77.

[79] Ballester AR, Marcet-Houben M, Levin E, et al. Genome, transcriptome, and functional analyses of *Penicillium expansum* provide new insights into secondary metabolism and pathogenicity. Molcular Plant Microbe Interaction, 2015, 28: 232-248.

[80] Hoffmeister D, Keller NP. Natural products of filamentous fungi: Enzymes, genes, and their regulation [J]. Natural Product Reports, 2007, 24: 393-416.

[81] Yu J, Chang PK, Ehrlich KC, et al. Clustered pathway genes in aflatoxin biosynthesis. Applied Environmental Mi-

crobiology, 2004, 70: 1253-1262.

[82] Bok JW, Keller NP. LaeA, a regulator of secondary metabolism in *Aspergillus* spp. Eukaryotic Cell, 2004, 3: 527-535.

[83] Kumar D, Barad S, Chen Y, et al. LaeA regulation of secondary metabolism modulates virulence in *Penicillium expansum* and is mediated by sucrose. Molcular Plant Pathology, 2017, 18 (8): 1150-1163.

[84] Bayram O, Krappmann S, Ni M, et al. VelB/VeA/LaeA complex coordinates light signal with fungal development and secondary metabolism. Science, 2008, 320: 1504-1506.

[85] SarikayaBayram O, Bayram O, Valerius O, et al. LaeA control of velvet family regulatory proteins for light-dependent development and fungal cell-type specificity. Plos Genetcs, 2010, 6: e1001226.

[86] Bok JW, Noordermeer D, Kale SP, et al. Secondary metabolic gene cluster silencing in *Aspergillus nidulans*. Molcular Microbiology, 2006, 61: 1636-1645.

第三章 果蔬中赭曲霉素

赭曲霉素(ochraceors)是由多种植物病原真菌产生的一类有毒的次生代谢产物，包括7种结构类似的化合物，其中赭曲霉素A存在最为广泛，尤以葡萄、葡萄酒、葡萄干、葡萄汁等葡萄制品中的污染最为严重。毒理学实验表明：赭曲霉素A具有较强的肾毒性、肝毒性、细胞毒性、免疫毒性等，还具有潜在的致癌性，被国际癌症研究机构（IARC）列为2B类致癌物。同时，也被人们认为是第二大类对人类和动物造成威胁的真菌毒素种类。所以，近年来受到了全世界的广泛关注。

第一节 果蔬中赭曲霉素的产生

一、赭曲霉素的概况

赭曲霉素是L-β-苯基丙氨酸与异香豆素反应生成的一类聚酮类化合物。由7种结构类似的有机化合物组成，分别为赭曲霉素A（ochraceors A，OTA）、赭曲霉素B（ochraceors，OTB）、赭曲霉素C（ochraceors C，OTC）、赭曲霉素A甲酯（OTA methyly ester）、赭曲霉素B甲酯（OTB methyly ester）、赭曲霉素B乙酯（OTB ethyl ester）和4-羟基赭曲霉素A（4-HyDroxy OTA），化学结构式见图3.1[1]。这些物质在化学结构上只有细微差异，但在毒理学方面却差别显著。其中，OTA在自然界分布最为广泛，毒性最强，并且检出率最高[2,3]。

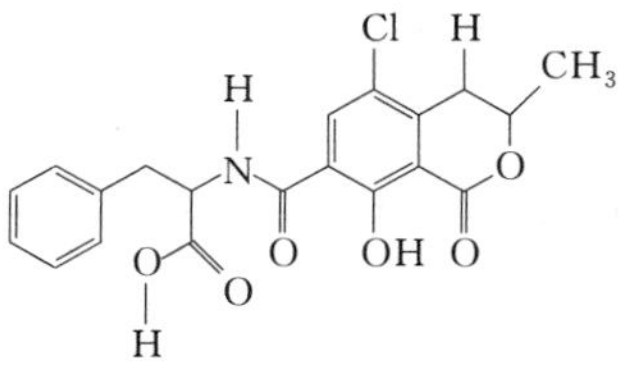

赭曲霉素A ochraceors(OTA)

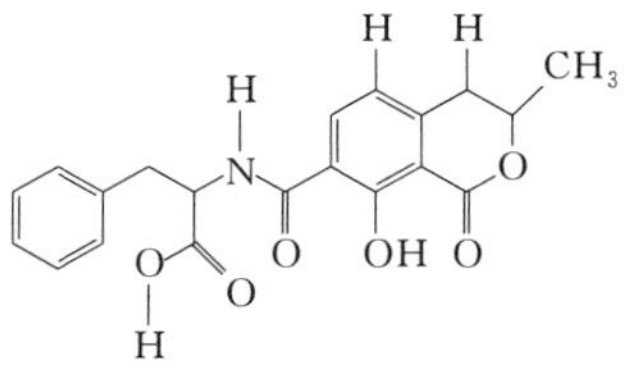

赭曲霉素B ochraceors(OTB)

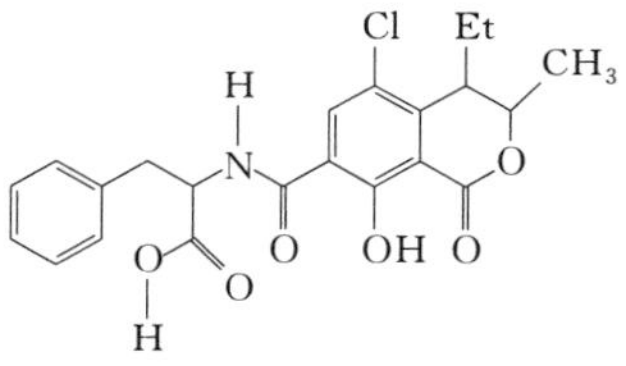

赭曲霉素Cochraceors C(OTC)

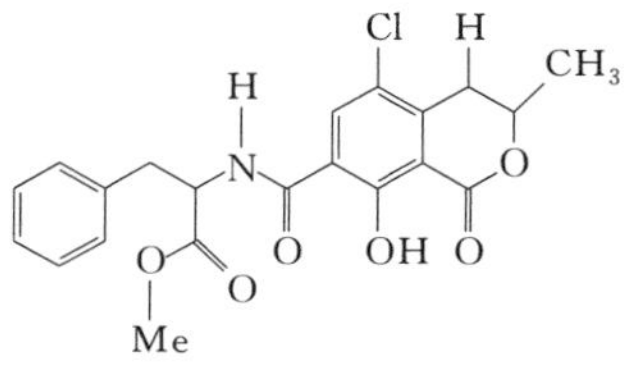

赭曲霉素A甲酯OTA methyly ester

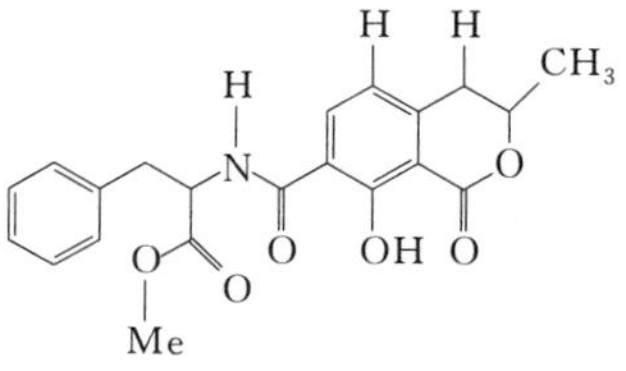

赭曲霉素B甲酯OTB methyly ester

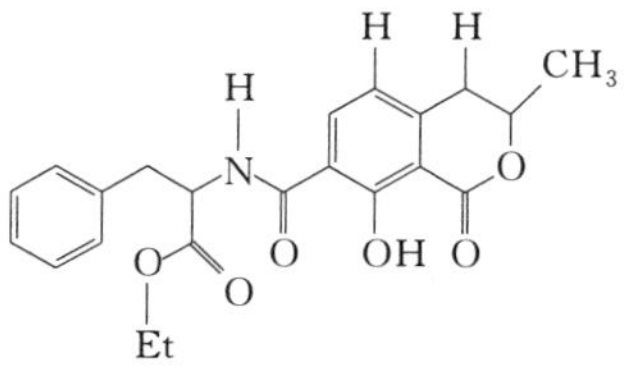

赭曲霉素B乙酯OTB ethyl ester

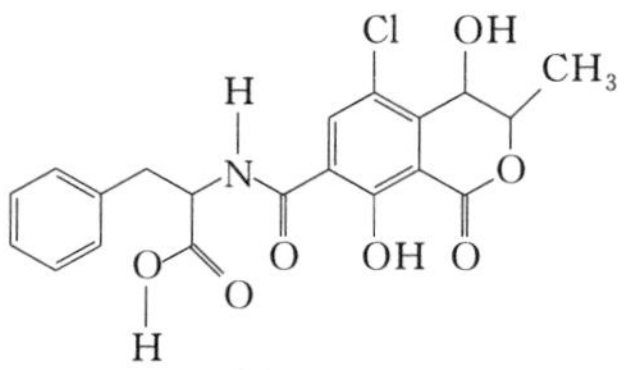

4-羟基赭曲霉素A4-HyDroxy OTA

图3.1 赭曲霉素的化学结构式

赭曲霉素A的化学名称为7-(L-β-苯基丙氨基-羰基)-羧基-5-氯代-8-羟基-3,4-二氢化-3R-甲基异氧杂奈邻酮（香豆素），是由7-羧基-5-氯-3,4-二氢-8-羟基-3R-甲基异香豆素通过一个肽键与L-β-苯丙氨酸的7-羧基相连而形成，分子式为$C_{20}H_{18}ClNO_6$，分子量为403，熔点为169℃，弱酸性，pK_a为4.4～7.5，是一种无色晶体状化合物[4,5]，微溶于水，易溶于极性有机溶剂，且在极性有机溶剂中较稳定，冷藏条件下OTA的乙醇溶液可稳定1年以上，但在谷物中随着贮藏时间的延长而被降解，在苯-冰乙酸（99∶1，V/V）溶液中的最大吸收峰波长为333nm，最大发射波长为465nm，摩尔消光系数为5550。OTA在空气和强光条件下不稳定，尤其在高湿度和强光照条件下，OTA极易被降解[6,7]。OTA具有耐热性，通常的加工处理操作对食品中OTA几乎没有影响。如经过焙烤加工过程处理后的食品中OTA的含量仅降低20%，蒸煮对其毒性不具有破坏作用[8,9]。Boudra等对OTA的耐热性做了研究，以LD_{50}有效性为依据，在干燥环境下，100°C、150℃、200℃和250℃的分解时间分别为707min、201min、12min和6min；而在潮湿环境下，100℃、150℃和200℃的分解时间分别为145min、60min和19min，由此说明，OTA对热比较稳定，100～200℃没有发现完全分解[10]。

OTA在长波紫外光下会显示绿色或黄绿色荧光，在碱性条件下进行紫外检测为蓝色荧光，且OTA含量与荧光强度成正比[11]。同时，OTA为半抗原，需与大分子物质结合后才具有免疫原性。产物中是否含有OTA是判断菌种是否为产毒菌株的直接依据。利用可可浆培养基（CCA）和察氏培养基（CA）可对粮食中分离出的黑曲霉菌株和其它真菌进行OTA产生菌的初步筛选[12]。

二、赭曲霉素的产生和污染状况

（一）赭曲霉素的产生

产生赭曲霉素的病原真菌主要包括：曲霉属（*Aspergillus* spp.）真菌，如：赭曲霉（*Aspergillus ochraceus*）、硫色曲霉（*A. sulphureus*）、菌核（*A. sclerotium*）、洋葱曲霉（*A. alliaceus*）、蜂蜜曲霉（*A. melleus*）、佩特曲霉（*A. petrakii*）、孔曲霉（*A. ostianus*）、炭黑曲霉（*A. niveus*）金头曲霉（*A. auricomus*）等曲霉属（*Aspergillus* spp.）病原真菌；和青霉属（*Penicillium* spp.）真菌，如：纯绿青霉（*Penicillium viridicatum*）、疣孢青霉（*P. verrucosum*）、产紫青霉（*P. purpurescens*）、圆弧青霉（*P. cyclopium*）等6种青霉属（*Penicillium* spp.）病原菌。

产生赭曲霉素的病原真菌主要在果蔬采收后贮藏和运输的过程中通过果蔬表面的伤口或腐烂果蔬与健康果蔬的相互接触而侵染，其侵染途径见图3.2。

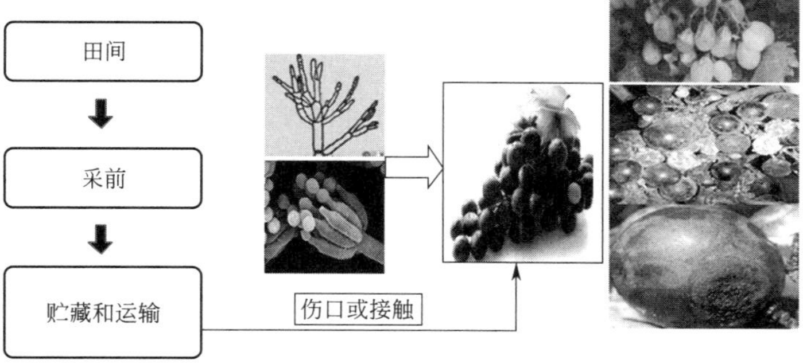

图3.2　赭曲霉素产生菌侵入果实的途径示意图

曲霉属（*Aspergillus* spp.）真菌产生 OTA 的条件一般是气温低于 30℃，且水分活度较低。因此，在寒冷地区，粮食作物及果蔬产品中 OTA 的污染主要由曲霉菌真菌所致。如 Davide 等[13]比较了不同温湿度和 pH 条件下，曲霉属病原真菌菌丝的生长条件和其中赭曲霉素 A 的积累。结果发现，低温（低于 30℃）、高湿（A_w 为 0.98）和偏酸性环境（pH 为 4）较利于菌丝生长和 OTA 的积累。

与曲霉属（*Aspergillus* spp.）真菌产毒条件刚好相反，青霉属（*Penicillium* spp.）真菌一般是在高温高湿条件下产生 OTA 的。因此，在热带和亚热带地区，粮食作物及果蔬产品中 OTA 的污染较为严重，检出率极高。如 Schmidt 等分析了不同温度、湿度和 pH 值对青霉菌属真菌产生 OTA 毒素的影响，结果发现，温度在 25～30℃、水分活度（A_w）为 98%，pH 为 6～8 最适宜青霉属真菌产生 OTA[14]。

（二）赭曲霉素的污染

由于赭曲霉素在自然界分布极为广泛，尤其是 OTA，虽然在结构上与 OTB 极其相似，但 OTA 的毒性远高于 OTB，它们通常存在于葡萄及葡萄酒、干制葡萄干、罐头食品、咖啡豆、可可豆等多种果蔬及衍生制品中，同时在动物性衍生食品如肉类、蛋类中也检测到 OTA 的存在[15]。

1. 葡萄及其制品中 OTA 的污染

葡萄酒中的赭曲霉素最早是由 Zimmerli 和 Dick 首次报道[16]。在随后的 20 多年里，葡萄酒作为 OTA 的主要来源越来越引起了人们的广泛关注[17]。接着，澳大利亚、法国、西班牙等许多国家相继也在葡萄酒中检测到了 OTA 的存在[6]。此外，葡萄汁和葡萄干也存在高含量 OTA，含量为 1.16～2.32μg/kg 和 40μg/kg[18]。

通常，人们认为青霉属（*Penicillium* spp.）真菌是热带和亚热带地区产生赭曲霉素的最主要的病原真菌，而曲霉属（*Aspergillus* spp.）是寒冷地区产生赭曲霉素的主要的病原真菌菌种[19]。直到 1996 年，人们发现 *A. ochraceus* 是唯一可以在葡萄果实上产生赭曲霉素的病原真菌菌种。随后，Zimmerli 和 Dick[16] 在葡萄汁、葡萄酒等葡萄制品中也检测到了 OTA 的存在，且导致其产毒的菌株主要为 *A. carbonarius* 和 *A. niger*。Battilani 和 Pietri[20] 调查了来自不同国家的葡萄中赭曲霉素污染状况，结果发现黑色曲霉，尤其是 *A. carbonarius* 是赭曲霉素的主要产毒菌株。Romero 等[21] 对阿根廷葡萄污染状况进行调查，结果发现 *A. ochraceus* 在葡萄上代谢产生赭曲霉素的能力非常低，25%的赭曲霉素 A 产生菌来源于 *A. niger*。Magnoli 等[22] 和 Chulze 等[23] 通过分析不同葡萄品种，也发现产生赭曲霉素的曲霉属菌种中，*A. niger* 占 41%，同时，该菌在体外条件下培养时，代谢产生的毒素含量为 2～24.5ng/mL。

Sage 等[24] 对法国南部 11 份葡萄样品中 OTA 含量进行调查，结果发现 6 份存在 OTA 产生菌的侵染，但只有 *A. carbonarius* 可代谢产生 OTA，含量 0.5～87.5μg/g。随后，该研究团队又对法国 60 份葡萄样品进行调查分析，发现只有 *A. carbonarius* 是赭曲霉素产毒菌株，毒素产量为 1.9g/g[25]。Bejaoui 等[26] 对法国不同气候条件下 10 个葡萄园中曲霉菌属污染状况调查，结果发现，黑色曲霉占到了 99%，他们分别为：*A. carbonarius*，*A. Japonicus* 和 *A. niger*。其中，*A. carbonarius* 是产生赭曲霉素的主要菌种，采收期是污染赭曲霉素的关键时期。

葡萄制品中 OTA 的污染来源于葡萄原料，Blesa 等[27] 对 116 个产地的葡萄酒样品和 3

个食品仓库贮藏的葡萄酒样品进行了检测，OTA 含量范围在 0.01～0.76ng/mL，并评估了人体每日的 OTA 摄入量（约为 0.15ng/kg・bw）。Rita 等[28] 对葡萄牙 11 个葡萄园酿酒葡萄进行抽样分析，结果发现在 3 个葡萄园中检测出了 OTA，含量为 0.035～0.061μg/kg。Polastro 等[29] 对意大利南部葡萄园病原真菌污染状况进行调查，发现侵染葡萄的主要曲霉属菌种：*A. niger*＞*A. carbonarius*＞*A. aculeatus*＞*A. wentii*。其中，*A. carbonarius* 是产生赭曲霉素的主要菌种，Serra 等[30] 对葡萄牙国家的葡萄酒中微生物菌群进行分析，发现 97%菌株为 *A. carbonarius*，而 4%*A. niger* 可产生赭曲霉素。后来，Serra 等[31] 发现，虽然 *A. niger* 在检测的样品中占 5.4%，*A. carbonarius* 仅占 0.6%；但 *A. carbonarius* 在所有体外培养条件下均产生赭曲霉素，*A. niger* 产生赭曲霉素的概率只有 4%，这表明，*A. carbonarius* 是地中海气候条件下最易侵染葡萄园的曲霉属菌种。而 Abrunhosa 等[32] 早期并未发现葡萄牙北部寒冷气候条件下 OTA 产毒菌株的污染。

Belli 等[33] 对西班牙 40 个葡萄园中 *Aspergillus section Nigri* 与 OTA 积累之间的关系进行了进一步深入调查，结果发现 *A. carbonarius* 是 OTA 的最主要产毒菌种，同时也是产生 OTA（2.5～25g/g）最高的菌种；Bau 等[34] 强调 *A. carbonarius* 也是西班牙葡萄检测中可以代谢产生 OTA 的优势菌种，尤其是在葡萄成熟的后期，但未在 *A. niger aggregate* 和 *A. japonicus var. aculeatus* 菌株侵染的葡萄中检测到 OTA 的存在。

Guzev 等[35] 对以色列田间的两种品种的酿酒葡萄进行调查发现，2114 个测试菌株中，161 株菌是产生 OTA 的，其中 *A. carbonarius* 是产生 OTA 的最主要菌种，占到 35%；*A. niger* 只占 3.1%。Serra 等[36] 从无明显病害症状的酿酒葡萄上分离得到了 3 株曲霉属（*Aspergillus* spp.）病原真菌，分别为 *A. carbonarius*，*A. niger aggregate* 和 *A. ochraceus*。其中，只有 *A. carbonarius* 和 *A. ochraceus* 可以产生 OTA，健康浆果中 OTA 的存在也证明了赭曲霉素的产毒菌株具有侵染葡萄园中浆果类果实的能力。

2. 其它果蔬及咖啡中 OTA 的污染

虽然近年来有关水果中 OTA 污染的研究报道多集中在葡萄、葡萄汁、葡萄酒及葡萄类制品中，但事实上，其它果蔬中也存在 OTA 的污染。Engelhardt 等[37] 分析了不同种类水果中 OTA 的污染状况，结果发现腐烂樱桃果实中也存在 OTA 的污染，即使切去腐烂组织，其周围健康组织中 OTA 的浓度仍高达 27.1g/kg，而番茄、草莓、苹果和桃子 OTA 的污染相对樱桃来说，其含量很低（表 3.1）。这些研究表明，即使果蔬腐烂组织被切除，其周围健康组织中仍然存在 OTA 的污染，这对于人类健康带来了潜在的威胁。

目前，近 40%的水果中 OTA 的污染水平是超过痕量标准的。尤其是干制的无花果中 OTA 的污染尤为严重。Doster 等[38] 通过对加利福尼亚无花果中赭曲霉素进行调查，结果发现商业化种植的无花果主要是受到了 *A. alliaceous*，*A. melleus*，*A. ochraceus* 和 *A. sclerotiorum* 等病原真菌的侵染，这些病原真菌在无花果上可以代谢产生 OTA，其含量为 0～9600g/kg（表 3.1）。Özay 和 Alperden[39] 对土耳其 103 份干制无花果进行分析，发现 OTA 的阳性检出率仅为 3%，含量为 5.2～8.3g/kg（表 3.1）。Senyuva 等[40] 采用碱性溶剂提取真菌毒素，结果发现土耳其的干制无花果中同时存在赭曲霉素和黄曲霉毒素 B 的污染，如：41 份无花果中，4 份检测到了 OTA，2 份检测到了赭曲霉素和黄曲霉毒素 B 同时存在，且 OTA 含量高达 26.3ng/g（表 3.1），这与通常人们采用的酸性溶剂提取相比，具有较高的提取率，同时也说明真菌毒素在食品中的存在具有普遍性。Zohri 和 Ardel-Gawad[41] 调查了埃及干制的无花果、杏干和李子中 OTA 的污染状况，结果发现其最高含量可达 280 g/kg（表 3.1）。随后，Özay 等[42] 对自然光下干制的 32 份无花果样品进行 OTA 含量分析，结果未检测到其存在，由此说明自然光干制对减少 OTA 的污染具有重要的作用。Bayman 等[43] 发现产 OTA 的病原真菌主要包括 *A. ochraceus* 和 *A. melleus*，其次是 *A. alliaceus*，*A. elegans* 和 *A. sclerotiorum*。

表 3.1　赭曲霉素在新鲜果蔬及其干制品中的污染（不包括葡萄）

果蔬	赭曲霉素含量/(μg/kg)	参考文献
新鲜水果		
德国樱桃	27.1	[37]
德国番茄	1.44	[38]
德国草莓	1.44	[38]
德国苹果	0.41	[38]
加利福尼亚无花果	9600①	[38]
干制品		
土耳其干制品无花果	8.3	[39]
土耳其干制品无花果	26.3②	[40]
埃及干制无花果	120	[41]
埃及干制杏干	110	[41]
埃及干制李子	280	[41]

① 与黄曲霉毒素同时存在；

② 只有 40%无花果的污染超过赭曲霉素的微量水平。

从橄榄果实中分离得到的 *A. niger* 菌株，在淀粉培养基上培养，可以代谢产生 OTA[44]。除了葡萄、番茄、草莓、苹果、桃子、李子、杏子和无花果中存在 OTA 之外，咖啡及其制品中也存在 OTA 的污染。自从咖啡中 OTA 的 HPLC 方法建立之后，世界上许多国家，尤其是英国、德国、丹麦、瑞士、瑞典、荷兰、西班牙等欧洲国家和美国、日本、巴西等对咖啡中 OTA 的污染状况和人群暴露情况进行了广泛而深入的调查研究，如美国于 1995～1999 年对 180 份进口咖啡豆中 OTA 污染状况进行调查，结果显示 6 份咖啡豆样品中 OTA 含量为 0.353～19.296μg/kg [45]。1996 年，Wicklow 等[46] 在美国新奥尔兰的真菌毒素分析实验室分析了 201 份咖啡豆样品中 OTA 的污染状况，其中 2 份呈现阳性，污染水平分别为 96μg/kg 和 24μg/kg。同年，Koch 等[47] 对德国市售 30 份烤咖啡豆中 OTA 污染状况进行调查，20 份样品呈现阳性，含量为 0.3～7.5μg/kg。Mantle[48] 对英国 80 份速溶咖啡进行污染分析，结果发现阳性检出率为 80%，含量 0.1～8.0μg/kg；同时，他还发现 20 份烤咖啡豆中有 17 份样品 OTA 呈现阳性，污染水平范围 0.2～2.1μg/kg；而在 291 份进口咖啡中，OTA 污染更为严重，含量高达 27.3μg/kg。Studer 等[49] 表明瑞士 40 份咖啡饮品中 16 份存在 OTA 污染（1.0～7.8μg/kg）。Tsubouchi 等[50] 调查了 68 份烤制咖啡豆样品，其中 5 份 OTA 含量在 3.2～17μg/kg，超过该法的检出限 0.01μg/kg。Pittet 等[51] 分析了 116 份采自不同国家、不同企业生产的速溶咖啡中的 OTA，结果表明纯咖啡豆制成的速溶咖啡中 OTA 的污染水平极低，含量仅为 1.1μg/kg，而掺杂有咖啡壳的速溶咖啡中 OTA 的平均污染水平为 5.9μg/kg，最高污染水平达 15.9μg/kg。由此可见，在很多国家的咖啡及其制品中均有 OTA 的检出，但由于其污染水平较低，加之咖啡的摄入量远低于水果、蔬菜和谷类作物等，因此即使在有饮用咖啡习惯的国家，咖啡也不是人群膳食暴露 OTA 的主要来源。

第二节　赭曲霉素的毒性及限量

一、赭曲霉素的毒性

OTA 对人类和动物的毒性作用主要表现为急性毒性、肾脏毒性、肝脏毒性、致癌性、致畸性、致突变性和免疫毒性，国际癌症研究机构 IARC 将 OTA 确定为 2B 类致癌物[52]。

（1）急性毒性

OTA 对动物的急性毒性主要表现为肾脏毒性和肝脏毒性，其作用机理主要是通过损害线粒体的呼吸作用而抑制 ATP 的生成，导致 ATP 耗竭；另外，OTA 还可与苯丙氨酸竞争苯丙氨酸-t RNA 结合位点，影响蛋白质的合成和 DNA 及 RNA 的合成[53]。OTA 对受试动物的半数致死剂量（LD_{50}）因给药途径、受试动物种类和品系的不同而不同。对猪来说，经口半致死剂量为 1.0～6.0ng/kg・bw，半衰期为 72～120h；大鼠经口半致死剂量为 20.0～30.0ng/kg・bw，半衰期为 55～120h；小鼠经口半致死剂量为 48.0～58.0ng/kg・bw，半衰期为 48h[53]。

（2）肾脏毒性

OTA 对很多动物的肾脏都具有潜在的毒性作用，由于肾脏为 OTA 作用的主要靶器官，它可导致动物的急性和慢性的肾脏损害。Krogh[54] 早期研究表明，巴尔干地方性肾病是由于该地区人们摄取了被 OTA 污染的食品，由于在巴尔干地区食物中的 OTA 水平明显高于其它地区，且该地区人血液中 OTA 水平也高于其它地区。与巴尔干地方性肾病类似，突尼斯地区也存在不明原因的慢性间质性肾病，经检测后发现，突尼斯慢性间质性肾病病人血清的 OTA 平均水平（50.4ng/mL±8.2ng/mL）远高于健康人的血清中 OTA 水平（2.6ng/mL±2.3ng/mL）。由此说明，OTA 可能是导致突尼斯地方性慢性间质性肾病的一个发病因素[55]。OTA 对肾脏的特异性毒性作用机理可能是降低近曲小管细胞的纤毛侧对有机阴离子的转运[56]。

（3）肝脏毒性

通过用含 OTA 污染的饲料喂养 30d 龄星波罗肉鸡，3d 后出现精神萎靡，食欲减退，排绿便，消瘦，10～20d 内死亡；电镜观察发现肉鸡的肝细胞膜增厚，线粒体肿胀溶解，内质网减少，肝细胞溶解；通过免疫荧光技术分析各脏器，结果显示肉鸡的肝、肾、心肌等组织均含有 OTA 的残留，其中以肝细胞及肾小球基底膜残留量最多[55]。

（4）致癌性

通过对 640 只 Fischer 344/N 大鼠（雌雄各半）进行 OTA 灌胃，结果发现，雄性大鼠肾腺瘤的发病率显著高于雌性大鼠，且呈剂量-效应关系；同时，雄性大鼠肾癌的发病率也很高，肾腺瘤和肾癌的发生为多发性，累及双侧肾脏，而雌性大鼠极少患肾癌，腺瘤仅见于两个高剂量组，且发病率远低于雄性大鼠，但 45%～56%的受试大鼠可见肾腺体的纤维化。由此可见，雄性大鼠对 OTA 的致癌性较雌性大鼠更敏感[56]。

（5）致畸性

Creppy 等[57] 对小鼠和人类的肝细胞的研究发现，用单剂量的 OTA 几天后在细胞中有 DNA 损伤的修复，Kane 等[58] 证实细胞反复暴露于 OTA 中，由 OTA 导致的 DNA 损伤不再修复。最近的研究也证明 OTA 是一种可通过胎盘的致畸致癌物，因为怀孕小鼠 OTA 可通过胎盘到达致命器官并产生 DNA 加合物[59]。

(6) 致突变性

有研究表明 OTA 可导致细菌基因突变和培养的人类淋巴细胞和猪的膀胱上皮细胞的姐妹染色体的交换。将鼠伤寒沙门氏菌株 TA1535 和 TA1538 与暴露在 OTA 的小鼠肾微粒体共同培养，或将鼠伤寒沙门氏菌株 TA1535、TA1538 和 TA100 加到暴露 OTA 的大鼠肝细胞培养基中，结果显示，它们均可引起试验菌株的突变[60]。

(7) 免疫毒性

以 8～10 周龄的瑞士小鼠为受试对象，每天进行腹腔注射 OTA，注射剂量为 5mg/(kg·bw)，50d 后受试小鼠体内免疫球蛋白合成受到抑制，继而降低细胞介导的免疫应答，同时减少刀豆素 A 诱导的小鼠脾淋巴干细胞的有丝分裂。3～4μg/mL 的 OTA 对 HL-60 早幼粒白血病细胞有毒性，并可导致该类细胞的凋亡[61]。

二、赭曲霉素的限量标准

真菌毒素污染已经成为世界各国普遍关注的一个重要的问题，它对人类和动物健康具有严重的影响，这一认识导致了许多国家在近几十年来制定了诸多有关食品和饲料中真菌毒素的法规，以保护人类的健康，并保障生产者和贸易商的经济利益。真菌毒素的限量标准要追溯到 20 世纪 60 年代末黄曲霉毒素限量标准的制定，截至目前，已有 100 个国家制订了食品和饲料中的真菌毒素的限量标准，且这个数目还在继续增加中。

由于 OTA 在食品，尤其果蔬及果蔬制品，如葡萄、葡萄酒、葡萄汁等制品中存在的广泛性，加之目前尚缺乏行之有效的赭曲霉素 A 的脱除技术。因此，制定食品中 OTA 限量标准势在必行，一方面可最大限度减少人类对 OTA 的危害，另一方面也能加强对食品的品质管理，向消费者提供安全可靠的食品。目前已有 10 多个国家和地区制定了 OTA 的限量标准（表 3.2），其中大多是欧洲国家。2005 年 1 月 1 日欧盟委员会（EU）制订了葡萄酒及其制品中 OTA 的限量标准，分别为葡萄酒以及用于葡萄酒酿造和饮料制作的葡萄汁，限量标准为 2.0μg/kg[53]；葡萄干等制品中 OTA 的限量标准为 10.0μg/kg（Commission Regulation no. 1881/2006）。国际葡萄与葡萄酒组织（OIV）推荐葡萄酒中 OTA 的最大限量标准为 2.0μg/kg[62]，意大利和保加利亚规定啤酒中 OTA 的含量不得超过 0.20μg/L，保加利亚规定葡萄汁中 OTA 的含量不得超过 3.0μg/L。我国目前尚未制定出葡萄酒中 OTA 的限量标准，但在食品安全国家卫生标准 GB 2761—2011《食品中真菌毒素限量》中要求谷物、豆类及其制品中 OTA 的最大限量为 5.0μg/kg，国家标准 GB 13078.2—2006《饲料卫生标准 饲料中赭曲霉素 A 和玉米赤霉烯酮的允许量》中也规定 OTA 允许量不大于 100.0μg/kg。

表 3.2 棒曲霉素 A 的限量标准

产品	棒曲霉素最高含量	参考文献
葡萄酒以及用于葡萄酒酿造和饮料制作的葡萄汁	2.0μg/kg	[53]
葡萄干等制品	10.0μg/kg	
国际葡萄与葡萄酒组织推荐葡萄酒	2.0μg/kg	[62]
意大利和保加利亚的啤酒	0.20μg/L	[62]
保加利亚规定葡萄汁	3.0μg/L	[62]

第三节　赭曲霉素的生物合成及代谢

目前，有关 OTA 的生物合成途径并未完全清楚，不过一些关键的合成步骤已被阐述。如 OTA 合成途径研究多集中在对聚酮合酶（PKS）、非核糖体多肽合成酶（NRPS）和卤代酶的基因研究上。PKS 是 OTA 合成的启动酶，催化乙酸/其它羧酸重复缩合，发生多步聚酮反应，首先由五分子乙酰 CoA 单位形成 OTA 结构的二氢异香豆素骨架[63]。二氢异香豆素部分是聚酮合酶催化的多步聚酮反应合成，与其它聚酮类真菌毒素一样，聚酮合酶是毒素生物合成的关键基因。所以，在 OTA 生物合成途径的研究中，PKS 是科学家们研究的焦点，对 PKS 的深入研究有利于解析 OTA 生物合成途径。NRPS 也是 OTA 生物合成途径关注的焦点，NRPS 基因敲除可阻止 OTA 的生物合成。然而，目前对 NRPS 作用的催化位点尚未得到证实[64]；卤代酶催化加氯反应，证实卤代酶参与最后 OTA 的合成[65]。

早期饲喂实验和化学降解实验表明，苯丙氨酸是 OTA 苯丙氨酸残基的前体，依据 OTA 化学结构推测，首先由五分子的乙酰 CoA 单位形成 OTA 结构的二氢异香豆素骨架，然后甲硫氨酸通过 SAM 为二氢异香豆素环提供一碳单位在 C-7 位形成甲基，接着氧化为羧基，随后与苯丙氨酸的氨基进行缩合形成酰胺键而合成 OTA。关于 OTA 生物合成途径有不同的研究报道，其合成途径见图 3.3。根据 OTA 化学结构预测的合成顺序是：乙酰-CoA、蜂蜜曲菌素、OTβ、OTα、OTC、OTA；根据同位素示踪预测的合成顺序是 OTβ、OTα、OTA，认为 OTα 是 OTA 的前体[66]。但是 Gallo 等认为 OTα 可能不是 OTA 的前体，而是 OTA 合成后的衍生物[65]。尽管 OTA 生物合成路径已研究较长时间，但在分子和生物化学上均尚未建立起完整而全面的合成路径，尤其是有关 OTA 合成酶编码基因催化的底物和产物报道知之甚少，甚至多处反应的时空顺序仍存在争议。

截至目前，有关 OTA 产生菌的研究，仅在赭曲霉（*A. ochraceus*）、炭黑曲霉（*A. carbonarius*）、*A. westerdijkiae*、疣状青霉（*P. verrucosum*）以及 *P. nordicum* 中有基因功能的研究报道。其中，对 *A. ochraceus* 的研究，成功克隆出一个基因片段，经氨基酸比对预测其为 *PKS* 基因，通过构建带有潮霉素抗性标记的基因缺失突变体，验证了其功能[66]。对 *P. nordicum* 的研究中，Farber 通过差异展示反转录 PCR（DDRT-PCR）技术分析不同产毒水平的真菌基因的不同表达水平，然后经克隆测序成功探究了 OTA 可能的生物合成基因 *PKS*、*NRPS* 和氯代过氧化物酶[67]。随后该团队又成功鉴定了 *P. nordicum* BFE487 的 10kb 左右的 OTA 合成基因簇，该基因簇尽管在 *P. nordicum* 和疣状青霉两种 OTA 产生菌的基因信息中找到了部分基因同源序列，并没有在 *A. ochraceus* 的 OTA 产生菌中探寻到同源序列。其中，NRPS 和氯代过氧化物酶基因的同源序列在疣状青霉中存在，而 PKS 编码基因却没在疣状青霉中找到同源序列[68]。另外，在 *A. westerdijkiae* 中发现另一个 PKS 编码基因 *aoksl*，Bacha 等[69] 通过染色体步移技术克隆并经氨基酸比对后发现，*aoksl* 为 OTA 合成相关 *PKS* 编码基因，且认为 mellein 为 OTA 生物合成的中间代谢物。

Gallo 等[63] 也在 *A. carbonarius* 中鉴定出一个与 OTA 的生物合成有关的 *PKS* 基因，并且编码蛋白也具有保守的 KS 和 AT 结构域。O′Callaghana 等[65] 在 *P. verrucosum* 的

OTA合成 *PKS* 基因的研究中，也发现其编码的氨基酸序列与 *M. anka* 性产橘霉素的氨基酸序列的相似高达83%，同时OTA-PKS共表达的基因 *otaT* 和 *otaE* 与 *M. anka* 中编码转运蛋白基因 *ctnC* 和氧化还原酶基因 *ctnB* 在编码蛋白上的相似度分别为72%和83%，由此说明 *P. verrucosum* 和 *M. anka* 在合成相关素时具有类似的合成相关基因[70,71]。

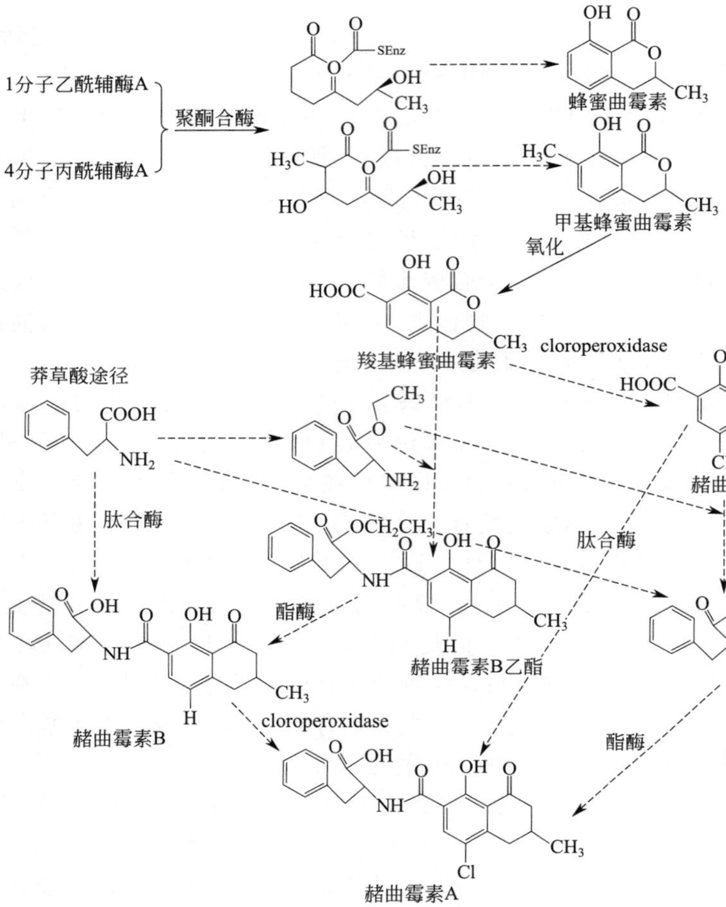

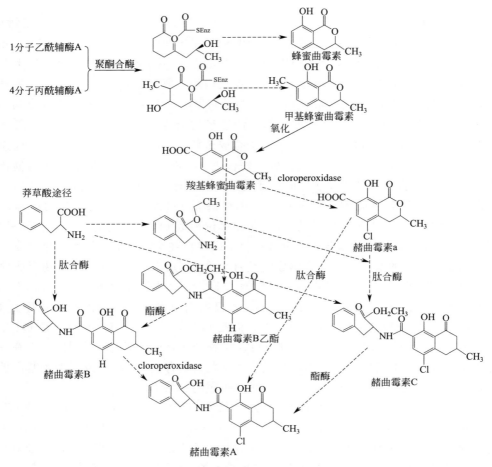

图3.3 OTA可能的生物合成途径

参考文献

[1] 杨超．四种真菌毒素检测方法的建立以及赭曲霉毒素A脱除方法的初步研究．青岛：中国海洋大学，2009.

[2] 高翔等．赭曲霉毒素A的毒性研究进展．国外医学（卫生学分册）．2005，32（1）：51-55.

[3] AngeloV，et al. Determination of ochratoxin A in domestic and imported beers in Italy. Journal of Chromatography A，2000，88（8）：321-326.

[4] Brera C，et al. Evaluation of the impact exotoxins on human health of source of errors. Journal of Agriculture and Food Chemistry，2002，50（25）：7493-7496.

[5] 章英，许杨．谷物类食品中赭曲霉毒素A分析方法的研究进展．食品科学，2006，27（12）：767-771.

[6] 杨家玲等．赭曲霉毒素A检测方法的研究进展．农产品加工（学刊）．2008，6：4-7.

[7] Ponsone ML，et al. Biocontrol as a strategy to reduce the impact of ochratoxin A and *Aspergillus section Nigri* in grapes. International Journal of Food Microbiology，2011，151（1），70-77.

[8] Berry L. The pathology of mycotoxins. Journal of Pathology，1988，154：301-311.

[9] Puntaric D, et al. Ochratoxin A in corn and wheat: Geographical association with endemic nephropathy. Croatian Medical Journal. 2000, 42 (2): 175-180.

[10] Boudra H, et al. Thermo-stability of ochratoxin A in wheat under two moisture conditions. Applied and Environmental Microbiology, 1995, 61: 1156-1158.

[11] 蒋春美等．赭曲霉毒素产生菌筛选方法的对比与优选．西北农林科技大学学报，2012，40 (3)：169-174.

[12] 梁志宏．粮食中赭曲霉毒素 A 的检测及产毒素菌株的分析与研究．北京：中国农业大学，2008.

[13] Davide S, et al. Effect of pH, water activity and temperature on the growth and accumulation of ochratoxin A produced by three strains of *Aspergillus carbonarius* isolated from Italian vineyards. Phytopathologia Mediterranea, 2010, 49, 65-73.

[14] Schmidt-heydt M, et al. Stress induction of mycotoxin biosynthesis genes by abiotic factors. FEMS Microbiology Letter, 2008, 284 (2): 142-149.

[15] Aish JL, et al. Ochratoxin A. In Mycotoxins in Food, Detection and Control (N. Magan and M. Olsen, eds), 2004, 307-38, Cambridge, England: Woodhead Publishing Limited.

[16] Zimmerli B, Dick R. Ochratoxin A in table wine and grape-juice: Occurrence and risk assessment. Food Additives & Contaminants, 1996, 13 (1), 655-668.

[17] Battilani P, Logrieco A. Grape protection and ochratoxin-producing fungi in the grape wine chain. Inf. Fitopatol., 2006, 56: 26-29.

[18] Varga J, Kozakiewicz Z. Ochratoxin A in grapes and grape-derived products [J]. Trends in Food Science & Technology, 2006, 17 (2): 72-81.

[19] Abarca ML, et al. Ochratoxin A production by strains of *Aspergillus niger var. niger*. Applied Environment Microbiology, 1996, 60: 2650-2652.

[20] Battilani P, Pietri A. Ochratoxin A in grapes and wine. European Journal of Plant Pathology, 2002, 108, 639-643.

[21] Romero SM, et al. Toxigenic fungi isolated from dried vine fruits in Argentina. International Journal of Food Microbiology, 2005, 104: 43-49.

[22] Magnoli C, et al. Mycoflora and ochratoxin-producing strains of Aspergillus section Nigri in wine grapes in Argentina. Letter of Applied Microbiology, 2003, 37: 179-184.

[23] Chulze SN, et al. Occurrence of ochratoxin A in wine and ochratoxigenic mycoflora in grapes and dried vine fruits in South America. International Journal of Food Microbiology, 2006, 111: S5-9.

[24] Sage L, et al. Fungal flora and ochratoxin A production in grapes and musts from France. Journal of Agricultural and Food Chemistry, 2002, 50: 1306-1311.

[25] Sage L, et al. Fungal microflora and ochratoxin. A risk in French vineyards. Journal of Agricultural and Food Chemistry, 2004, 52: 5764-5768.

[26] Bejaoui H, et al. Black aspergilli and ochratoxin A production in French vineyards. International Journal of Food Microbiology, 2006, 111: S46-52。

[27] Blesa J, et al. Concentration of ochratoxin A in wines from supermarkets and stores of Valencian Community (Spain). Journal of Chromatography A, 2004, 1054: 397-401.

[28] Rita S, et al. Determination of ochratoxin A in wine grapes: comparison of extraction procedures and method validation. Analytica Chimica Acta, 2004, 513 (1): 41-47.

[29] Polastro S, et al. A new semi-selective medium for the ochratoxigenic fungus Aspergillus carbonarius. Journal of Plant Pathology, 2006, 88: 107-112.

[30] Serra R, et al. Black Aspergillus species as ochratoxin A producers in Portuguese wine grapes. International Journal of Food Microbiology, 2003, 88: 63-68.

[31] Serra R, et al. Mycotoxin producing and other fungi isolated from grapes for wine production, with particular emphasis on ochratoxin A. Research Microbiology, 2005, 156: 515-521.

[32] Abrunhosa L, et al. Mycotoxin production from fungi isolated from grapes. Letter Applied Microbiology, 2001, 32: 240-242.

[33] Belli N, Ramos, A. J., Coronas, I., et al. *Aspergillus carbonarius* growth and ochratoxin A production on a syn-

thetic grape medium in relation to environmental factors. Journal of Applied Microbiology, 2005, 98: 839-44.

[34] Bau M, et al. Ochratoxigenic species from Spanish wine grapes. International Journal of Food Microbiology, 2005, 98: 125-130.

[35] Guzev L, et al. Occurrence of ochratoxin A producing fungi in wine and table grapes in Israel. International Journal of Food Microbiology, 2006, 111: S67-71.

[36] Serra R, et al. Fungi and ochratoxin A detected in healthy grapes for wine production. Letter of Applied Microbiology, 2006, 42: 42-47.

[37] Engelhardt G, et al. Occurrence of ochratoxin A in mouldy vegetables and fruits analyzed after removal of rotten tissue parts. Advances in Food Science, 1999, 3: 88-92.

[38] Doster MA, et al. Aspergillus species and mycotoxins in figs from Californian orchards. Plant Disease, 1996, 80: 484-489.

[39] Özay G, and Alperden I. Aflatoxin and ochratoxin - A contamination of dried figs (Ficus carina L.) from the 1988 crop. Mycotoxin Research, 1991, 7: 85-91.

[40] Senyuva HZ, et al. Survey for co-occurrence of ochratoxin A and aflatoxin B1 in dried figs in Turkey by using a single laboratory validated alkaline extraction method for ochratoxin A. Journal of Food Protect, 2005, 68: 1512-1515.

[41] Zohri AA, and Ardel-Gawad KM. Survey of mycoflora and mycotoxins of some dried fruits in Egypt. Journal of Basical Microbiology, 1993, 33: 279-88.

[42] Özay G, et al. Influence of harvesting and drying techniques on microflora and mycotoxin contamination of figs. Nahrung, 1995, 39: 156-165.

[43] Bayman P, et al. Ochratoxin production by Aspergillus ochraceus group and Aspergillus alliaceus. Applied Environmental Microbiology, 2002, 68: 2326-2329.

[44] Roussos S, et al. Characterization of filamentous fungi isolated from Moroccan olive and olive cake: toxigenic potential of Aspergillus strains. Molecular Nutration and Food Research, 2006, 50: 500-506.

[45] JECFA. Evaluation of certain mycotoxins in food. Fifty-sixth report of the Joint FAOPWHO Expert Committee on Food Additives, 2001, 26-35.

[46] Wicklow DJ, et al. Ochratoxin A: an antiinsectan metabolite from the sclerotia of Aspergillus carbonarius NRRL 369. Canada Journal of Microbiology, 1996, 42: 1100-1103.

[47] Koch M, et al. Improved determination of ochratoxinn A in roasted coffee after separation of caffeine. Rome: Poster presented at the IX IUPAC international symposium on mycotoxins and phycotoxins, 1996, 27-31.

[48] Mantle PG. Ochratoxin A in coffee. Food Mycology, 1998, 1: 63-65.

[49] Studer R, et al. Ochratoxin A in coffee. Mitt Geb-Lebesmittel Hyg, 1994, 85: 719-727.

[50] Tsubouchi H, et al. A survey of occurrence of mycotoxins and toxigenic fungi in imported green coffee beans. Process Japanese Associated Mycotoxin, 1984, 19: 14-21.

[51] Pittet A, et al. Liquid chromatographic determination of ochratoxin A in pure and adultered soluble coffee using an immunoaffinity column cleanup procedure. Journal of Agricultural and Food Chemistry, 1996, 44: 3564-3569.

[52] 刘建利等．一种测定酿酒葡萄中赭曲霉毒素 A 的新方法．食品与发酵工业，2013，39 (9)：175-179.

[53] 杨家玲．我国主要食品中赭曲霉毒素毒素 A 的调查与风险评估，2008，中国，陕西，杨凌．

[54] Krogh, P. Role of ochratoxin in disease causation. Food chemical Toxincol. 1992, (30): 213-224.

[55] 丁建英，韩剑众．赭曲霉毒素 A 的研究进展．食品研究与开发，2006，27 (3)：112-115.

[56] JECFA. Evaluation of certain mycotoxins in food. Fifty-sixth report of the Joint FAOPWHO Expert Committee on Food Additives, 2001, 26-35.

[57] Creppy E. Genotoxicity of ochratoxin Ain mice: DNA single-spreand breaks evalution in spleen, liver and kidney. Toxicology Letter, 1985, 28: 29-35.

[58] Kane A. Distribution of the 3H-label frow low doses of radioactive ochration A ingested by rats and evidence for DNA single-strand breaks caused in liver and kidneys. Archives Toxicology, 1986, 58: 219-224.

[59] Petkova-Bocharovaw T, et al., Formation of DNA adducts in tissues of mouse progeny through transplacental contamintion and/or lactation after administration of a single doze of ochratoxin A to the pregnant moth-

er. Envioronmental Molecular Mutagenesis, 1998, 32 (2): 155-162.

[60] Pittet A, et al. Liquid chromatographic determination of ochratoxin A in pure and adultered soluble coffee using an immunoaffinity column cleanup procedure. Journal of Agricultural and Food Chemistry, 1996, 44: 3564-569.

[61] Ueno Y, et al. Induction of apoptosis by T-2 toxin and other natural toxins in HL260 human promyelotic leukemia cells. Natural Toxins, 1995, 3: 129-137.

[62] Varga J, Kozakiewicz Z. Ochratoxin A in grapes and grape-derived products. Trends in Food Science & Technology, 2006, 17: 72-81.

[63] Gallo A, et al. New insight into the ochratoxin A biosynthetic pathway through deletion of a nonribosomal peptide synthetase gene in Aspergillus carbonarius. Applied Environment Microbiology, 2012, 78 (23): 8208-8218.

[64] Jonathan PH, Peter GM. Biosynthesis of ochratoxins by Aspergillus ochraceus. Phytochemistry, 2001, 58 (5): 709-716.

[65] O' Callaghana J, et al. A polyketide synthase gene required for ochratoxin A biosynthesis in *Aspergillus ochraceus*. Microbiology, 2003, 149 (4): 3485-3491.

[66] Steyn PS, et al. The biosynthesis of the ochratoxins, metabolites of *Aspergillus ochraceus*. Phytochemistry, 1970, 9: 1977-1983.

[67] Farber PF, Geisen R. Investigation of ochratoxin A biosynthetic genes in Penicillium verrucosum by DDRT- PCR experiments: differential expression of OTA genes. Mycotoxin Research, 2001, 17 (2): 150-155.

[68] 王龔等．食品中主要真菌毒素生物合成途径研究进展．食品质量安全检测学报，2016，7：2158-2167.

[69] Bacha N, et al. Aspergillus westerdijkiae polyketide synthase gene "aoks1" is involved in the biosynthesis of ochratoxin A. Fungal Genetic Biology, 2009, 46: 77-84.

[70] Storati M, et al. 2010. Amplification of polyketide synthase gene fragments in ochratoxigenic and nonochratoxigenic black *aspergilli* in grapevine. Phytopathologia Mediterranea, 49 (3): 393-405.

[71] Abdelhamid A, et al. 2009. Analysis of the effect of nutritional factors on OTA and OTB biosynthesis and polyketide synthase gene expression in Aspergillus ochraceus. International Journal of Food Microbiology, 135 (1): 22-27.

第四章 果蔬中交链孢毒素

交链孢毒素（*Alternaria* mycotoxin）是由多种植物病原真菌产生的一系列有毒的次生代谢产物。在自然界分布很广，主要存在于霉变的水果及蔬菜包括苹果、梨、桃、番茄、黄瓜、花椰菜、青椒、枣、橄榄、葡萄、柑橘、橙子、柠檬、石榴和草莓等中，是污染水果和蔬菜的主要真菌毒素之一。多种交链孢毒素对公众健康存在潜在风险，人及动物摄入被交链孢毒素污染的食品及饲料后可导致急性或慢性中毒，且某些交链孢毒素还有致畸、致癌、致突变作用。因此，交链孢毒素污染已成为备受关注的食品安全问题。最近欧洲食品安全局风险评估的结果表明，膳食摄入的交链孢毒素对公众健康存在潜在风险。

第一节　果蔬中交链孢毒素的产生

一、交链孢毒素概况

交链孢毒素是由交链孢属（*Alternaria* spp.）病原真菌代谢产生的，广泛分布于自然界，*Alternaria* spp. 是果蔬采后常见致病菌，可侵染番茄、苹果、柑橘、橄榄等多种果蔬。由于交链孢菌能在低温下生长繁殖，是造成贮运过程中果蔬发生腐败变质的重要原因。腐烂果蔬不仅给农民造成巨大的经济损失，而且会在腐烂部位及其周边健康组织中积累大量的真菌毒素。目前已发现的有 70 多种交链孢毒素，其中 10 种对动物和植物具有毒性作用。根据其化学结构和理化性质不同分为 4 类。

第 1 类是二苯-α-吡喃酮类化合物，主要包括交链孢酚（alternariol，AOH），交链孢酚单甲醚（alternariol monomethyl ether，AME）和交链孢烯（altenuene，ALT）。这类毒素的产量最多，分布最广，其致死毒性相对较小，但近期研究表明，AOH、AME、ALT 有明显的致细胞突变作用，对胚胎和母体的毒性甚至可诱发培养的人食管上皮组织细胞癌变。以上毒素的化学结构式如图 4.1 所示。Siegel 等[1] 研究了 AOH 和 AME 的化学稳定性，结果表明，在 pH 值为 5.0 的 0.15mol/L 磷酸盐缓冲液中，三种毒素都十分稳定，但在 0.1mol/L 氢氧化钾溶液中却都降解为未知的棕色产物。在 pH 值为 7.0，浓度为 0.18mol/L 的磷酸盐-柠檬酸盐缓冲液中，ALT 呈稳定状态，而 AOH 和 AME 则分别降解为 6-甲基联苯-2,3′,4,5′-四醇(6-methylbiphenyl-2,3′,4,5′-tetrol)和 5′-甲氧基-6-甲基联苯-2,3′,4-四醇（5′-methoxy-6- methylbiphenyl-2,3′,4-triol)。

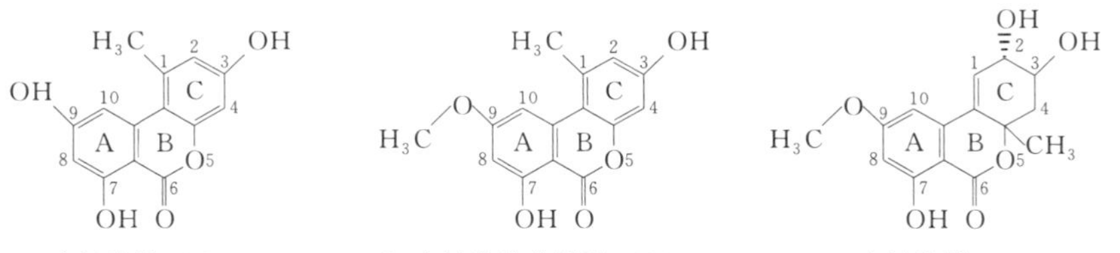
(a)交链孢酚(AOH)　(b)交链孢酚单甲醚(AME)　(c)交链孢烯(ALT)

图 4.1　AOH、AME 和 ALT 的化学结构式

第 2 类是四价酸类化合物，主要包括细交链格孢酮酸（tenuazonic acid，TeA）及其异构体-异细交链格孢酮酸（*iso*-TeA）。TeA 呈褐色黏稠油状，酸度系数 pK_a 值为 3.5，可溶于甲醇和氯仿等。在贮藏温度为－20℃时，TeA 在苯乙腈中可保存较长时间[2]。TeA 是一种强螯合剂，可与钙、镁、铜、铁和镍等金属螯合[3]；TeA 结构不太稳定，因此可将其转化为稳定的铜盐保持，目前商用标准品常为其铜盐。从它的结构式可以看出，TeA 存在酮-烯醇互变异构现象，分别发生在 C2 位、C4 位及 C3 位上的酰基，其原因可能是分子中的酮基吸收一个氢原子转化为醇基同时脱水与相邻的碳原子形成双键[4]。TeA 是交链孢菌培养物导致动物急性中毒死亡的主要毒素，有催吐及心血管毒性两种基本毒性，可使动物表现多涎、呕吐、厌食、血液浓缩，造成循环系统损伤和出血性胃肠病，从而致动物死亡。TeA

毒素的化学结构式如图 4.2 所示。

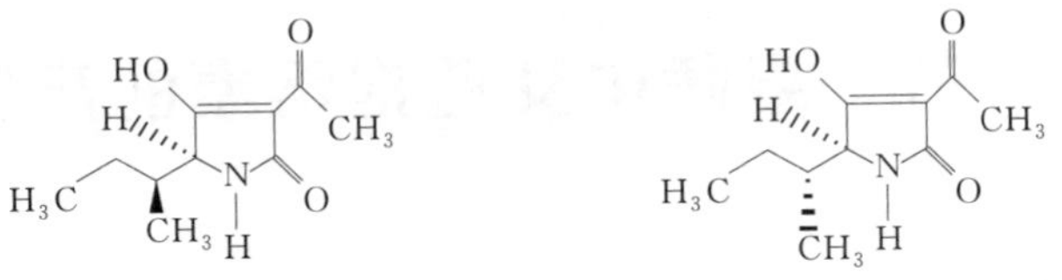

(a)细交链格孢酮酸(TeA)　　(b)异细交链格孢酮酸(*iso*-TeA)

图 4.2　细交链格孢酮酸的化学结构式

第 3 类是二萘嵌苯醌类（戊醌类）化合物，主要包括交链孢毒素Ⅰ（altertoxin Ⅰ，ATX-Ⅰ）、交链孢毒素Ⅱ（altertoxin-Ⅱ，ATX-Ⅱ）和交链孢毒素Ⅲ（altertoxin Ⅲ，ATX-Ⅲ），这类毒素的急性毒性比较小，化学结构式如图 4.3 所示。

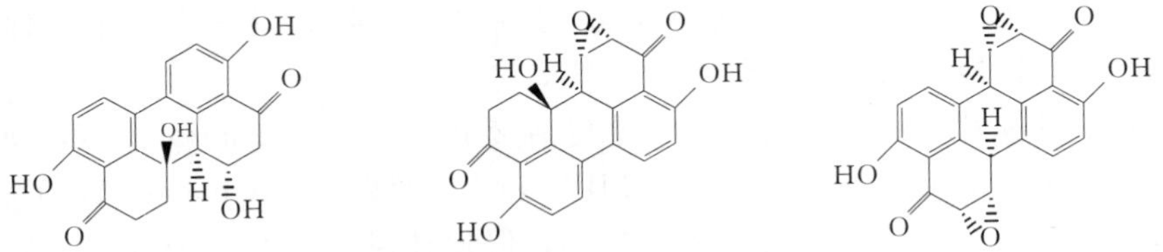

(a)交链孢毒素Ⅰ(ATX-Ⅰ)　　(b)交链孢毒素Ⅱ(ATX-Ⅱ)　　(c)交链孢毒素Ⅲ(ATX-Ⅲ)

图 4.3　交链孢毒素Ⅰ、Ⅱ、Ⅲ的化学结构式

第 4 类是包括腾毒素（tentoxin，TEN）在内的其它结构类毒素。TEN 是环四肽类毒素，它能干扰叶绿体合成，破坏其片层结构，抑制光合磷酸化作用，引起植物幼苗褪绿。TEN 的化学结构式如图 4.4 所示。

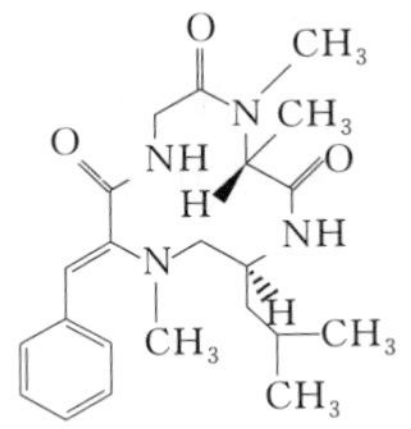

图 4.4　腾毒素（TEN）的化学结构式

上述代谢物的中英文名称及分子式如表 4.1 所示，其中 AOH、AME 和 TeA 在果蔬及其制品中的检出率较高，对公众健康存在潜在的风险。

表 4.1　交链孢毒素名称及分子式

中文名称	英文名称	英文缩写	分子式	分子量
链格孢酚	Alternariol	AOH	$C_{14}H_{10}O_5$	258
交链孢酚单甲醚	Alternariol monomethyl ether	AME	$C_{15}H_{12}O_5$	272
交链孢烯	Altenuene	ALT	$C_{15}H_{16}O_6$	292
交链孢毒素-Ⅰ	Altertoxin-Ⅰ	ATX-Ⅰ	$C_{20}H_{16}O_6$	352
交链孢毒素-Ⅱ	Altertoxin-Ⅱ	ATX-Ⅱ	$C_{20}H_{14}O_6$	350
交链孢毒素-Ⅲ	Altertoxin-Ⅲ	ATX-Ⅲ	$C_{20}H_{12}O_6$	348
细交链孢菌酮酸	Tenuazonic acid	TeA	$C_{10}H_{15}O_3N$	197
腾毒素	Tentoxin	TEN	$C_{22}H_{30}O_4N_4$	414

二、交链孢毒素的产生和污染状况

(一) 交链孢毒素的产生

交链孢菌（*Alternaria*）是产生交链孢毒素的主要病原真菌，主要包括：细极交链孢

(*A. tenuissima*)、乔木交链孢（*A. arborescens*）、互隔交链孢（*A. alternata*）、瓜交链孢（*A. cucumerina*）、胡萝卜交链孢（*A. dauci*）、大孢链格孢（*A. macrospora*）、芝麻交链孢（*A. sesami*）、茄交链孢（*A. solani*）、万寿菊交链孢（*A. tagetica*）和百日草交链孢（*A. zinnia*）等。

不同交链孢菌菌种，侵染寄主种类不同。细极交链孢（*A. tenuissima*）和乔木交链孢（*A. arborescens*）是侵染葡萄的优势病原真菌[5]；互隔交链孢（*A. alternata*）是引起番茄和红辣椒果实真菌病害的优势病原真菌[6]。

交链孢菌（*Alternaria*）侵染果蔬的主要途径如图 4.5 所示，病原真菌在果蔬采收之前就已经腐生在寄主表面上，产生大量的分生孢子，经过自然孔口侵入果蔬，病原真菌与果皮接触后，侵入果皮，有一部分寄主抗性较强，生长期间不会发病，而有一部分寄主在受到病原真菌侵入后，果肉组织很快形成腐斑；另外，果蔬采后贮藏和运输的过程中，病果和健果接触而传染。

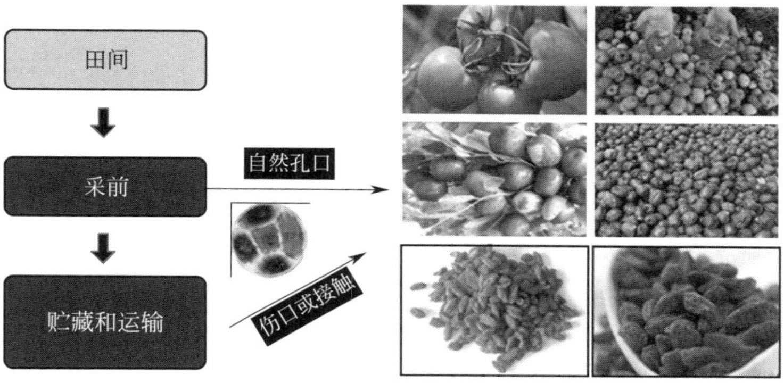

图 4.5　交链孢菌（*Alternaria*）侵染果蔬的主要途径示意图

交链孢毒素是交链孢菌（*Alternaria*）在自然生长过程中产生的一种次生代谢产物，同时也是病原真菌适应外界环境的一种反应，以提高其生存竞争能力。交链孢的菌种会影响毒素产生的种类。互隔交链孢（*A. alternata*）是侵染采后果蔬最常见的交链孢菌种，也是最重要的交链孢毒素产生菌，它能产生多种不同结构的毒素，其中最常见的有 5 种：AOH、AME、ALT、交链孢毒素Ⅰ和 TeA[7]，而瓜交链孢（*A. cucumerina*）、胡萝卜交链孢（*A. dauci*）、大孢链格孢（*A. macrospora*）、芝麻交链孢（*A. sesami*）、茄交链孢（*A. solani*）、万寿菊交链孢（*A. tagetica*）和百日草交链孢（*A. zinnia*）等 7 种交链孢菌只产生 AOH 和 AME 这两种毒素[8]。对番茄上分离的 3 种交链孢菌产毒能力进行研究，结果表明：大多数的细级交链孢和甘蓝交链孢可同时产生 AOH、AME、TEN 和 TeA；而互隔交链孢可同时产生 AOH、AME 和 TEN[9]。即使是同一种交链孢菌，不同菌株产生毒素的种类和产毒量也各不相同，从阿根廷的白葡萄酒中鉴定出 37 个互隔交链孢菌株，其中 53%的菌株都能同时产生 3 种毒素；97%的菌株至少能够产生 AOH、AME 和 TeA3 种毒素中的 1 种，毒素含量为 11.2～1941mg/kg；71%的菌株能产生 AOH，毒素含量为 1.8～437mg/kg；59%的菌株能够产生 AME，毒素含量为 0.6～663.4mg/kg。此外，还对这些菌株的致病性进行了鉴定，其中 55%的菌株为高致病性菌株，31%的菌株表现出中等毒性，只有 14%的菌株表现出较弱的毒性[10]。

交链孢毒素的产生还与果蔬品种密切相关。Ntasiou 等[11] 从希腊 4 个品种的苹果（Fuji，Golden Delicious，Granny Smith 和 Red Delicious）上分离得到 75 个交链孢菌菌株，经鉴定 89.3% 为细极交链孢，11.7%为甘蓝交链孢，且四个品种的苹果中细极交链孢的检出率都比较高；甘蓝交链孢仅在三个品种（Fuji，Golden Delicious 和 Red Delicious）中分离获得，且检出比例较低。研究还发现：2℃和 25℃时，Fuji 对交链孢菌的抗性最弱，而 Golden Delicious 的抗性最强。且 Ntasiou 等[11] 还对其中 30 个菌株的体外及体内产毒情况进行了研究，结果表明，DRYES 琼脂培养基上所有分离自不同苹果品种上的交链孢菌菌株都能产生 AOH 和 AME，其中细极交链孢菌株产生 AOH 和 AME 的量分别为 2.3～454.2μg/g 和 0.4～260.3μg/g，甘蓝交链孢产生 AOH 和 AME 的量为 42.9～463.1μg/g 和 38.8～216.3μg/g；多数菌株（83.3%）能够产生 TEN，产毒量为 0.3～86.9μg/g；将菌株接种到苹果果实后，大多数菌株都能够产生 AOH、AME 和 TEN 三种毒素；细极交链孢在苹果果实上的产 AOH 能力要强于甘蓝交链孢，但产 TEN 的能力要弱于甘蓝交链孢。对橄榄中交链孢毒素的研究结果表明，果实表面的腐烂和受创伤程度是影响交链孢菌生长量和产毒水平的重要因素[12]。

（二）交链孢毒素污染状况

与谷物相比，相对湿度较高的水果蔬菜更容易受到交链孢毒素的污染。交链孢菌可在低温下生长，因此是导致冷藏果蔬腐败变质的重要病原真菌。目前为止，已报道的交链孢菌能够侵染的果蔬包括：番茄、苹果、梨、蓝莓、葡萄、柑橘、柠檬、橄榄等（表 4.2、表 4.3）。其中 AOH、AME 和 TeA 在各类果蔬及其制品中的检出率较高，是污染果蔬的主要交链孢毒素。

1. 番茄及其制品交链孢毒素的污染

番茄是世界范围内最重要的蔬菜作物之一，但在其生产过程中易受数十种病原真菌的危害，其中交链孢可引起番茄的多种病害，每年造成的经济损失都十分严重。不仅如此，该病原真菌也是造成贮藏期番茄腐烂变质的主要原因。在适宜的条件下，交链孢还会在番茄果实上累积交链孢毒素。目前番茄及其制品中交链孢毒素的检出率较高，特别是细交链格孢酮酸（TeA）。早在 1981 年，Stinson 等[13] 调查美国市场上被交链孢菌侵染的番茄、苹果、橘子和柠檬时发现，番茄中的主要交链孢毒素是 TeA，检出率 57.9%，最高含量达 139mg/kg，平均污染量为 17.6mg/kg，并检出少量 AOH、AME 和 ALT。近年来番茄及其制品中交链孢毒素的污染情况见表 4.2。

表 4.2 番茄及其制品交链孢毒素污染情况

国家	样品	样品数	AOH		AME		TeA		参考文献
			检出率/%	检出值/(μg/kg)	检出率/%	检出值/(μg/kg)	检出率/%	检出值/(μg/kg)	
巴西	番茄酱	24	0	<LOQ	0	<LOQ	16.7	29～76	[14]
	番茄汁	22					31.8	39～111	
阿根廷	番茄酱	80	6.3	187～8765	26.3	84～1734	28.8	39～4021	[15]
德国	番茄汁	2	100	0.52～1.99	100	0.23～0.38	——	——	[16]
	番茄酱	28	100	1.0～13	——	——	——	——	[17]
	番茄制品	34	70.6	6.1～25	79.4	1.2～7.4	91.2	52～460	[18]
瑞士	番茄制品	85	30.6	4～33	30.6	1～9	95.3	2～790	[19]
中国	番茄酱	31	45.2	2.5～300	90.3	0.3～38	100	10.2～1787	[20]
	番茄汁	9	0	<LOQ	77.8	0.2～5.8	100	7.4～278	
荷兰	番茄酱	8	50	<2.0～25	50	<1.0～7.8	100	66～462	[21]

注：“——”代表未进行相关毒素检测，“0”代表未检出。

2. 水果制品中交链孢毒素的污染

除番茄及其制品易污染交链孢毒素外，其它水果及其制品中也有交链孢毒素检出，如表4.3所示。苹果中的主要交链孢毒素为AOH和AME，其次为交链孢毒素Ⅰ，此外还有少量的ALT和TeA被检出[17]。

表4.3 水果及其制品交链孢毒素污染情况

国家	样品	样品数	AOH		AME		TeA		参考文献
			检出率/%	检出值/(μg/kg)	检出率/%	检出值/(μg/kg)	检出率/%	检出值/(μg/kg)	
德国	苹果汁	4	75	0.16～0.22	75	<0.03	——	——	[16]
	橙汁	2	100	0.16～0.24	100	0.18～0.27			
	蔬菜汁	1	100	7.82	100	0.79			
	混合果汁	1	100	0.27	100	0.04			
	白葡萄酒	6	100	0.1～7.6	16.7	<0.03			
	红葡萄酒	5	100	0.36～7.5	100	<0.03～0.15			
	葡萄酒	2	100	2.04～2.7	50	<0.03			
	葡萄汁	5	100	0.1～1.05	40	<0.03			
	果汁	23	56.5	0.65～16	43.5	0.14～4.9	52.2	21～250	[17]
中国	橙汁	36	0	<LOQ	11.1	0.11～0.2	25	1.2～4.3	[20]
	苹果汁	15	6.7	1.9	6.7	0.8	——	——	[22]
	橙汁	7	14.3	3.3	14.3	1.8	——	——	[23]
	柑橘果皮	100	15	1.0～26.6	15	1.3～12.1	——	——	[24]
	柑橘	100	7	1.5～8.3	7	2.0～8.1			
荷兰	苹果	11	9.1	29	0	<LOQ	0	<LOQ	[21]
	无花果干	5	0	<LOQ	0	<LOQ	100	25～2345	
	红酒	5	20	11	0	<LOQ	60	<5.0～46	
加拿大	红葡萄酒	24	83.3	0.03～19.4	83.3	0.01～0.23			[25]

注："——"代表未进行相关毒素检测，"0"代表未检出。

（三）其它果蔬制品中交链孢毒素的污染

橄榄果实易受交链孢菌的侵染。Visconti等[12]对橄榄中交链孢毒素的污染情况及其在橄榄油中的残留情况进行了研究，结果显示13个橄榄样品中4个样品检出2～4种交链孢毒素，其中腐烂程度较重的橄榄样品中含有高浓度的AOH、AME、ALT和交链孢毒素Ⅰ，毒素污染量分别为2.3mg/kg、2.9mg/kg、1.4mg/kg和0.3mg/kg，且AOH和AME约总量的1.8%及4%转入橄榄油中，ALT和TeA并未转入橄榄油中。采自橄榄加工厂以品质良好的橄榄制得的6份橄榄油和3份橄榄壳中未检出交链孢毒素。另外，在实验室中利用交链孢菌污染的橄榄加工而成的橄榄样品中检测到了AOH和AME，含量分别高达0.79mg/kg和0.29mg/kg[26]。

Hickert等[18]利用改进的HPLC-MS/MS法，定量检测德国市售蔬菜油、葵花籽油等食品中的9种交链孢毒素，蔬菜油中AOH、AME和TeA的检出率分别为47.37%、84.21%和21.05%，检出量均值分别为6.0μg/kg、9.9μg/kg和15μg/kg；葵花籽油中AOH、AME和TeA的检出率分别为54.6%、63.6%和100%，检出量均值分别为27μg/kg、11μg/kg和420μg/kg；另外，TEN在蔬菜油和葵花籽油中的检出率也较高，分别为47.4%和90.9%，污染量均值分别为11μg/kg和110μg/kg。

第二节 交链孢毒素的毒性及限量

一、交链孢毒素的毒性

（一）细胞毒性

AOH、AME和ALT都对HeLa细胞具有毒性作用[27]。其中AOH和AME存在协同效应，单独的AOH或AME对HeLa细胞的毒性作用之和比它们的混合物的毒性作用要弱[27]。因此，交链孢菌培养物粗提液的毒性较单一毒素的毒性强。AOH和AME的毒性作用机制是可抑制DNA拓扑异构酶的活性而引起细胞DNA损伤，DNA拓扑异构酶与DNA的超螺旋调节有关，并参与细胞的复制、转录和修复等。此外，采用AOH处理V79细胞后，会出现细胞周期阻滞，细胞周期停留在G2/M和S期[28]。ALT的细胞毒理学实验表明，ALT对NIH/3T3细胞有毒性作用，可抑制细胞增殖并诱导G2/M期细胞阻滞，且其毒性作用弱于AOH[29]。

TeA也具有细胞毒性，Zhou等[30] 通过研究TeA对小鼠成纤维细胞（3T3细胞）、中国仓鼠肺细胞（CHL细胞）和人类肝细胞（L-O2细胞）3种哺乳动物细胞系的影响，发现TeA可降低细胞增殖速率并减少总蛋白的含量。

交链孢毒素Ⅰ和交链孢毒素Ⅱ对HeLa细胞有毒性作用，其中交链孢毒素Ⅱ在所有7种被研究的交链孢毒素中对Hela细胞毒性最强[27,31]。

（二）基因毒性

AOH、AME和ALT等二苯-α-吡喃酮类化合物是多种交链孢菌的主要代谢产物，其中AOH和AME已被证明具有基因毒性和致突变性。AOH作为一种DNA诱变剂，可以引起DNA损伤，具有明确的致突变性[32]，Brugger等[33] 的研究结果表明10μmol/L和更高浓度的AOH能够引起哺乳动物细胞中*HPRT*基因和*TK*基因位点突变，并且表现为剂量依赖性。Davis等[34] 发现AME对鼠伤寒沙门氏菌TA98的诱变性较弱，而An等[35] 的研究结果表明，AME对大肠杆菌ND-160有很强的诱变性，因此，AME可能对不同的基因位点或DNA序列有选择性的诱变作用。

TeA和TEN对鼠伤寒沙门菌（*Salmonella typhimurium*）TA97、TA98等菌株没有致突变性，亚硝基化TeA也不会增加其致突变性[32]。在彗星实验中，TeA也不会在HT9细胞中引起DNA链的断裂[36]。

交链孢毒素Ⅰ、交链孢毒素Ⅱ和交链孢毒素Ⅲ在有、无代谢激活的情况下，对鼠伤寒沙门氏菌TA98、TA100和TA1537均具有很强的诱变性和致突变作用，且交链孢毒素Ⅲ被认为最具有诱变作用，其次是交链孢毒素Ⅰ和交链孢毒素Ⅱ[37]。

（三）动物实验

AOH和AME对实验动物的急性毒性较低。Pollock等[38] 利用叙利亚金色仓鼠研究了AME的亚急性毒性作用和致畸性，结果表明剂量为50mg/(kg・bw）或100mg/(kg・bw）时不显示毒性效应，但当剂量增大到200mg/(kg・bw）时，AME对母鼠和胚胎的毒性效应明显，胎鼠平均体重减少，内脏严重坏死；但 AOH、AME 和 ALT 对鸡胚、雏鸡和大鼠却没有毒性[39]，因此，AOH、AME 和 ALT 的毒性作用可能具有动物种属特异性。

TeA 对多个实验室生物具有毒性，其毒素水平居各种交链孢毒素之首，1979 年，TeA 被作为最重要的交链孢毒素被美国国家职业安全及健康组织（National Institute for Occupational Saftey and Health）列入有毒化学物质登记册（registry of toxic effects of chemical substance）中，也是目前唯一被列入该登记册的交链孢毒素[4]。TeA 常导致哺乳类动物头晕、流涎、呕吐，继而出现心动过速、食道和胃肠道大面积出血及循环衰竭、运动功能障碍、死亡，同时伴有血液浓缩、血中溴磺酞滞留时间延长及血中谷草转氨酶活性升高等现象，其急性毒性要强于 AOH、AME 和 ALT[40]。TeA 对哺乳类动物的毒害作用机制主要是抑制细胞内新合成的蛋白质从核蛋白体释放到浆液中，可选择性地与体内某些痕量金属离子（Ca^{2+}、Mg^{2+}）形成络合物，并作用于肽键形成过程中一个含 60S 的转肽酶的活性中心，从而抑制蛋白质的合成[3]。研究表明：每日给狗喂食剂量为 10mg/(kg・bw) 的 TeA 会导致狗多器官出血，第 8 天或第 9 天死亡；猴子对 TeA 的耐受性比狗强；而每日给小鸡喂食 10mg/(kg・bw) 的 TeA 会导致小鸡亚急性中毒[41]。此外，TeA 还可能与一种发生在非洲的人类血液紊乱疾病奥尼赖病（Onyalay）有关，可引起黏膜出血、鼻腔出血、血小板减少等症状[42]。

此外，TeA 与其它交链孢毒素共同存在时会表现协同效应。Sauer 等[40] 在研究交链孢菌代谢产物的毒性时发现，只产 AOH、AME 和 ALT 的培养物对大鼠和雏鸡均无毒性作用，而加入 29mg/(kg・bw) 的 TeA 和交链孢毒素Ⅰ后，对其却是致命的，而产生同等水平的急性毒性，单独添加 TeA 的剂量远远超过 29mg/(kg・bw)。这表明 TeA 能与其它交链孢毒素协同作用，产生急性毒性。

交链孢毒素Ⅰ、交链孢毒素Ⅱ和交链孢毒素Ⅲ是少量的交链孢菌代谢产物，对小鼠具有毒性，实验结果表明，200mg/(kg・bw) 的交链孢毒素Ⅰ和交链孢毒素Ⅱ可引起小鼠中毒甚至死亡，毒性作用包括倦怠、心内膜下及蛛网膜下出血等[31]。

（四）致畸性

对孕期的小鼠注射不同剂量的交链孢毒素，结果表明，AOH 和 AME（剂量分别为 25mg/kg）同时注射小鼠 9～12 天后，小鼠胎儿的死亡率和畸形率明显上升；单独注射 AOH（剂量为 100mg/kg）13～16 天后，小鼠胎儿的畸形率明显上升，而单独注射 AME（剂量为 50mg/kg）13～16 天后，却没有此效应，证明了 AOH 与 AME 存在协同效应[27]。Fleck 等[43] 在人工培养的哺乳动物细胞的研究结果表明，交链孢毒素Ⅱ能引起 DNA 链断裂，比 AOH 具有更强的致畸能力，其致畸能力至少高于 AOH 的 50 倍以上。

（五）致癌性

AOH 和 AME 可能与某些癌症相关。Liu 等[44] 用 AOH 处理人胚食管组织细胞，然后将其移植至小鼠中，可引发小鼠鳞状细胞瘤。AOH 和 AME 可导致 2BS 细胞 DNA 的断裂，还可与人胚胎食管上皮细胞的 DNA 结合，诱导人胚胎食管上皮细胞的增生，经 AOH 和 AME 处理的人胚胎食管上皮细胞中可检出活化的癌基因[45]。对大鼠和小鼠的动物实验表明 AME 对食管下段及前胃有较高的亲和力，说明其致癌作用存在器官特异性[46]。此外，有学者认为长时间接触 TeA 很可能会引发食管癌。Yekeler 等[47] 对小鼠每日喂食 25mg/(kg・bw) 的 TeA，持续 10 个月，经光学电子显微镜观察发现经 TeA 处理后的小鼠出现癌前变化：食管黏膜上皮细胞部分细胞核发生固缩，细胞核轮廓改变，染色质增大并呈颗粒化。

食品中 AOH 污染可能引发食管癌的报道引发了人们对食品中存在低浓度 AOH 的担忧。利用人工培养的哺乳动物细胞对 AOH 的毒性进行研究的结果表明，AOH 因具有双酚环结构而表现出一定的雌激素样作用，能够引起细胞雌激素分泌异常，进而抑制细胞增殖从而引发遗传毒性效应[48]，这可能与 AOH 具有致癌性相关[33]。AOH 的致癌机理与癌基因的激活和抑癌基因的变异有密切关系，特别是能导致 DNA 聚合酶 β 发生突变，并可能导致蛋白结构的变化而使 DNA 聚合酶 β 的基因修复功能异常[49]。同时，研究结果还发现 AOH 的致癌作用与其浓度水平有关，低浓度的 AOH 不引起细胞的 DNA 聚合酶 β 基因发生突变，较高浓度的 AOH 才会引起突变，正是由于有了较高浓度的 AOH 存在于食物中，才可能造成细胞内基因突变而引发肿瘤[50,51]。

（六）交链孢菌的致敏性

真菌致敏和哮喘等呼吸道疾病的发病密切相关。Menzies 等[52] 针对加拿大蒙特利尔 214 名长期暴露于交链孢过敏原的人群调查发现，半数以上的人群伴有呼吸道疾病症状；皮肤点刺试验结果表明，对交链孢过敏的人群更容易出现呼吸道疾病症状。2005 年，美国对 6～59 岁市民调查发现，空气中交链孢菌可使 12.9%的人群过敏，且互隔交链孢是哮喘发病独立危险因素[53]。交链孢过敏原能直接引发轻度哮喘病人出现明显的哮喘症状[54]；Stern 等[55] 也报道，6 岁时交链孢致敏与其 22 岁时的哮喘持续症状相关。

二、交链孢毒素的限量标准

果蔬在采收、运输和贮藏过程中易受到病原微生物污染，产生并积累各种真菌毒素。由于不适宜的加工工艺，这些真菌毒素会迁移至水果加工制品中，进而引起潜在风险。鉴于此，世界各国都积极制定各种标准、法规来控制真菌毒素在水果及其制品中的污染水平。由于一些交链孢毒素具有致突变性和遗传毒性等作用，欧洲食品安全局食物链污染物专家组应欧洲委员会的要求，采用毒理学关注阈值（TTC）法开展了食品中交链孢毒素对人类健康影响的风险评估工作。评估结果表明，对于具有基因毒性的 AOH 和 AME，长期低剂量暴露超过其相应 TTC 值[56]，并建议需对 AOH 和 AME 的毒性进行进一步研究。对于没有基因毒性的细交链格孢酮酸和腾毒素，长期低剂量暴露未超过其相应 TTC 值，两种毒素对人体健康造成的危害风险较低，但仍需进一步关注[56]。目前为止，国内外现行有效的食品中真菌毒素限量标准中尚不包括交链孢毒素。

第三节　交链孢毒素的生物合成及代谢

一、交链孢毒素的生物合成

目前关于交链孢毒素生物合成途径的研究报道较多，主要包括 AOH、AME 及 TeA。

AOH、AME 及其它二苯并吡喃酮衍生物属于聚酮化合物（polyketide），其生物合成过程均产生含有多个酮基的中间产物，聚酮合酶（PKS）是催化这种中间产物合成的关键酶[57]。目前这类化合物的形成途径是一个乙酰辅酶 A 和六个丙二酰辅酶 A 在酮基合成酶（KS）及酰基转移酶（AT）的作用下通过头尾醛醇缩合反应（这个缩合过程没有氧原子及其它原子的丢失），使聚酮得以延长，最终在硫酯酶作用下，碳链释放形成 AOH。AOH 是大多数二苯并吡喃酮衍生物的形成前体，AOH 与 S-腺苷甲氨硫酸反应生成 AME，AME 在一定条件下发生蒽醌重排，降解产物就是其它二苯并吡喃酮衍生物，AOH 生物合成途径示意图详见图 4.6[58]。

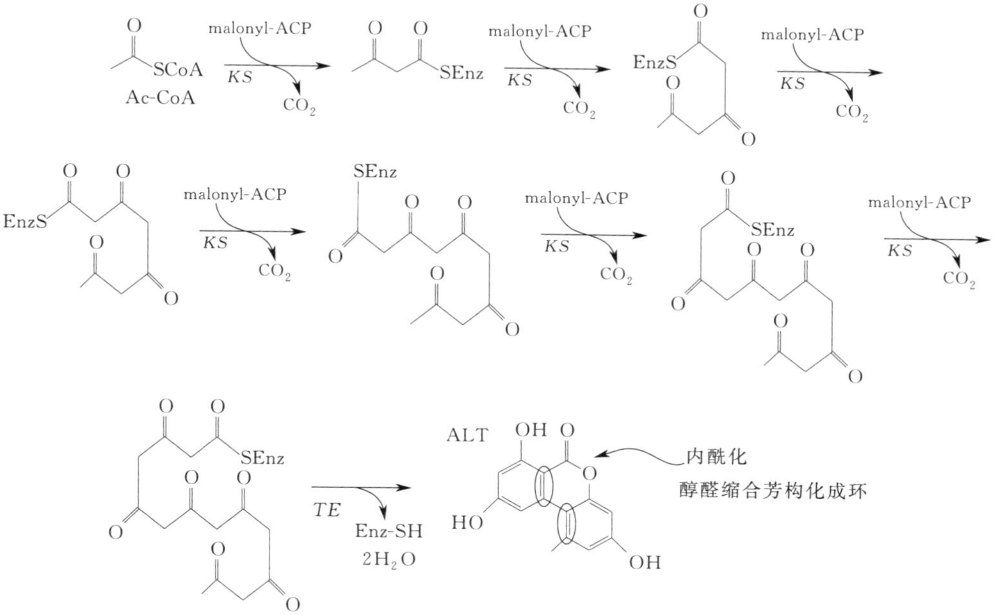

图 4.6　交链孢酚（AOH）的生物合成途径[58]

AOH 和 AME 合成相关 PKS 的作用机理尚不明确，但目前已克隆获得多个与 AOH 及 AME 合成相关的 *A. alternata* 聚酮合酶编码基因[58,59]，但其功能还未完全清楚。其中 *PksJ* 是合成 AOH 的关键基因，而 *PksH* 下调会影响 *PksJ* 表达。AME 为 AOH 的甲基化产物，可能受转录因子 *altR* 调控[58]。随后的研究证明 *SnPKS19* 是小麦颖枯病菌（Parastagonopora nodorum）合成 AOH 的关键基因[58,59]。随着科学技术的进步及研究的深入，越来越多的毒素合成基因及其作用机理将被揭示。

对稻瘟病菌（*Magnaporthe oryzae*）的研究发现，TeA 可通过一种独特的非核糖体肽合酶（NRPS）和 PKS 的杂合酶-TeA 合成酶（TAS1）催化生成，且 PKS 是合成 TeA 的必需功能区域[60]。进一步对 TAS1 同源搜索和进化分析表明，同源性大于 50%的蛋白来自互隔交链孢，这些蛋白共有 C-A-PCP-KS 的保守序列。异亮氨酸和乙酰辅酶 A 是 TeA 合成的前体物质，最终通过 TAS1 的 KS 结构域完成环化反应生成 TeA[60]。而 NADPH 则作为一种重要的辅助因子参与异亮氨酸的代谢合成。由此表明，能量代谢和氨基酸代谢共同参与了细交链格孢酮酸合成底物的供给。TeA 的生物合成途径见图 4.7。

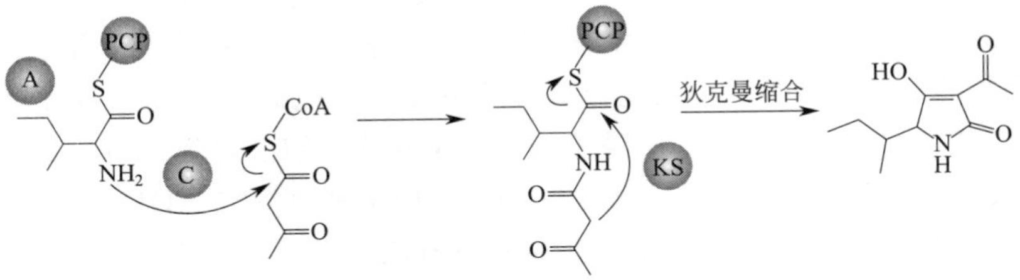

图 4.7　细交链格孢酮酸的生物合成途径[60]

二、影响交链孢毒素生物合成的外部因素

培养基类型、温度、湿度、碳源、氮源及环境 pH 值等环境条件同样对交链孢菌代谢产生交链孢毒素具有重要的影响。如互隔交链孢在复杂的液态基质及固态大米培养基上主要产生 AOH 和 AME，且上述两种毒素都在固态大米培养基上达到最高产量，分别为 21～53μg/g 和 70～417μg/g[61]。生长后期的互隔交链孢在合成和半合成培养基上可产生 AOH、AME 和 ALT，且半合成培养基上的产量略高于合成培养基[62]。在菌株生长过程中，不同培养基的 pH 值也发生着不同的变化：在合成培养基上，随着产毒量的增加，培养基的 pH 值从 4.0 降到 2.1，而在半合成培养基上，随着产毒量的增加，培养基的 pH 值则从 5.1 上升到 6.8，且碳源减少时，菌株生长和产毒量都显著提高[62]。

温度是影响交链孢菌生长和产毒水平的重要影响因素。互隔交链孢在番茄果实上的生长温度范围为 4℃到 25℃，一般而言菌株生长量和产毒量在 25℃时高于较低温度，但研究发现 15℃贮藏 4 周的番茄果实上 AOH 和 AME 的产量最高，且随着贮藏期的延长，AOH 和 AME 的含量会有所下降[63]。在合成培养基上，互隔交链孢分离物 IMI 89344 在不同温度条件下的产毒种类和产量都不相同，如 28℃时，IM I89344 主要产生 AOH 和 AME，21℃条件下则主要产生 TeA，而 14℃条件下则主要产生交链孢毒素-Ⅰ和交链孢毒素-Ⅱ；高温（35℃）不利于交链孢毒素的累积[64]。互隔交链孢在苹果上的产毒水平受温度影响也较大。25℃贮藏的苹果上，产生 AOH 和 AME 的交链孢菌分别占 47%和 41%，同时产生这两种毒素的交链孢菌占 38%；而在 2℃贮藏时，产生 AOH 和 AME 的菌株比例有所减少，分别为 17%和 5.9%，同时产生两种毒素的菌株比例为 5.9%[65]。

Vaquera 等[66] 在合成番茄培养基上研究了水活度（a_w）和温度对甘蓝交链孢产毒情况的影响，结果表明，温度为 30℃，a_w 为 0.975 时，AOH 和 AME 的含量达到最高；温度和 a_w 分别为 25℃和 0.975 或 30℃和 0.95 时，TeA 的含量达到最高；温度为 6℃时，甘蓝交链孢几乎不产 AOH 和 AME，但此温度下，a_w 为 0.975 时，可以检测到较高的 TeA；以上四种毒素的总含量在温度和 a_w 分别为 30℃和 0.975 时达到最高，因此，较高的温度和水活度有利于甘蓝交链孢产生毒素。

Pose 等[67] 在番茄培养基上研究了 a_w 和温度对互隔交链孢产毒情况的影响。结果表明，互隔交链孢在 15～35℃和 a_w 为 0.954～0.982 时，均可产生 AOH、AME 和 TeA，其中 AOH 的最适益产生条件为 21℃和 0.954；AME 的最适益产生条件为 35℃和 0.954；而 TeA 的最适益产生条件为 21℃和 0.982；因此，21℃和较高的 a_w 有利于互隔交链孢产生 AOH 和 TeA，而较高温度和较高 a_w 有利于互隔交链孢产生 AME。

碳源、氮源和 pH 值是影响微生物生长发育和次生代谢的重要环境因素。Brzonkalik 等[68,69] 研究了碳源、氮源、pH 值及培养条件（振摇和静止）对交链孢毒素产生的影响。结果表明 AOH 和 AME 受碳源和氮源的影响，而 TeA 的产生仅受碳源的影响。在互隔交链孢中，相比于葡萄糖、果糖、蔗糖、乙酸盐和碳源的混合物，乙酸钠更有利于 AOH 的产生，但却抑制 AME 和 TeA 的产生；而蔗糖或蔗糖和葡萄糖 1∶1 的混合物作为碳源的培养基，其中，TeA 的合成量相对较高[68]。互隔交链孢的产毒性能也受氮源的调控。总体来看，有机氮源比无机氮源更有利于 AOH 和 AME 的产生，如苯丙氨酸的存在能极大地促进上述两种毒素的合成；还有一些氮源如硝酸钾或硝酸钠则抑制上述两种毒素的产生，仅仅当硝酸盐被消耗完成后，才产生 AOH[68]。因此，氮源对于 AOH 和 AME 的生物合成的影响要比碳源的影响更大一些。但不同氮源对 TeA 的产生无显著影响。

随后，Brzonkalik 等[69] 还研究了不同 pH 值（3.5～8.0）和碳氮比（24～96）对互隔交链孢 DSM 12633 菌株产 AOH、AME 和 TeA 的影响，结果表明，酸性环境比碱性环境更利于交链孢毒素的合成。pH 值为 4.0～4.5 时，DSM 12633 菌株的产毒量最高，高于 pH 值 5.5 时产毒量下降，甚至不产毒；随着碳氮比值增高，菌株产毒量不断增加，当碳氮比值为 72 时，菌株产毒量最高，碳氮比值高于 72 时，菌株产毒量并不随着碳氮比值的增高而增加。

参考文献

[1] Siegel D, et al. Degradation of the *Alternaria* mycotoxins alternariol, alternariol monomethyl ether, and altenuene upon bread baking. Journal of Agricultural and Food Chemistry, 2010, 58: 9622-9630.

[2] Combina M, et al. Spectrometric studieson stability of tenuazonic acid (TeA) solution in organic solvents. Mycotoxin Research, 1998, 14 (2): 54-59.

[3] Steyn PS, et al. Characterization of magnesium andcalcium tenuazonate from Phomasorghina. Phytochemistry, 1976, 15: 1977-1979.

[4] 吴春生，马良，江涛等. 链格孢霉毒素细交链格孢菌酮酸的研究进展. 食品科学，2014，35 (19)：295-301.

[5] Polizzotto R, et al. A polyphasic approach for the characterization of endophytic *Alternaria* strains isolated from grapevines. Journal of Microbiological Methods, 2012, 88: 162-171.

[6] Lee HB, et al. Distribution of mycotoxin-producing isolatesin the genus *Alternaria*. Korean Society of Journal of Plant Pathology, 1995, 11: 151-157.

[7] Barkai-Golan R. Post-harvest diseases of fruits and vegetables, development and control. Amsterdam: Elsevier, 2001.

[8] Lee HB, et al. Distribution of mycotoxin-producing isolatesin the genus *Alternaria*. Korean Society of Journal of Plant Pathology, 1995, 11: 151-157.

[9] Benavidez Rozo ME, et al. Determination of the profiles of secondary metabolites characteristic of *Alternaria* strains isolated fromtomato. Rev Iberoam Micol, 2014, 31: 119-124.

[10] Prendes LP, et al. Mycobiota and toxicogenic *Alternaria* spp. strains in Malbec wine grapes from DOC San Rafael, Mendoza, Argentina. Food Control, 2015, 57: 122-128.

[11] Ntasiou P, et al. Identification, characterization and mycotoxigenic ability of *Alternaria* spp. causing core rot of apple fruit in Greece. International Journal of Food Microbiology, 2015, 197: 22-29.

[12] Visconti A, et al. Natural occurrence of *Alternaria* mycotoxins in olives-Their production and possible transfer into the oil. Food Additives and Contaminants, 1986, 3: 323-330.

[13] Stinson EE, et al. Mycotoxin production in whole tomatoes, apples, oranges, and lemons. Journal of Agricultural and Food Chemistry, 1981, 29 (4): 790-792.

[14] da Motta SD, et al. Survey of Brazilian tomato products for alternariol, alternariol monomethyl ether, tenuazonic acid and cyclopiazonic acid. Food Additives and Contaminants, 2001, 18: 630-634.

[15] Terminiello L, et al. Occurrence of alternariol, alternariolmonomethyl ether and tenuazonic acid in Argentinean tomato puree. Mycotoxin Research, 2006, 22: 236-240.

[16] Asam S, et al. Stable isotope dilution assays of alternariol and alternariol monomethyl ether in beverages. Journal of Agricultural and Food Chemistry, 2009, 57 (12): 5152-5160.

[17] Ackermann Y, et al. Widespread occurrence of low levels of alternariol in apple and tomato products, as determined by comparative immunochemical assessment using monoclonal and polyclonal antibodies. Journal of Agricultural and Food Chemistry, 2011, 59 (12): 6360-6368.

[18] Hickert S, et al. Survey of alternaria toxin contamination in food from the German market, using a rapid HPLC-MS/MS approach. Mycotoxin Research, 2016, 32: 7-18.

[19] Noser J, et al. Determination of six *Alternaria* toxins with UPLC-MS/MS and their occurrence in tomatoes and tomato products from the Swiss market. Mycotoxin Research, 2011, 27 (5): 265-271.

[20] Zhao K, et al. Natural occurrence of four *Alternaria* mycotoxins in tomato- and citrus-based foods in China. Journal of Agricultural and Food Chemistry, 2015, 63: 343-348.

[21] Lopez P, et al. Occurrence of *Alternaria* toxins in food products in The Netherlands. Food Control, 2016, 60: 196-204.

[22] 何强等. 超高效液相色谱-串联质谱法同时测定浓缩苹果汁中的 4 种链格孢霉毒素. 色谱, 2010, 28 (12): 1128-1131.

[23] 李建华等. 凝胶渗透净化-超高效液相色谱-串联质谱法测定橙汁中链格孢霉毒素. 化学计量分析, 2012, 21 (3): 20-23.

[24] 史文景等. UPLC-ESI-MS-MS 结合 QuEChERS 同时测定柑橘中的 4 种真菌毒素. 食品科学, 2014, 35 (20): 170-174.

[25] Scott PM, et al. Analysis of wines, grape juices and cranberry juices for *Alternaria* toxins. Mycotoxin Research, 2006, 22: 142-147.

[26] Bottalico A, et al. Mycotoxins in *Alternaria*-infected olive fruits and their possible transfer into oil. Bull OEPP, 1993, 23: 473-479.

[27] Pero RW, et al. Toxicity of metabolites produced by the "*Alternaria*". Environmental Health Perspectives, 1973, 4: 87-94.

[28] Lehmann L, et al. Estrogenic and genotoxic potential of equol and two hydroxylater metabolites of Daidzein in cultured human Ishikawa cells. Toxicology Letters, 2005, 158: 72-86.

[29] 刘康栋等. 互隔交链孢霉素对 NIH/3T3 细胞毒性的作用. 毒理学 2008, 22: 409-411.

[30] Zhou B, et al. Environmental, genetic and cellular toxicity of tenuazonic acid isolated from *Alternaira alternate*. African Journal of Biotechnology, 2008, 7 (8): 1151-1158.

[31] Boutin BK, et al. Effect of purified altertoxin Ⅰ, Ⅱ, and Ⅲ in the metabolic communication V79 system. Journal of Toxicology and Environmental Health, 1989, 26: 75-81.

[32] Schrader TJ, et al. Further examination of the effects of nitrosylation on *Alternaria alternata* mycotoxin mutagenicity *in vitro*. Mutation Research, 2006, 606: 61-71.

[33] Brugger EM, et al. Mutagenicity of the mycotoxin alternariol in cultured mammalian cells. Toxicology Letters, 2006, 164: 221-230.

[34] Davis VM, et al. Evaluation of alternariol and alternariol methyl ether for mutagenic activity in Salmonella typhimurium. Applied and Environmental Microbiology, 1994, 60 (10): 3901-3902.

[35] An YH, et al. Isolation, identification, and mutagenicity of alternariol monomethyl ether. Journal of Agricultural and Food Chemistry, 1989, 37: 1341-1343.

[36] Schwarz C, et al. Minor contribution of alternariol, alternatiol monomethyl ether and tenuazonic acid to the genotoxic properties of extracts from *Alternaria alternata* infects rice. Toxicology Letter, 2012, 214 (1): 46-52.

[37] Stack ME, et al. Mutagenicity of *Alternaria* metabolites altertoxin Ⅰ, Ⅱ and Ⅲ. Applied and Environmental Microbiology, 1986, 52: 718-722.

[38] Pollock GA, et al. The subchronic toxicity and teratogenicity of alternariol monomethyl ether produced by *Alternaria*

solani. Food Chemistry and Toxicology, 1982, 20: 899-902.

[39] Griffin GF, et al. Toxicity of the Alternaria metabolites alternariol, alternariol methyl ether, altenuene, and tenuazonic acid in the chicken embryo assay. Applied and Environmental Microbiology, 1983, 46: 1420-1422.

[40] Sauer DB, et al. Toxicity of *Alternaria* metabolites found in weathered sorghum grain at harvest. Journal of Agricultural and Food Chemistry, 1978, 26 (6): 1380-1383.

[41] Scott PM. Other mycotoxins. In: Mycotoxins in Food, Magan N, Olsen M (Eds.), Boca Raton: CRC Press. 2004, pp. 406-441.

[42] Logrieco A, et al. Epidemiology of toxigenic fungi and their associated mycotoxins for some Mediterranean crops. European Journal of Plant Pathology, 2003, 109: 645-667.

[43] Fleck SC, et al. *Alternaria* toxins: Altertoxin Ⅱ is a much stronger mutagen and DNA strand breaking mycotoxin than alternariol and its methylether in cultured mammalian cells. Toxicology Letters, 2012, 214: 27-32.

[44] Liu GT, et al. Etiologic role of alternaria alternata in human esophageal cancer. Chinese Medical Journal, 1992, 105: 394-400.

[45] Dong Z, et al. Induction of mutagenesis and transformation by the extract of Alernaria alternata isolated from grains in Linxian, China. Carcinogenesis, 1987, 8 (7): 989-991.

[46] 石智勇等. 交链孢酚单甲醚在大鼠小鼠体内的分布. 河南医科大学学报, 1990, 25 (2): 136-140.

[47] Yekeler H, et al. Analysis of toxic effects of *Alternaria* toxins on esophagus of mice by light and electronmicroscopy. Toxicologic Pathology, 2001, 29 (4): 492-497.

[48] Lehmann L, et al. Estrogenic and clastogenic potential of the mycotoxin alternariol in cultured mammalian cells. Food and Chemical Toxicology, 2006, 4: 398-408.

[49] Fehr M, et al. Alternariol acts as 42a topoisomerase poison, preferentially affecting the IIα isoform. Molecular Nutrition and Food Research, 2009, 53 (4): 441-451.

[50] 朱涵等. 交链孢酚对成纤维细胞中 DNA 聚合酶 β 的影响. 现代预防医学, 2012, 39 (19): 5071-5073.

[51] 杨胜利等. 河南林县居民粮食中互隔交链孢霉及其毒素污染和人群暴露状况研究. 癌变, 畸变, 突变, 2007, 19 (1): 44-46.

[52] Menzies D, et al. Aeroallergens and work-related respiratory symptoms amongoffice workers. Journal of Allergy and Clinical Immunology, 1998, 101 (1 Pt 1): 38-44.

[53] Arbes SJ, et al. Prevalences of positive skin test responses to 10 common allergens in the US population: results from the third National Health and Nutrition Examination Survey. Journal of Allergy and Clinical Immunology, 2005, 116 (2): 377-383.

[54] Licorish K, et al. Role of *Alternaria* and *Penicillium* spores in the pathogenesisof asthma. Journal of Allergy and Clinical Immunology, 1985, 76: 819-825.

[55] Stern DA, et al. Wheezing and bronchial hyper-responsiveness in early childhood as predictors of newly diagnosed asthma in early adulthood: A longitudinal birth-cohort study. Lancet, 2008, 372 (9643): 1058-1064.

[56] EFSA on contaminants in the food chain (CONTAM). Scientific opinion on the risks for animal and public health related to the presence of alternaria toxins in feed and food. EFSA Journal, 2011, 9 (10): 2407.

[57] Cox RJ. Polyketides, proteins and genes in fungi: programmed nano-machines begin to reveal their secrets. Organic and Biomolecular Chemistry, 2007, 5 (13): 2010-2026.

[58] Saha D, et al. Identification of a polyketide synthase required for Alternariol (AOH) and Alternariol-9-Methyl Ether (AME) formation in *Alternaria alternate*. Plos One, 2012, 7: e40564.

[59] Chooi YH, et al. SnPKS19 encodes the polyketide synthase for alternariol mycotoxin biosynthesis in the wheat pathogen *Parastagonospora nodorum*. Applied and Environmental Microbiology, 2015, 81 (16): 5309-5317.

[60] Yun CS, et al. Biosynthesis of the mycotoxin tenuazonic acid by a fungal NRPS-PKS hybrid enzyme. Nature Communications, 2015, 6: 8758.

[61] Mass MR, et al. Production of alternariol and alternariol methyl ether by *Alternaria* spp.. Journal of Food Safety, 1981, 3: 39-47.

[62] Wei CI, et al. Growth and production of mycotoxins by *Alternaria alternata* in synthetic, semi-synthetic and rice

media. Journal of Food Protection, 1985, 48: 306-311.

[63] Ozcelik S, et al. Toxin production by *Alternaria alternata* in tomatoes and apples stored under various conditions and quantization of the toxins by high-performance liquid chromatography. International Journal of Food Microbiology, 1990, 11: 187-94.

[64] Hasan HA. *Alternaria* mycotoxins in black rot lesion of tomato fruit: conditions and regulation of their production. Mycopathologia, 1995, 130 (3): 171-177.

[65] Vinas I, et al. Incidence and mycotoxin production by *Alternaria tenuis* in decayed apples. Letters in Applied Microbiology, 1992, 14: 284-287.

[66] Vaquera S, et al. Influence of environmental parameters on mycotoxin production by *Alternaria arborescens*. International Journal of Food Microbiology, 2016, 219: 44-49.

[67] Pose G, et al. Water activity and temperature effects on mycotoxin productionby *Alternaria alternata* on a synthetic tomato medium. International Journal of Food Microbiology, 2010, 142: 348-353.

[68] Brzonkalik K, et al. The influence of different nitrogen and carbon sources on mycotoxin production in *Alternaria alternata*. International Journal of Food Microbiology, 2011, 147 (2): 120-126.

[69] Brzonkalik K, et al. Influence of pH and carbon to nitrogen ratio onmycotoxin production by *Alternaria alternata* insubmerged cultivation. AMB Express, 2012, 2: 28.

第五章 果蔬中单端孢霉烯族毒素

单端孢霉烯族毒素(Trichothecenes)是一类化学性质相关的真菌毒素，主要由镰刀菌(*Fusarium*)、木霉(*Trichoderma*)、单端孢(*Trichthecium*)、头孢霉(*Cephalosporium*)、漆斑霉(*Myrothecium*)、轮枝孢(*Verticillium*)和黑色葡萄状穗霉(*Stachybotrys*)等属的真菌在植物生长或贮藏过程中产生的。该类毒素不仅污染小麦、大麦、玉米等禾谷类作物，也危害马铃薯、苹果、甜瓜等果蔬类经济作物。单端孢霉烯族毒素在自然界污染极为广泛，是自然发生的最危险的食品污染物之一，对人类和动物健康具有潜在的危害，不但可引起人畜急、慢性中毒，还具有致癌、致畸、致突变的潜在作用，而且与某些地方性疾病的发生密切联系。近年来，单端孢霉烯族毒素对人类健康的严重影响越来越引起人们的关注，目前已将这类毒素与黄曲霉毒素（aflatoxin）一起被看作是自然发生的最危险的食品污染物，列入当前国际最重要的研究课题之一。

第一节　果蔬中单端孢霉烯族毒素的产生

一、单端孢霉烯族毒素概况

（一）单端孢霉烯族毒素的发现

早在 1954 年浙江医学院首先研究了赤霉病麦的致病菌检验、急性中毒预防措施及粗毒素的提取等，1959 年提出了预防赤霉病麦急性中毒的有效措施，紧接着遍布全球的“人、畜赤霉病粮中毒症”、苏联发生的人群死亡率很高的“食物中毒性白细胞缺乏症（ATA）”、欧洲牲畜的“葡萄穗霉中毒症”（stachibotryotoxicosis）和“树节孢霉中毒症”（dendrodo -ehiotoxieosis）、美国农畜“霉玉米中毒症”及日本发生的“豆类中毒症”，以及某些地方性疾病如大骨节病等，这些事件已初步确认与单端孢霉烯族毒素密切有关。

单端孢霉烯族毒素是一类四环倍半萜烯醇类化合物，其结构中都存在一个 C9-10 双键和 C12-13 环氧结构，这是该类毒素毒性作用的活性基团。目前，已发现的单端孢霉烯族毒素类化合物达 200 余种[1]。据其化学结构的不同，可分为 A、B、C、D 四大类，A 型单端孢霉烯族毒素 C8 位上有羟基（—OH）或酯基（—COOR）的存在，如：T-2 毒素（T-2 toxin）、HT-2 毒素（HT-2 toxin）、蛇形菌素（diacetoxyscirpenol，DAS）、单乙酰氧基镰草镰刀菌烯醇（15-monoacetoxyscirpenol，MAS）和新茄病镰刀菌烯醇（neosolaniol，NEO）等；B 型单端孢霉烯族毒素的 C8 位上有羰基（—C ═O）的存在，如：脱氧雪腐镰刀菌烯醇，又名呕吐毒素，（deoxynivalenol，DON）、3-乙酰脱氧雪腐镰刀菌烯醇（3-acetyl-deoxynivalenol，3-ADON）、15-乙酰脱氧雪腐镰刀菌烯醇（15-acetyl-deoxynivalenol，15-ADON）、雪腐镰刀菌烯醇（nivalenol，NIV）和镰刀菌酮（fusarenon X，Fus-X）等；C 型单端孢霉烯族毒素的结构特征是在 C-7、C-8 或 C-9、C-10 上有第二个环氧基团，如：扁虫菌素（baccharin）和燕茜素（crotocin）等；D 型单端孢霉烯族毒素在 C-4、C-15 上含有一个大环结构，如：杆孢菌素（satratoxin）和葡萄穗霉毒素（roridin）等。其中，以 A 型和 B 型在自然界分布最为广泛，具体结构如图 5.1 和表 5.1 所示[2]。单端孢霉烯族毒素的毒性

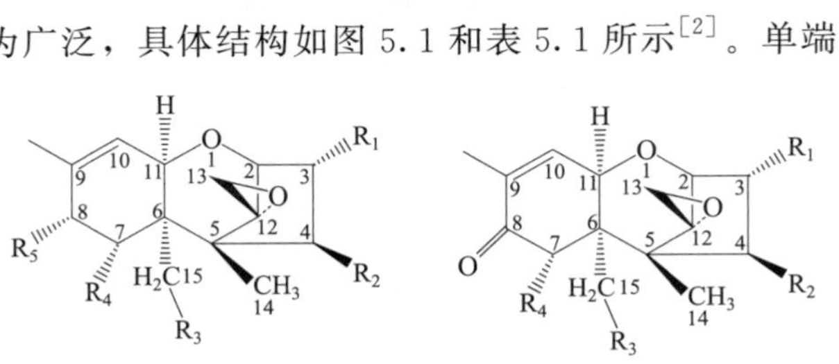

图 5.1　单端孢霉烯族毒素的基本结构

效应主要是通过抑制和干扰人和动物体内的蛋白质和核酸合成，从而对人畜健康产生免疫抑制[3]。人畜在食用被单端孢霉烯族毒素污染的粮食及其制品后可产生广泛的毒性效应，从而严重威胁人畜健康。

表 5.1　A 型和 B 型单端孢霉烯毒素取代基的区别

中文名称	英文名称	缩写	R_1	R_2	R_3	R_4	R_5
A 型	Type A						
T-2 毒素	T-2 toxin	T-2	OH	OAc	OAc	H	$OCOCH_2CH(CH_3)_2$
HT-2 毒素	HT-2 toxin	HT-2	OH	OH	OAc	H	$OCOCH_2CH(CH_3)_2$
T-2 三醇	T-2 triol	T-2 triol	OH	OH	OH	H	$OCOCH_2CH(CH_3)_2$
T-2 四醇	T-2 tetraol	T-2 tetraol	OH	OH	OH	H	OH
3′-羟基 T-2	3′-dhyroxy T-2	3′-OH T-2	OH	OAc	OAc	H	$OCOCH_2CH(CH_3)_2$
3′-羟基 HT-2	3′-hydroxy HT-2	3′-OH HT-2	OH	OH	OAc	H	$OCOCH_2CH(CH_3)_2$
蛇形毒素	diacetoxyscirpenol	DAS	OH	OAc	OAc	H	H
新茄病镰刀菌烯醇	neosolaniol	NEO	OH	OAc	OAc	H	OH
B 型	Type B						
脱氧雪腐镰刀菌烯醇	deoxynivalenol	DON	OH	H	OH	OH	=O
雪腐镰刀菌烯醇	nivaleno	NIV	OH	OH	OH	OH	=O
3-乙酰-脱氧雪腐镰刀菌烯醇	3-acetyldeoxynivalenol	3ADON	OAc	H	OH	OH	=O
15-乙酰-脱氧雪腐镰刀菌烯醇	15-acetyldeoxynivalenol	15ADON	OH	H	OAc	OH	=O
镰刀菌烯醇	fusarenon X	Fus-X	OH	OAc	OH	OH	=O

（二）单端孢霉烯族毒素的性质

单端孢霉烯族毒素属于非挥发性物质，耐热，对一般的酸和碱较稳定，很难受环境因素（如光照和温度）影响而降解，只有强酸或强碱的作用才能使它们失去活性。单端孢霉烯族类毒素由于其结构不同，导致其极性差异较大。A 型单端孢霉烯族毒素结构中—OH 相对较少，所以其极性较弱。B 型单端孢霉烯族毒素结构中—OH 数量相对较多，所以其极性强于 A 型。A 型和 B 型单端孢霉烯族毒素的物理常数见表 5.2。A 型和 B 型单端孢霉烯族毒素分子量较小，属于小分子化合物，在一般的有机溶剂中很稳定，特别是在乙腈中能够长时间贮藏。所以，购买的单端孢霉烯族毒素的液体标样大多数是溶于色谱纯的乙腈或甲醇。

表 5.2　A 型和 B 型单端孢霉烯族毒素的物理常数

英文名称	分子式	分子量	晶形	溶解性
A 型				
T-2	$C_{24}H_{34}O_9$	466.53	白色针状	乙醇，CH_2Cl_2，DMSO，乙酸乙酯
HT-2	$C_{22}H_{32}O_8$	446.32	白色针状	乙腈，甲醇，乙酸乙酯
DAS	$C_{19}H_{26}O_7$	366.41	无色晶体	氯仿，乙酸乙酯，丙酮，乙腈
NEO	$C_{19}H_{26}O_8$	382.40	白色粉末	乙腈，甲醇，氯仿
B 型				
DON	$C_{15}H_{20}O_6$	296.3	无色针状	甲醇，乙醇，乙酸乙酯，乙腈
NIV	$C_{15}H_{20}O_7$	312.32	白色粉末	甲醇．乙醇，乙腈，水
3-ADON	$C_{17}H_{22}O_7$	338.4	白色针状	乙腈，甲醇，乙酸乙酯，水
15-ADON	$C_{17}H_{22}O_7$	338.35	白色粉末	乙腈，水，乙酸乙酯
FUS-X	$C_{17}H_{22}O_8$	354	白色粉末	氯仿，乙酸乙酯，乙腈，甲醇

二、单端孢霉烯族毒素的产生与污染

（一）单端孢霉烯族毒素的产生

产生单端孢霉烯族毒素的病原真菌主要包括：镰刀菌（*Fusarium*）、单端孢（*Trichthecium*）、头孢霉（*Cephalosporium*）、木霉（*Trichoderma*）、漆斑霉（*Myrothecium*）、轮枝孢（*Verticillium*）和黑色葡萄状穗霉（*Stachybotrys*）等属的真菌。

这些病原真菌对果蔬类作物的侵染途径主要是在果蔬类植物采收之前就已经通过果蔬类植物表面的伤口或自然孔口成功定殖于寄主体内（图 5.2）。然而，此时由于寄主还处于生长阶段，对外源生物或非生物胁迫的抗性作用较强，所以此时寄主植物不会发病，但当果蔬类作物采收之后，由于寄主植物能量消耗较大，对外界抵抗力明显减弱，加之温度和湿度条件适宜时，病原真菌生长迅速，继而在生长的中后期就会代谢其次生代谢产物——病原真菌毒素。

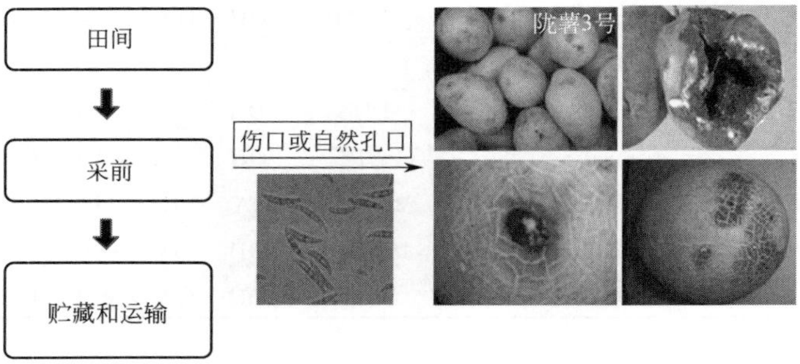

图 5.2　病原真菌侵入果蔬类作物的侵染途径示意图

一般情况下，低温、高湿、pH 偏酸性条件有利于产毒真菌的生长，代谢产生单端孢霉烯族毒素的能力也增强。Mateo 等[4] 比较了不同温度和湿度条件对 T-2、HT-2、DAS 和 NEO 毒素产生的影响。结果发现，当湿度为 0.990 时，对 T-2 毒素和 HT-2 毒素来说，总的产毒变化趋势：20℃＞26℃＞33℃；对 DAS 和 NEO 毒素来说，总的产毒变化趋势：26℃＞20℃＞33℃；当温度为 20℃时，对 T-2 毒素和 HT-2 毒素来说，总的产毒的湿度变化趋势：0.990＞0.995＞0.999；对 DAS 和 NEO 来说，总的产毒的湿度变化趋势：0.999＞0.995＞0.990；当温度为 33℃时，对 T-2 毒素和 HT-2 毒素来说，总的产毒的湿度变化趋势：0.999＞0.995＞0.990；对 DAS 和 NEO 来说，总的产毒的湿度变化趋势：0.999＞0.995＞0.990。Merhej 等[5] 分析了 pH 值对 *F. graminearum* 培养过程中菌丝的生长、产量和毒素产生量的影响，结果发现在 MSM（溶液本身自然的 pH 值）培养液中菌丝的生长缓慢，而 BMS 6.5 和 BMS 6.5- BMS 3（现在 pH 值为 6.5 条件下生长 3 天，再转移至 pH 值为 3.0 条件下生长）培养滤液中菌丝生长迅速，且两者之间无明显差异；对于单端孢霉烯族毒素 DON 和 15ADON（TCTB）的产生来说，MSM 培养液中 DON 和 15ADON 产量最高，BMS 6.5-BMS 3 培养滤液次之，在 BMS 6.5 培养滤液中几乎检测不到 DON 和 15ADON 的存在。由此说明，酸性条件对单端孢霉烯族毒素 DON 和 15ADON 的产生具有显著的影响。

Tang 等[6] 也比较了室温（20℃）和低温（10℃）贮藏条件下，人工损伤接种 *Trichothecium roseum* 后不同品种“富士”、“红星”和“国光”苹果霉心病果实中单端孢霉烯 T-2

毒素的积累的影响。结果发现，室温条件下腐烂组织中 T-2 毒素的浓度分别是低温条件下的 2.08、3.95 和 3.10 倍；在接种果实的病健组织中，“富士”、“红星”和“国光”苹果果实在室温时 T-2 毒素的浓度分别是低温的 2.03 倍、1.56 倍和 1.60 倍。由此说明，室温贮藏较低温贮藏更有利于霉心病苹果中单端孢霉烯 T-2 毒素的积累。

（二）果蔬中单端孢霉烯族毒素的污染

单端孢霉烯族类毒素由镰刀菌（*Fusarium* spp.）、单端孢（*Trichthecium*）引起，广泛存在于果蔬类作物及其制品中。镰刀菌（*Fusarium* spp.）是引起马铃薯块茎干腐病的主要病原真菌，不同地区引起马铃薯块茎干腐病的病原真菌菌种存在差异，如 *F. sambucinum* 是引起北美及欧洲地区马铃薯块茎干腐病的最主要病原真菌[7,8]；*F. coeruleum* 是导致英国马铃薯块茎干腐病的优势菌种[9]；而 *F. sulphureum*、*F. sambucinum* 和 *F. solani* 则是引起我国西北地区马铃薯块茎贮藏期间干腐病的主要致病菌，其中以 *F. sulphureum* 的致病力最强[10,11]。

被镰刀菌（*Fusarium* spp.）侵染的马铃薯块茎，其症状主要表现为块茎表面出现褐色的凹陷病斑，随着贮藏时间的延长和病害的加重，块茎表面出现许多皱褶，组织内部变为深褐色或白色，空腔内长满菌丝，最后整个组织变为灰褐色或深褐色、僵缩、干腐、变轻、变硬。切开组织后，内部可见空心，有大量白色或浅粉色或浅灰白色的绒状颗粒，即病原真菌子实体，若干腐病病斑面积较大，更整个块茎无法食用[12]。块茎干腐病除对马铃薯产业带来巨大的经济损失外，更重要的是，还会在块茎体内积累大量的真菌毒素。如 Tomoda 等[13] 报道在 *Fusarium* spp. FO-1305 菌株的液体培养基中检测到了恩镰孢菌素 D，E，F（enniatin D，E，F）的存在。Song 等[14] 报道在 *F. oxysporum* FB1501 侵染的块茎中检测到了白僵菌素（beauvercin）和恩镰孢菌素（enniatins）的存在。Fotso 等[15] 采用液相色谱法（HPLC）分析了 15 种不同 *Fusarium* spp. 菌种代谢产生真菌单端孢霉烯族毒素的能力，结果发现白僵菌素（beauvericin）、串珠镰刀菌素（moniliformin）和伏马菌素 B1、B2 和 B3（fumonisins B1、B2 和 B3）是干腐病病部组织中大量存在的真菌毒素的种类。Venter 和 Steyn[16] 在受 *F. oxysporum* 侵染的块茎中检测到镰孢菌酸（fusaric acid）的存在。

表 5.3　镰刀菌引起的马铃薯块茎干腐病中检测到的单端孢霉烯族毒素种类

病原真菌种类	毒　素	宿　主	参考文献
F. coeruleum	DON，HT-2，3ADON	*Solanum tuberosum*	[17]
F. culmorum	DON，3ADON	*S. tuberosum*	[18]
F. culmorum	NIV，Fus-X，DON，3ADON	*S. tuberosum*	[19]
F. crookwellense	Fus-X，NIV，ZEN，fusarin C	*S. tuberosum*	[20,21]
F. equtseti	NIV，Fus-X，4-MAS，15-MAS，DAS，SCR，T-2	*S. tuberosum*	[22]
F. graminearum	DON，NIV，Fus-X，3-ADON，15-ADON	*S. tuberosum*	[23]
F. sambucinum	DAS，MAS，NEO，T-2，HT-2	*S. tuberosum*	[24]
F. sulphureum	3ADON，Fus-X，T-2，HT-2	*S. tuberosum*	[10,11]
F. sambucinum	3ADON，Fus-X，T-2，HT-2	*S. tuberosum*	[10,11]
F. solani	3ADON，Fus-X，T-2，HT-2	*S. tuberosum*	[10,11]

近年来，受镰刀菌 *Fusarium* spp. 侵染的干腐病块茎组织中检测到最为广泛的真菌毒素为单端孢霉烯族类毒素类化合物，表 5.3 列出了受镰刀菌侵染的马铃薯块茎中检测到的单端孢霉烯族毒素种类。如 El-Banna 等[17] 在受 *F. coeruleum* 侵染的马铃薯块茎中检测 DON、HT-2、3ADON 的存在。Latus-Zietkiewicz 等[18] 在受 *F. culmorum* 侵染的马铃薯块茎中检

测到了 DON 和 3ADON 的存在；Nielsen 和 Thrane[19] 采用气相色谱-质谱联用（GC-MS）技术在受到 *F. culmorum* 侵染的马铃薯块茎中检测到了 NIV、Fus-X、DON 和 3ADON 的存在。Golinski 等[20] 和 Vesonder 等[21] 在受 *F. crookwellense* 侵染的块茎中检测到了 Fus-X、NIV、ZEN（玉米赤霉烯酮）、α-反式-玉米赤霉烯醇（α-trans-zearalenol）、β-反式-玉米赤霉烯醇（β-trans-zearalenol）和镰刀菌素（fusarin C）的存在。El-Hassan 等[22] 在受 *F. equtseti* 侵染的马铃薯块茎中检测到了 NIV、Fus-X、4-acetyl-monoacetoxyscirpenol（4-MAS）、15-acetyl-monoacetoxyscirpenol（15-MAS）、DAS、scirpentriol（SCR）和 T-2 毒素的存在。Delgado 等[23] 在受 *F. graminearum* 侵染的块茎中检测到了 DON、NIV、Fus-X、3-ADON 和 15-ADON 的存在。Desjardins 等[24] 在受 *F. sambucinum* 侵染的马铃薯块茎中检测到了 DAS、MAS、NEO、T-2、HT-2 毒素的存在。Xue 等[10,11] 采用超高压液相色谱-三重四级杆串联质谱技术（Ultra Performance Liquid Chromatograph-Coupled with Tandem Mass Spectrometry，UPLC-MS/MS）对在受 *F. sulphureum*、*F. sambucinum* 和 *F. solani* 菌种侵染的马铃薯块茎中检测到了 3ADON、Fus-X、T-2 和 HT-2 毒素的存在。

病原真菌除引起马铃薯块茎干腐病并伴有单端孢霉烯族毒素的产生之外，实验室还发现，受病原真菌侵染的苹果果实中也有单端孢霉烯族毒素的检出。这类病原真菌主要引起苹果果实的霉心病和心腐病，霉心病的主要症状为果实果心变褐，内部充满灰绿色或粉红色霉状物，从心室逐渐向外霉烂，果味极苦。若菌丝透过心室进入中胚层，进而引起果肉的腐烂，这种症状属于心腐病，而不是霉心病，心腐病症状分为干腐和湿腐两种类型，干腐是其腐烂组织已干制，颜色呈现深褐色，且病害主要集中在心室周围的子囊腔和中胚轴。湿腐病的组织颜色仍然为深褐色，但病害极为迅速，很快到达中胚轴[6,25]。无论果实的霉心病还是心腐病，从果实外观都无法看到果实内部病害的发生，只有切开果实之后，果实腐烂组织才能被发现，这也极大影响了消费者的信心。

在南非，主要引起果实心腐病的病原为 *Alternaria alternata*，*Pleospora herbarum*，*Penicillium funiculosum* 和 *P. expansum* [26]。在加拿大安大略省主要引起苹果果实心腐病的病原为 *Alternaria*、*Penicillium*、*Aspergillus*、*Fusarium*、*Trichoderma* species [27]。在中国，作为世界上最大的苹果产地，引起苹果果实心腐病的主要病原真菌为 *Trichothecium roseum*、*Coryneum* spp.、*Fusarium arthrosporioides*、*Truncatella angustata*，而 *Alternaria alternate* 主要引起苹果果实的霉心病[6,28]。病原真菌的侵染不仅给果农带来了巨大的经济损失，而且会在其体内积累大量的真菌毒素，交链孢酚［alternariol（AOH)］、交链孢酚甲酯［alternariol methyl ether（AME)］、互格交链孢酶霉素［altenuene（ALT)］、链铬孢霉素［tentoxin（TEN)］、细交链孢菌酮酸［tenuazonic acid（TeA)］是早期在霉心病和心腐病苹果中检测到真菌毒素种类[29,30]；然而，本课题组采用 UPLC-MS/MS 在 *T. roseum* 引起的心腐病苹果果实中检测到了 NEO 和 T-2 两种单端孢霉烯族毒素的存在[6]。

此外，甜瓜作为我国西北地区的一种重要的经济作物，采后贮藏期间也容易受到病原真菌的侵染而发病，常见的病害为甜瓜白霉病，又称镰刀菌果腐病，主要由镰刀菌 *Fusarium* spp. 引起，多在贮藏和运输期间发病，在甜瓜类中，以白兰瓜最易受害，该病害多发生在果实两端及近地的侧面，以果柄处较多。病斑呈圆形，稍凹陷，淡褐色，直径 10～20mm，后期周围常呈水浸状，病部可稍微开裂，裂口处长出病原真菌白色绒状的子实体和菌丝体，当病斑直径扩至 40～60mm 时周围常呈水浸状，中心为较紧密的白色绒垫状霉层，以后呈粉红色。有时产生橙红色的黏质小粒，即病原真菌的分生孢子。病部果肉充满着菌丝，呈海绵状软木质团块，甜味变淡，并伴有霉味。当病部果肉呈紫红色时，整个瓜苦而不堪食，不过白霉病病害的扩展速度极慢[31]。*Fusarium* spp. 除引起甜瓜果实腐烂变质之外，还可在体内积累单端孢霉烯族毒素。王虎军[32] 对人工损伤接种 *F. sulphureum* 引起甜瓜白霉病的病部组织进行 UPLC-MS/MS 分析，结果发现 NEO 是白霉病甜瓜果实中检测到的最主要的单端孢霉烯族毒素种类。

第二节　单端孢霉烯族毒素的毒性及限量

一、单端孢霉烯族毒素的毒性

（一）单端孢霉烯族毒素的毒性官能团

单端孢霉烯族毒素的毒性据其分子结构的不同而不同，尤其是结构中的毒性官能团，其中 C-9,10 双键（烯基）和 C-12,13 环氧环是毒性的必需官能团。对 A 和 B 型单端孢霉烯族毒素来说，开环作用可以减低单端孢霉烯族毒素的毒性，将其变为低毒甚至是无毒的产物。如在大鼠皮肤刺激实验中，经开环的 T-2 毒素（deepoxy T-2 toxin，DE T-2）毒性是未开环的 T-2 毒素毒性的 1/400[33]；强氧化剂作用于臭氧，也会迫使其结构发生改变，如采用臭氧处理单端孢霉烯族毒素，会将其结构中 C-9,10 双键断裂，两端加上两个氧原子，结构中其它部位并未发生改变，但此时毒性会大大降低[34]。

虽然 C-9,10 双键和 C-12,13 环氧环结构是单端孢霉烯族毒素的必需官能团，但结构中乙酰基的数量及位置也显著影响着单端孢霉烯族毒素的毒性。Eriksen 等[35,36] 采用瑞士小鼠 3T3 成纤维细胞对 DNA 合成进行了评估，经细胞毒性实验发现，DON 与 15-ADON 的毒性一样，而 DON 的毒性是 3-ADON 的 10 倍；此外，通过酵母生物测定实验发现，HT-2 毒素的毒性低于 T-2 毒素的毒性，但远高于三乙酰 T-2 毒素的毒性，此三者乙酰基分布依次是：C-15 位上有一个乙酰基、C-4、C-15 上有两个乙酰基、C-3、C-4、C-15 上有三个乙酰基。另外，羟基的数量和位置的不同也影响着单端孢霉烯族毒素的毒性。如 DON 和 NIV 结构上的差别是 DON 的 C-4 为—H，而 NIV 的 C-4 为—OH。但是，NIV 的毒性是 DON 的 10 倍[37]。C-3 位上有无羟基，以及羟基的数量也会影响单端孢霉烯族毒素的毒性，如 T-2 毒素、HT-2 毒素，HT-2 毒素进一步转化形成的 T-2 三醇和 T-2 三醇在菌株 BBSH797 作用下最后转化形成的 T-2 四醇，其毒性大小一次为：T-2＞HT-2＞T-2 三醇＞T-2 四醇[38]。

（二）毒性效应

人畜在食用被单端孢霉烯族毒素污染的粮食及其衍生制品后会引起广泛的毒性效应。该类毒素可对人及动物多个系统造成影响，如基因和细胞毒性、肝脏系统和消化系统、免疫系统等[39]。

1. 对人的毒性

在单端孢霉烯族毒素中，以 T-2 的毒性最强[40]，由于为亲脂性物质，极易渗透皮肤，低剂量时引起皮肤刺激，高剂量时能够损伤细胞膜，并引起淋巴腺和造血细胞组织的凋亡，同时还可导致骨髓坏死、白细胞减少和软骨组织退行性变化等[41,42]。T-2还被认为与白细胞缺乏病、大骨病和克山病这3种地方病的发生有关[43]。T-2对胎儿软骨增殖有明显的抑制作用，毒素浓度越大，对软骨细胞的增殖抑制也就越明显，当质量浓度达到20μg/L时就可引起软骨细胞凋亡[44]。DON的毒性虽低于T-2，但其污染更为广泛，摄取含DON的食物后会造成头痛、恶心、腹痛、贫血、免疫力下降。如果长期摄入，会造成致癌、致畸、遗传毒性、肝细胞毒性、中毒性肾损害、生殖紊乱、免疫抑制的发生[45]。

2. 对动物的毒性

细胞毒性包括阻碍细胞内大分子物质，如蛋白质、遗传物质（DNA、RNA）的正常合成；激发细胞氧化应激反应，从而导致DNA损伤、细胞凋亡等[39]。细胞增殖旺盛的组织及器官，如骨髓、肝脏、脾胃、胸腺、肠黏膜等都是T-2毒素的主要靶点，进而可阻碍这些器官细胞内大分子物质的合成[36]。方海琴等[46]研究发现T-2毒素可导致小鼠胚胎干细胞（mESC）线粒体呼吸速率比、膜电位和ATP合成酶活性的下降，最终影响细胞功能。曹峻岭等[47]研究发现，DON能显著地损伤细胞生物膜及细胞器，尤其可致命损伤早期的软骨细胞，用二苯胺显法测定DNA量时发现，DON可抑制软骨细胞正常的分裂增殖及胞内DNA的合成。Stefania等[48]发现NIV和DON（10～100μmol/L）均可激活大鼠巨噬细胞的细胞凋亡程序，但DON的作用稍弱些。

动物体饮食过程中经口腔摄入T-2毒素后，其在消化道内可被吸收，从而对消化系统表现出毒性效应，造成消化道黏膜损伤，最终导致营养物质吸收率降低[49]。当暴露在T-2毒素的单剂量为5mg/kg时，家禽口腔会出现病变，每日平均增重量降低，若连续一周以上暴露在1～5mg/kg T-2毒素作用下时，中毒症状会明显加重[50]；当以含DON的饲料喂养猪时，浓度超过1mg/kg则会出现采食量明显减少甚至拒食现象，且有时会伴有呕吐[51]。T-2毒素肝脏毒性主要有诱导脂质过氧化和阻碍肝细胞内蛋白质的正常合成，降低酶活性等[52,53]。T-2毒素也可使肝脏组织出现病理学变化，如猪连续摄入受T-2毒素污染的饲料28天，肝糖原会过度增高，且伴有轻度的间质炎性细胞浸润[54]。

通过刺激免疫反应来增强或削弱机体免疫能力是T-2毒素对免疫系统的主要调节作用[55]。当以1ng/mL的低水平T-2毒素刺激机体时，可激活炎症反应中重要调控基因，进而血清中IgE及IgA抗体水平上升，机体免疫功能得到加强[56,57]。而当以500ng/mL的高剂量水平T-2毒素作用于机体时，发现白细胞减少，故一定程度上对胸腺、脾脏及淋巴结、骨髓等免疫组织器官造成损伤，使机体免疫功能减弱[58]。Philippe等[59]发现，若猪饲料中含有DON，则将明显地影响猪的非特异性及特异性免疫应答。DON可使已接种动物体内的IgA及IgB含量增加，TGF-β、IFN-γ的表达降低，干扰淋巴细胞增殖。

单端孢霉烯族毒素毒性反应的强弱还与动物的种属、年龄、雌雄和剂量等有关。一般猪对该类毒素较敏感，猪的抗拒综合症通常与DON有关。当猪饲料中DON含量超过1mg/kg，采食量显著降低，甚至拒食，偶尔伴有呕吐症状，低剂量DON对猪毒性的作用机制主要是通过抑制免疫相关基因而引起一系列症状[59]。当向猪饲料中添加12mg/kg DON时，会引起拒食，体质量减轻，这种拒食可能是由于毒素对消化道的局部刺激或饲料的适口性不良所致[60]。DON毒素对牛、羊、成年鸡鸭则不出现拒食现象。牛、羊似乎对DON不敏感，可能是由于其瘤胃具有代谢和清除单端孢霉烯族毒素的能力[3]。当鸡采食含DON高达18mg/kg的饲料无明显有害影响，进食9.18mg/kg DON的饲料，蛋和肉中也检测不出DON[61]。Iverson等[62]用DON含量为0mg/kg、1mg/kg、5mg/kg、

10mg/kg 的饲料饲喂雄性、雌性大鼠后，发现动物体重量增加与DON剂量呈负相关，雄性大鼠血浆中IgA、IgG浓度较对照组增高，生化指标和血液学指标也可见明显异常，病理学检查还发现有肝脏肿瘤、肝脏损害。家禽、牛、羊、猪都对T-2毒素敏感。T-2毒素经动物口、皮肤、注射等方式都可引发造血、淋巴、肠胃组织以及皮肤的损害，并且损害生殖器官的功能，降低抗体、免疫球蛋白和其它体液因子的水平。通过给大鼠饲喂含T-2毒素的饲料时发现，雄鼠肺腺瘤和肝细胞腺瘤的发病率均高于雌鼠，而在妊娠9～10d的小鼠腹腔注射1.0mg/kg T-2（以小鼠体质量计），可导致鼠胎畸形，如短尾、无尾、脊柱融合等[63]。

二、单端孢霉烯族毒素的限量标准

目前，由于单端孢霉烯族毒素在水果和蔬菜中报道较少，所以对单端孢霉烯族毒素在果蔬及其制品中的限量标准还未设立。

第三节　单端孢霉烯族毒素的合成及代谢

真菌毒素的生物合成与代谢受体内一系列相关功能基因的调控；此外，pH值、碳氮比等环境条件也能影响真菌毒素的合成。

一、单端孢霉烯族毒素的生物合成与基因调控

近年来，随着镰刀菌属全基因组测序工作的巨大突破，镰刀菌真菌毒素的分子生物学研究正逐渐成为研究热点，并不断取得重要的进展。镰刀菌全基因组测序的成功为研究者从基因水平研究镰刀菌真菌毒素的调控机制提供了诸多的便利。一些与镰刀菌真菌毒素生物合成相关的调控途径和相关功能基因正逐渐被发掘和研究。

如参与镰刀菌单端孢霉烯族毒素合成的 *Tri* 基因主要包括三大类：第一类：26kb片段大小的基因簇，它们是单端孢霉烯族毒素生物合成的主要调控基因，包括：*Tri4*、*Tri5*、*Tri6* 和 *Tri10* 基因；第二类：*Tri1* 和 *Tri16* 基因簇；第三类：*Tri101* 基因座[64,65]。其中 *Tri5* 基因调控的是合成的第一步反应，参与了单端孢霉二烯的合成，*Tri4* 基因参与了单端孢霉二烯之后的几步氧化反应，*Tri6* 基因编码一个锌指结构的转录因子，但其自身又受到 *Tri10* 基因所编码调控蛋白的调控，*Tri6*、*Tri10* 参与了整个反应的调控，均正向调控其它 *Tri* 基因的表达，*Tri101* 基因主要编码3-O-乙酰基转移酶，该酶可催化单端孢霉烯族毒素进行乙酰化[65]。

当敲除 *Tri5* 基因后，突变体菌株会丧失其产生单端孢霉烯族毒素的能力，而用野生型的该基因片段去互补该突变体菌株后则又可恢复其产毒能力，这说明 *Tri5* 基因的确参与了单端孢霉烯族毒素的生物合成，并起重要的调控作用[66]。在禾谷镰刀菌 *F. graminearum* 基因簇中，存在一个以 *Tri5* 基因为中心的25kb的基因家族，约包含12个相关的单端孢霉烯族毒素合酶基因，分别命名为 *Tri1*，*Tri2*，*Tri3*，*Tri4*，*Tri5*，*Tri6*，*Tri7*，*Tri8*，

Tri9，*Tri10*，*Tri11*，*Tri12*。研究发现该基因家族中 10 个基因参与了单端孢霉烯族毒素的生物合成，其中 7 个编码该毒素的生物合成酶。空间位置上与 *Tri5* 相连的 *Tri6* 和 *Tri10* 属于调控基因，在生物合成途径中起最关键的作用，在这 3 个基因中，任何一个敲除突变都会导致禾谷镰刀菌完全不产毒。

下面就以单端孢霉烯族毒素的合成途径为例（图 5.3）进行详细阐述，单端孢霉烯族毒素的生物合成起始于焦磷酸法呢烯（farnesyl pyrophosphate，tFPP），它在 *Tri5* 基因调控下发生环化反应生成单端孢霉二烯（trichodiene），单端孢霉二烯再在由 *Tri*4 基因编码的细胞色素 P450 单加氧酶的作用下先生成 2-羟基单端孢霉烯（2-hydroxytrichodiene），然后再生成 12,13-环氧基-9,10-单端孢霉二烯（12,13-epoxy-9,10-trichoene-2-ol），经异构化为异单端孢霉二醇（isotrichodiol）和异单端孢霉三醇（isotrichotriol），接着异单端孢霉三醇（isotrichotriol）再经非酶促的异构化反应生成单端孢霉三醇（trichotriol），再经环化反应生成异单端孢霉烯醇（isotrichodermol），在这个过程中，C-2 的氧变成吡喃环，C11 的—OH 消失。A 型单端孢霉烯族毒素是通过异单端孢霉素（isotrichodermin）在一系列的羟基化电子配对作用和乙酰化作用下形成的。如异单端孢霉烯醇（isotrichodermol）是在由 *Tri101* 基因编码的乙酰转移酶作用下生成异单端孢霉素（isotrichodermin），这一步反应可有效减少单端孢霉烯族毒素的毒性，所以可以作为单端孢霉烯族毒素在产生过程中的一个自我保护机制；随后，再在 *Tri11* 基因的调控下，C15 上形成第二个羟基，从而生成 15-decalonectrin，然后再在 *Tri13* 基因作用下，发生酰基化反应，生成 calonectrin；第三个羟基是发生在 C4 上，它也是在 *Tri13* 基因作用下形成的，随后在 *Tri7* 基因的调控下发生乙酰化反应，生成 3,4,15-三乙酰基蛇形毒素（3,4,15-triacetoxyscirpenol）。对于 *F. sporotrichioides* 来说，第四个羟基是在 *Tri1* 基因的作用下，C8 位上形成 3-茄病镰刀菌醇（3-acetylneosolaniol），随后再在 *Tri6* 基因的作用下发生戊酰基化反应生成 3-乙酰基-T-2 毒素（3-acetyl T-2 toxin），然后再在 *Tri18* 基因的调控下，经酯酶的作用脱去 C3 位上的乙酰基，从而形成 T-2 毒素[66]。

B 型单端孢霉烯族毒素（如：15-ADON or 4，15-diANIV）的合成途径类似于 A 型单端孢霉烯族毒素，在 C3，C15，C4 上也发生羟基化电子配对作用和乙酰化作用。然而，A 型单端孢霉烯族毒素在 *Tri1* 基因的作用下发生 C8 位上羟基化作用，而对于 B 型单端孢霉烯族毒素来说，*Tri1* 基因控制着 C7 和 C8 位上的羟基化反应，然后 C8 位上的羟基会在一定条件下转化为羰基。对于产生单端孢霉烯族毒素的 *Fusarium* 来说，C7 位上羟基的存在与 C8 位上是否可以从羟基转化为羰基密切相关，B 型单端孢霉烯族毒素合成的最后一步是在由 *Tri8* 基因编码的酯酶作用下，C3 和 C15 位发生脱乙酰化作用，生成 3-乙酰基呕吐毒素（3-acetyl-deoxynivalenol，3-ADON），同时 3,15-乙酰呕吐毒素（3,15-acetyl-deoxynivalenol）也可在 *Tri8* 作用下生成 15-乙酰基呕吐毒素（15-acetyl-deoxynivalenol，15-ADON）。另外，3,15-乙酰呕吐毒素（3,15-acetyl-deoxynivalenol）也可在 *Tri13* 的作用下，生成 3,15-二乙酰基雪腐镰刀菌醇（3,15-diacetyl-nivalenol，3,15-diANIV），然后再在 *Tri7* 作用下生成 3,4,15-三乙酰基雪腐镰刀菌醇（3,4,15-triANIV），再在 *Tri8* 基因的作用下生成 4,15-二乙酰基雪腐镰刀菌醇（4,15-diANIV），继续发生脱乙酰化反应，生成 4-乙酰基雪腐镰刀菌醇（4-acetylnivalenol，4-ANIV），最后生成雪腐镰刀菌醇（nivalenol，NIV）[66]。

不同类型单端孢霉烯族毒素的生物合成途径的分支如图 5.4 所示。

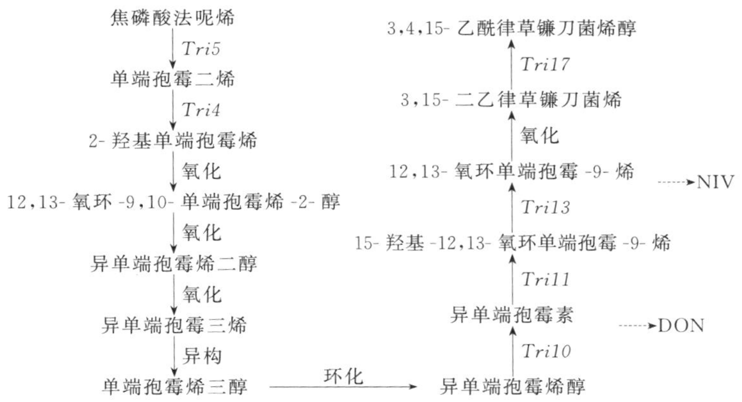

图 5.3 单端孢霉烯族毒素的合成途径[66]

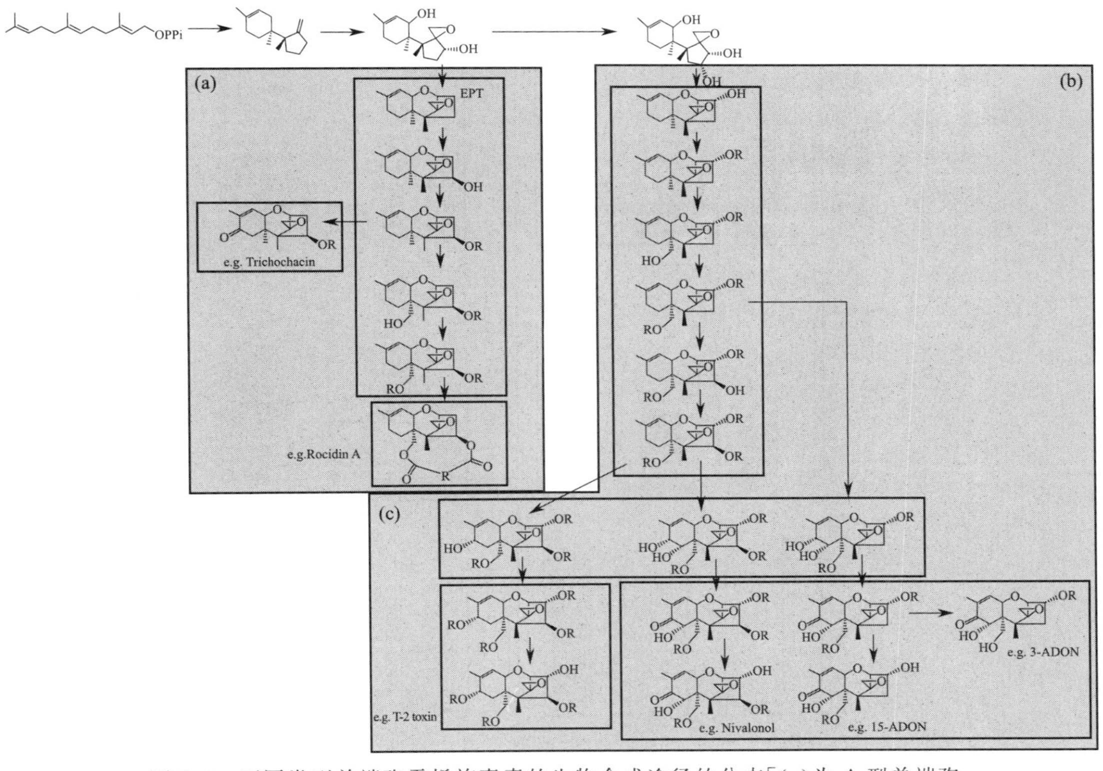

图 5.4 不同类型单端孢霉烯族毒素的生物合成途径的分支[(a)为 A 型单端孢霉烯族毒素;(b)为 B 型单端孢霉烯族毒素;(c)为 D 型单端孢霉烯族毒素]

二、影响单端孢霉烯族毒素合成的因素

除基因调控外，单端孢霉烯族毒素的合成还受到一些外界因素的影响，包括病原真菌、寄主、外界环境及 pH 值、碳氮比等[67]。

(一) 不同病原真菌对单端孢霉烯族毒素代谢的影响

单端孢霉烯族毒素的产生随着病原真菌菌种不同而不同。Xue 等[10] 比较了

F. sulphureum、*F. solani* 和 *F. sambunium* 三种病原真菌在马铃薯块茎上产生单端孢霉烯族毒素的能力，结果表明：*F. sulphureum* 产生 3ADON、DAS、T-2、Fus-X 的能力强于 *F. solani* 和 *F. sambunium*（图 5.5）。Logrieco 等[68] 也比较了产生 T-2 和 HT-2 毒素的几种镰刀菌菌种，结果发现 *F. sporotrichioides* 和 *F. langsethiae* 较 *F. poae*、*F. cereali* 和 *F. acuminatum* 产生 T-2 和 HT-2 毒素能力低。病原真菌细胞的分化及生长也显著影响单端孢霉烯族毒素的产生，通常孢子形成与产孢等过程与毒素的产生呈正相关，在敲除影响产孢和菌丝生长的基因后，突变体的产毒能力明显受到抑制。例如，将 *F. graminearum* 的周期蛋白 C 类似蛋白基因（cyclin-C-like gene，CID1）基因敲除后，突变体相比野生型产生 DON 的能力显著降低，同时突变体出现营养生长、产孢和性繁殖等方面的能力缺陷[2]。Kim 和 Woloshuk 也发现，*F. Verticillioides* 的 *ARE4* 基因缺失后，营养生长显著下降，同时突变体散失了合成镰刀菌毒素的能力[69]。

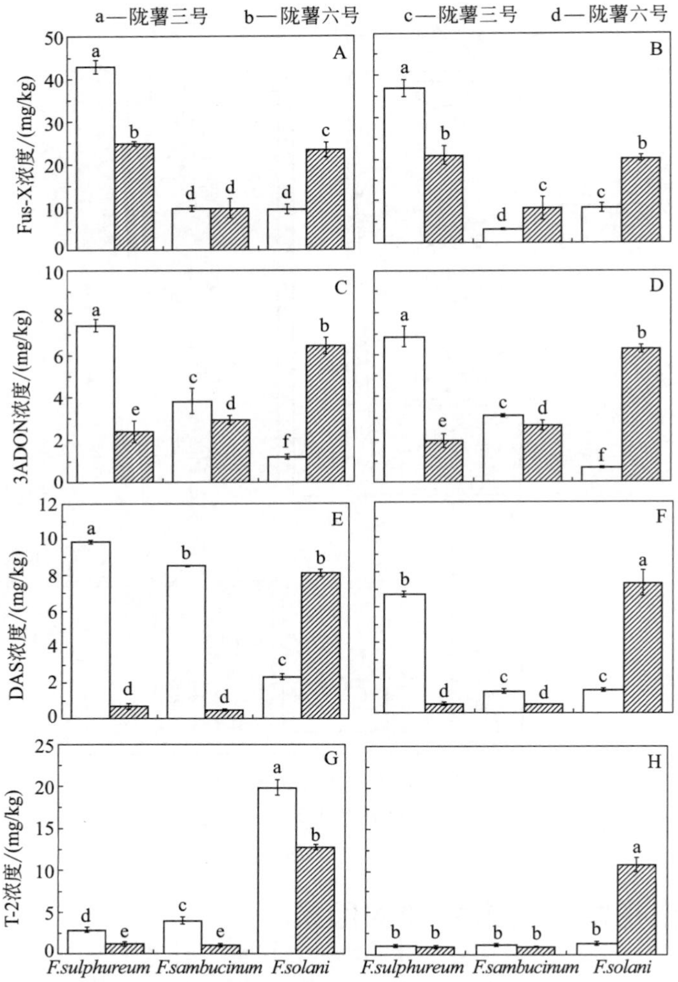

图 5.5 镰刀菌菌种、马铃薯品种和贮藏温度对损伤接种块茎体内单端孢霉烯族毒素积累的影响［A—Fus-X（贮藏于 20℃）；B—Fus-X（贮藏于 5℃）；C—3ADON（贮藏于 20℃）；D—3ADON（贮藏于 5℃）；E—DAS（贮藏于 20℃）；F—T-2（贮藏于 5℃）；G—DAS（贮藏于 20℃）；H—T-2（贮藏于 5℃］

（二）寄主对单端孢霉烯族毒素代谢的影响

单端孢霉烯族毒素的产生除了受到病原真菌菌种的影响，不同基质受到病原真菌侵染后，产生的毒素的种类也不尽相同，同时，同一寄主不同品种产毒能力也大不相同，同一寄主、同一品种亦有差异。对于谷类作物来说，通常产毒能力最强的是玉米和黑麦，其次是大麦、小麦和大米[70]。Aniołowska[71] 分析 12 种不同玉米品种积累单端孢霉烯族毒素的能力，结果发现：感病品种（cv. Terada）积累单端孢霉烯族毒素的能力最强，同时 DON 毒素在每个品种的玉米中均被检测到。Xue 等[10] 比较了感病品种（Longshu No. 3）和抗病品种（Longshu No. 6）接种 *F. sulphureum*、*F. solani* 和 *F. sambunium* 三种病原真菌后产生单端孢霉烯族毒素的能力，结果表明：接种 *F. sulphureum* 的感病品种（Longshu No. 3）中 3ADON、DAS、T-2、Fus-X 四种单端孢霉烯族毒素的积累量远高于抗病品种（Longshu No. 6）中毒素的积累量，而对于 *F. solani* 和 *F. sambunium* 两种病原真菌来说，并无明显的变化规律。Tang 等[6] 人工损伤接种 *Trichothecium roseum* 于不同品种富士（Fuji）、红元帅（Red Delicious）和国光（Ralls）苹果果实，结果也发现，在苹果霉心病病部组织中 T-2 毒素的产生能力：富士＞红元帅＞国光。由此表明，寄主的品种显著影响单端孢霉烯族毒素的积累（图 5.6）。Ellner 也对比了马铃薯块茎感病品种（Combi）和抗病品种（Tomensa）积累单端孢霉烯族毒素 DAS 能力发现，在病部组织中感病品种的 DAS 浓度是抗病品种的 5.48 倍。

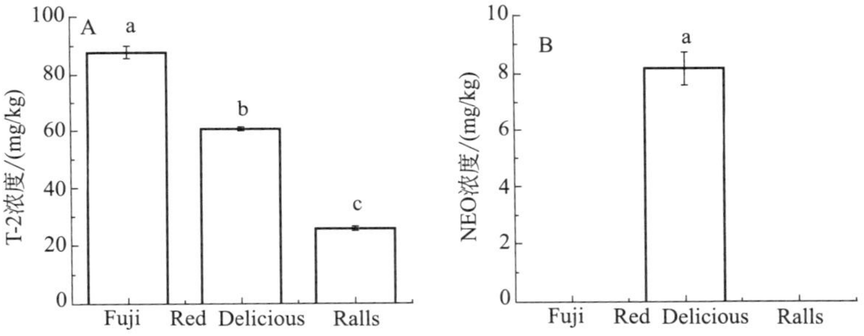

图 5.6 不同苹果品种对单端孢霉烯族毒素 T-2 和 NEO 积累的影响

（三）外界环境因素对单端孢霉烯族毒素代谢的影响

培养时间、温度、湿度、碳源、氮源及环境 pH 值等也显著影响着单端孢霉烯族毒素的代谢。刘艳等[72] 研究了受 *F. oxysporium* 污染的玉米培养物发现，随着培养时间的延长，被 *F. oxysporium* 孢子污染的玉米培养物中的 T-2 毒素含量在增加。此外，温度、湿度也会影响病原真菌的产毒能力，在一定温度范围内，其病原真菌的产毒能力随着温度的上升而呈逐渐下降的趋势。李群伟等[73] 研究表明，在 PDA 和玉米粉培养基中，*Fusarium* 菌株 Ml 在较低温度条件下更易于 T-2 毒素的产生。Schwabe 和 Kramer [74]研究了 *F. sporotrichioides* 在不同水分活度条件下产生 T-2 毒素的能力，结果发现，水分活度越高，单端孢霉烯 T-2 毒素积累量越多。其次，湿温条件下产毒明显高于干温条件下产毒[72]，即高水分含量条件产毒能力显著高于低水分含量条件的产毒能力。由此得出产毒能力的变化趋势：变温＞低温＞高温，高水分含量＞低水分含量，酸性＞碱性。在轮枝镰刀菌（*F. verticillium*）中，最适合其产毒的 pH 值环境是 3～3.5，当 pH 值大于 3.5 时可促进 *F. verticillium* 菌丝生长，但同时抑制了毒素的生物合成。代喆等[75] 发现在液体培养中

F. poae 产毒的最佳条件为 8～25℃，间隔 12h 变温、光照与黑暗交替、前期振荡后期静止培养 28d。唐亚梅等[76] 报道硫色镰刀菌（*F. sulphureum*）体外产毒的最佳条件是 Richard 培养基、22.2℃、pH 值为 5.1、振荡培养 12d。本实验室比较了人工损伤接种粉红单端孢菌的苹果贮藏于室温和低温条件下时，室温更有利于病原真菌的生长和单端孢霉烯族 DAS 和 T-2 毒素的产生[77]。此外，外界环境的碳源和氮源对单端孢霉烯族毒素的积累也有重要的影响。增加碳源可以增加或减少与碳代谢相关的毒素的生物合成，从而提高或抑制毒素生物合成途径中酶的活性。如在 *F. verticillium* 中，伏马菌素的生物合成与碳源存在一定的正相关，外界糖浓度的增加有利于伏马菌素的生物合成；增加氮源有利于病原真菌体内氮的积累，而氨基酸等氮源与伏马菌素的合成存在显著的负相关，将氨基酸的浓度从 10 g/L 降低到 1 g/L 时，伏马菌素产量显著增加。然而，外界环境的碳、氮等营养原料的改变与 pH 值变化具有怎样的相互关系，又是如何具体参与到真菌毒素的生物合成和调控过程等，则需进一步研究。

真菌毒素是一个古老的话题，但果蔬中单端孢霉烯族毒素的研究却是一个目前关注的焦点和热点，单端孢霉烯族毒素不仅会造成果蔬产品产量下降和品质劣变，更重要的是，它严重威胁人类和动物健康。病原真菌产生的单端孢霉烯族毒素，既是自身生长过程中分泌的一种次生代谢产物，同时也是适应外界环境所做出的生存竞争反应。然而，单端孢霉烯族毒素的产生既与病原真菌菌种、寄主的抗性有关，也与他们与环境等互作过程等密切相关。目前主要问题是我们始终对于这种综合调控过程的分子机理了解甚微。随着基因组和蛋白质组学技术的进一步发展，更多地参与调控其毒素生物合成的途径和功能，基因必定会被逐渐鉴定和验证。分析和理解单端孢霉烯族毒素的产生机理和调控途径，最本质的目的是降低果蔬受单端孢霉烯族毒素污染的风险，确保农产品饮食安全。

参考文献

[1] He J, et al. Chemical and biological transformations for detoxification of trichothecene mycotoxins in human and animal food chains: a review. Trends in Food Science and Technology, 2010, 21 (2): 67-76.

[2] Zhou T, et al. Microbial transformation of trichothecene mycotoxins. Journal of World Mycotoxin, 2008, 1 (1): 23-30.

[3] Meneely JP, et al. Current methods of analysis for the determination of trichothecene mycotoxins in food. Trends in Analytical Chemistry, 2011, 2: 192-203.

[4] Mateo JJ, et al. Accumulation of type A trichothecenes in maize, wheat and rice by F. sporotrichioides isolates under diverse culture conditions. International of Journal Food Microbiology, 2002, 72 (1): 115-123.

[5] Merhej J, et al. Acidic pH as a determinant of TRI gene expression and trichothecene B biosynthesis in *Fusarium graminearum*. Food Additives and Contaminants, 2010, 5: 710-717.

[6] Tang YM, et al. A New Method for Analysis of Trichothecenes by Ultrahigh-Performance Liquid Chromatography Coupled with Tandem Mass Spectrometry in Apple Fruits Inoculated with *Trichothecium roseum*. Food Additives & Contaminants: Part A, 2014, 32 (4): 480-487.

[7] Cullen DW, et al. Use of quantitative molecular diagnostic assays to investigate Fusarium dry rot in potato stocks and soil. Phytopathology, 2005, 95: 1462-1471.

[8] Peter JC, et al. Pathogenicity to potato tubers of *Fusarium* spp. isolated from potato, cereal, and forage crops. Journal of American Potato Research, 2008b, 85: 367-374.

[9] Peter JC, et al. Characterization of Fusarium spp. responsible for causing dry rot of potato in Great Britain [J]. Plant Pathology, 2008a, 57: 262-271.

[10] Xue HL, et al. Effect of cultivars, *Fusarium* strains and storage temperature on trichothecenes production in inoculated potato tubers. Food Chemistry, 2014, 151: 236-242.

[11] Xue HL, et al. New method for the simultaneous analysis of types A and B trichothecenes by ultrahigh-performance liquid chromatography coupled with tandem mass spectrometry in potato tubers inoculated with *Fusarium sulphureum*. Journal of Agricultural and Food Chemistry, 2013, 61: 9333-9338.

[12] 侯忠艳．马铃薯干腐病发生与防治．现代农业科技，2012，10：173-179.

[13] Tomoda H, et al. New cyclodepsipeptides, enniatin D, E, and F produced by *Fusarium* spp. FO-1305. The Journal of Antibiotics 1992, 45: 1207-1215.

[14] Song HH, et al. Analysis of beauvercin and unusual enniatins co-produced by *Fusarium oxysporum* FB1501 (KFCC 11363P). Journal of Microbiology and Biotechnology 2006, 16, 1111-1119.

[15] Fotso J, et al. Production of beauvericin, moniliformin, fusaproliferin, and fumonisins b (1), b (2), and b (3) by fifteen ex-type strains of fusarium species. Applied Environment Microbiology, 2002, 68 (10): 5195-5197.

[16] Venter S, Steyn PJ. Correlection between fusaric acid production and virulence of isolates of *Fusarium oxysporum* that causes potato dry rot in South Africa. Potato Research, 1998, 41: 289-294.

[17] El-Banna AA, et al. Formation of Trichothecenes by *Fusarium solani var. coeruleum* and *Fusarium* sambucinum in Potatoes. Applied and Environmental Microbiology, 1984, 5: 1169-1171.

[18] Latus-Zietkiewicz D, et al. *Fusarium* species as pathogens of potato tubers during storage and their ability to produce mycotoxins. Mycotoxin Research, 1987, 3: 99-104.

[19] Nielsen KF, Thrane, U. Fast methods for screening of trichothecenes in fungal cultures using gas chromatography-tandem mass spectrometry. Journal of Chromatograph, A, 2001, 929: 75-87.

[20] Golinski P, et al. Formation of fusarenone X, nivalenol, zearalenone, α-trans-zearalenol, β-trans-zearalenol, and fusarin C by *Fusarium crookwellense*. Applied Environment Microbiology, 1988, 54: 2147-2148.

[21] Vesonder RF, et al. Mycotoxin formation by different geographic isolates of *Fusarium crookwellense*. Mycopathologia, 1991, 113, 11-14.

[22] El-Hassan KI, et al. Variation among *Fusarium* spp. the causal of potato tuber dry rot in their pathogenicity and mycotoxins production. Egypt Journal of Phytopathology, 2007, 35, 53-68.

[23] Delgado JA, et al. Trichothecene mycotoxins associated with potato dry rot caused by *Fusarium graminearum*. Phytopathology, 2010, 100: 290-296.

[24] Desjardins AE, Gardner HW. Genetic analysis in Gibberella pulicaris: rishitin tolerance, rishitin metabolism, and virulence on potato tubers. Molecular Plant Microbe Interaction, 1989, 2: 26-34.

[25] Shtienberg D. Effects of host physiology on the development of core rot caused by *Alternaria alternata* in Red Delicious apples. Phytopathology, 2012, 102: 769-778.

[26] Combrink JC, et al. Fungi associated with core rot of Starking apples in South Africa. *Phytophylactica*, 1985b, 17: 81-83.

[27] Soliman S, et al. Potential mycotoxin contamination risks of apple products associated with fungal flora of apple core. Food Control, 2015, 47: 585-591

[28] 呼丽萍等．苹果霉心病病原研究．果树科学，1996，13 (3)：157-161.

[29] Ntasiou P, et al. Identification, characterization and mycotoxigenic ability of *Alternaria* spp. causing core rot of apple fruit in Greece. International Journal of Food Microbiology, 2015, 197: 22-29.

[30] Wang M, et al. A single-step solid phase extraction for the simultaneous determination of 8 mycotoxins in fruits by ultra-high performanceliquid chromatography tandem mass spectrometry. Journal of Chromatography A, 2016, 1429: 22-29.

[31] 马文平等．"玉金香"甜瓜采后真菌病原物鉴定及侵染规律的研究．北方园艺，2011，17：36-40.

[32] 王虎军．采后甜瓜果实中 NEO 毒素的检测及控制，甘肃农业大学，甘肃，兰州，2016.

[33] Swanson SP, et al. The role of intestinal microflora in the metabolism of trichothecene mycotoxins. Food and Chemical Toxicology, 1988, 26 (10): 823-829.

[34] Young JC, et al. Degradation of trichothecene mycotoxins by aqueous ozone. Food and Chemical Toxicology, 2006,

44 (3): 417-424.

[35] Eriksen GS, et al. Comparative cytotoxicity of deoxynivalenol, nivalenol, their acetylated derivatives and de-epoxy metabolites. Food and Chemical Toxicology, 2004, 42: 619-624.

[36] Eriksen GS, Pettersson H. Toxicological evaluation of trichothecenes in animal feed. Animal Feed Science and Technology, 2004, 114 (1-4): 205-239.

[37] Ueno Y, et al. Metabolism of T-2 toxin in Curtobacterium sp. strain 114-2. Applied and Environmental Microbiology, 1983, 46 (1): 120-127.

[38] Jarvis BB, Mazzola E P. Macrocyclic and other novel trichothecenes: Their structure, synthesis, and biological significance. Accounts of Chemical Research, 1982, 15 (12): 388-395.

[39] 邹广迅等. T-2 毒素的毒性效应及致毒机制研究进展. 生态毒理学报, 2011, 6 (2): 121-128.

[40] Agrawal M, et al. Evaluation of protective efficacy of CC-2 formulation against topical lethal dose of T-2 toxin in mice. Food and Chemical Toxicology, 2012, 50 (3/4): 1098-1108.

[41] Daenicke S, et al. Effects of deoxynivalenol (DON) and related compounds on bovine peripheral blood mononuclear cells (PBMC) in vitro and in vivo. Mycotoxin Research, 2011, 27 (1): 49-55.

[42] Eriksen GS, Alexander J. *Fusarium* toxins in cereals a risk assessment. Copenhagen: Nordic Council of Ministers, 1998, 7-27; 45-58.

[43] 付莹等. 2008 年四川省阿坝州大骨节病相对活跃病区硒及 T-2 毒素水平调查. 中国地方病学杂志, 2010, 29 (3): 325-329.

[44] 王敏辉等. T-2 毒素研究进展. 动物营养学报, 2011, 23 (1): 20-24.

[45] Pestka JJ. Deoxynivalenol: mechanisms of action, human exposure, and toxicological relevance [J]. Archives of Toxicology, 2010, 84: 663-679.

[46] 方海琴等. T-2 毒素对小鼠胚胎干细胞线粒体功能的抑制作用. 中国药理学与毒理学杂志, 2014, 28 (3): 415-420.

[47] 曹峻岭等. 真菌毒素 DON、T22 和 NIV 对培养软骨细胞作用的实验研究. 中国地方病防治杂志, 1995, 10 (2): 69-71.

[48] Stefania M, et al. Pro-apoptotic effects of nivalenol and deoxynivalenol trichothecenes in J774A. 1 murine macrophages. Toxicology Letters, 2009, 189 (1): 21-26.

[49] Sokolovic M, et al. T-2 toxin: Incidence and toxicity in poultry. Archives of Industrial Hygiene and Toxicology, 2008, 59 (1): 43-52.

[50] Brake J, et al. Effects of the trichothecene mycotoxin diacetoxyscirpenol on feed consumption, body weight and oral lesions of broiler breeders. Poultry Science, 2000, 79 (6): 856-863.

[51] Christiane B, et al. Expression of immune relevant genes in pigs under the influence of low doses of deoxynivalenol (DON). Mycotoxin Research, 2011, 27 (4): 287-293.

[52] Albarenque, et al. T-2 toxin-induced apoptosis in rat keratinocyte primary cultures. Expermiental and Molecular Pathology, 2005, 78 (2): 144-149.

[53] Smith T K. Recent advances in the understanding of *Fusarium* trichothecene mycotoxicoses. Journal of Animal Science, 1992, 70 (12): 3989-3993.

[54] Meissonnier G M, et al. Subclinical doses of T-2 toxin impair acquired immune response and liver cytochrome P450 in pigs. Toxicology, 2008, 247 (1): 46-54.

[55] 杨建英, 李元晓. T-2 毒素对机体的毒性作用研究进展. 环境与健康, 2012, 9 (10): 957-959.

[56] Jaradat Z W, et al. Adverse effects of T-2 toxin on chicken lymphocytes blastogenesis and its protection with vitamin E. Toxicol, 2006, 225 (2-3): 90-96.

[57] Minervini F, et al. T-2 toxin immunotoxicity on human B and T lymphoid cell lines. Toxicol, 2005, 210 (1): 81-91.

[58] Pestka JJ, et al. Cellular and molecular mechanisms for immune modulation by deoxynivalenol and other trichothecenes: unraveling a paradox. Toxicology Letters, 2004, 153 (1): 61-73.

[59] Philippe P, et al. Ingestion of deoxynivalenol (DON) contaminated feed alters the pig vaccinal immune respon-

ses. Toxicology Letters, 2008, 177 (3): 215-222.
[60] Prelusky DB. The effect of low-level deoxynivalenol on neurotransmitter levels measured in pig cerebral spinal fluid. Journal of Environmental Science and Health Part B, 1993, 28 (6): 731-761.
[61] Young JC, et al. Degradation of trichothecene mycotoxins by chicken intestinal microbes. Food and Chemical Toxicology, 2007, 45: 136-143.
[62] Iverson F, et al. Chronic feeding study of deoxxynivalenol in B6C3F1 male female mice. Teratog Carcinog Mutagen, 1995, 15: 283-306.
[63] Chaudhary M, Rao PV. Brain oxidative stress after dermal and subcutaneous exposure of T-2 toxin in mice. Food and Chemical Toxicology, 2010, 48 (12): 3436.
[64] Brown DW, et al. Functional demarcation of the *Fusarium core* trichothecene gene cluster. Fungal Genetics and Biology. 2004, 41: 454-62.
[65] Kimura M, et al. The trichothecene biosynthesis gene cluster of *Fusarium graminearum* F15 contains a limited number of essential pathway genes and expressed non-essential genes. *FEBS Letter*, 2003, 539: 105-110.
[66] McCormick SP, et al. Trichothecenes: From Simple to Complex Mycotoxins. Toxins, 2011, 3, 802-814.
[67] 张岳平．镰刀菌真菌毒素产生与调控机制研究进展，生命科学，2011，3：311-315.
[68] Logrieco A, et al. Epidemiology of toxigenic Fungi and their associated mycotoxins for some mediterranean crops. European Journal of Plant Pathology, 2003, 109 (7): 645-667.
[69] Kim H, Woloshuk CP. Role of *AREA*, a regulator of nitrogen metabolism, during colonization of maize kernels and Fumonisin biosynthesis in *Fusarium verticillioides*. Fungal Genetic Biology, 2008, 46 (6): 947-953.
[70] Rukhyada VV. Environmental effects on T-2 toxin biosynthesis by *F. sporotrichiella* bilat. Mikologiya I Fitopatologiya, 1989, 23 (2): 151.
[71] Aniołowska M, Steininger M. Determination of trichothecenesand zearalenone in differentcorn (Zea mays) cultivars for human consumption in Poland. Journal of Food Composition and Analysis, 2014, 33: 14-19.
[72] 刘艳等．培养时间对尖孢镰刀菌产毒影响的初步观察．中国地方病防治杂志，2009，24 (4)：261-262.
[73] 李群伟等．影响镰刀菌生长与产毒的基本因素的研究．中国地方病学杂志，1998，17 (6)：355-358
[74] Schwabe M, Kramer J. Influence of water activity on the production of T-2 Toxin by *Fusarium sporotrichioides*, Mycotoxin Research, 1995, 11: 48-52.
[75] 代喆等．利用 *F. poae* 制备 T-2 毒素的培养条件和提取方法．微生物学杂志，2011，31 (5)：40-44.
[76] 唐亚梅等．硫色镰刀菌（*Fusarium sulphureum*）体外产毒条件的筛选．食品科学，2014，35 (10)：100-104.
[77] 唐亚梅．苹果果实中真菌毒素的检测、分布及控制．甘肃农业大学，甘肃，兰州，2015.

第六章 果蔬中黄曲霉毒素

黄曲霉毒素(aflatoxins，AF)是 20 世纪 60 年代初发现的一种真菌有毒次生代谢产物，主要由黄曲霉(*Aspergillus flavus*)和寄生曲霉(*A. parasiticus*)等真菌经过聚酮途径产生[1]。黄曲霉毒素是一组结构类似的化合物的总称，目前已经发现的黄曲霉毒素及其衍生物有 20 余种，其中以 AFB1 的毒性最大[2,3]。黄曲霉毒素污染范围极广，包括粮食、饲料、果品等。黄曲霉毒素是自然界中已经发现的理化性质最稳定的一类真菌毒素，具有很强的致癌性、致突变性和致畸毒性，是国际上公认的毒性最强的真菌毒素之一，如今黄曲霉毒素的污染问题已经成为政府高度重视、社会广泛关注的全球性热点问题。

第一节 黄曲霉毒素的产生

一、黄曲霉毒素概况

（一）黄曲霉毒素的发现

黄曲霉毒素（AF）是最早被人类发现和分离的霉菌毒素之一，距今已有大约半个世纪之久。1960年，英国东南部地区一家农场短短数月内十万只火鸡幼雏突然死亡，解剖发现死亡火鸡广泛存在肝细胞变性坏死、出血、肾脏肿胀、肥大和胆管增生现象，这种病以肝坏死为主要特征，由于病因不明，当时称为“火鸡X病”。在最终找寻原因过程中，发现这群火鸡都是在进食了从巴西进口的某种发霉的花生饼粉后发病死亡。1961年，Lancaster等[4]给小鼠喂食上述巴西花生饼粉6个月后，发现80%以上的小鼠患上肝肿瘤。后来，研究人员经过不懈努力，从这些原料中分离出一株霉菌，经过鉴定是黄曲霉菌（*Aspergillus flavus*），并把该霉菌产生的毒素命为黄曲霉毒素[5~7]。1963年，美国麻省理工学院的BQchi教授团队研究并且确定了黄曲霉毒素的化学结构[8]。之后的几十年中，科学家们开展了对黄曲霉毒素的来源、分布、理化性质、毒理特性、临床症状及病理变化等各方面深入的研究[9]，证明黄曲霉毒素不但能引起急性、慢性中毒，而且长期食用受其污染的原料及其制品可引起机体癌变[10,11]。这一结果受到广泛重视，并由此推动了学术界对霉菌毒素全面、系统的研究。

AFB1的毒性为氰化钾的10倍，砒霜的68倍，三聚氰胺的416倍，且其致癌性是二甲基亚硝胺的70倍，六六六的10000倍[12]。AF具有强烈的急性毒性，又有明显的慢性毒性，既能降低动物或人体的免疫功能，又可引起呕吐、发热、黄疸、腹水等肝炎症状，尤其还具有很强的致肝癌能力，被世界卫生组织（World Health Organization，WHO）和国际癌症研究机构（International Agency for Research on Cancer，IARC）列为Ⅰ类致癌物[13,14]。

（二）黄曲霉毒素的种类、结构及理化性质

AF是在化学结构上非常相似的一类化合物，都属于二氢呋喃氧杂萘邻酮的衍生物，即结构中有一个双呋喃环（bifuran），是基本毒素结构；还有一个氧杂萘邻酮（coumarin，香豆素），主要与致癌相关[15~17]。通常存在于粮食、食品、饲料中天然产生的AF主要有四种，分别为黄曲霉毒素B1（Aflatoxin B1，AFB1）、黄曲霉毒素B2（Aflatoxin B2，AFB2）、黄曲霉毒素G1（Aflatoxin G1，AFG1）和黄曲霉毒素G2（Aflatoxin G2，AFG2）[18,19]。根据365nm紫外光照射下薄层色谱板上发射的荧光颜色不同，黄曲霉毒素被分为B（blue）族和G（green）族两大类，下标的序号“1”和“2”表明相对的主要和次要化合物[20]。在紫外光照射B族（AFB1和AFB2）时，可产生蓝紫色荧光，照射G族时（AFG1和AFG2）可产生黄绿色荧光[8,21]。生物体摄取黄曲霉毒素后会被细胞内的CYP450等酶系氧化，AFB1和AFB2便会转化为黄曲霉毒素M1（Aflatoxin M1，AFM1）和黄曲霉毒素M2（Aflatoxin M2，AFM2）[22]。目前已经发现的AF及其衍生物有20余种（图6.1）。

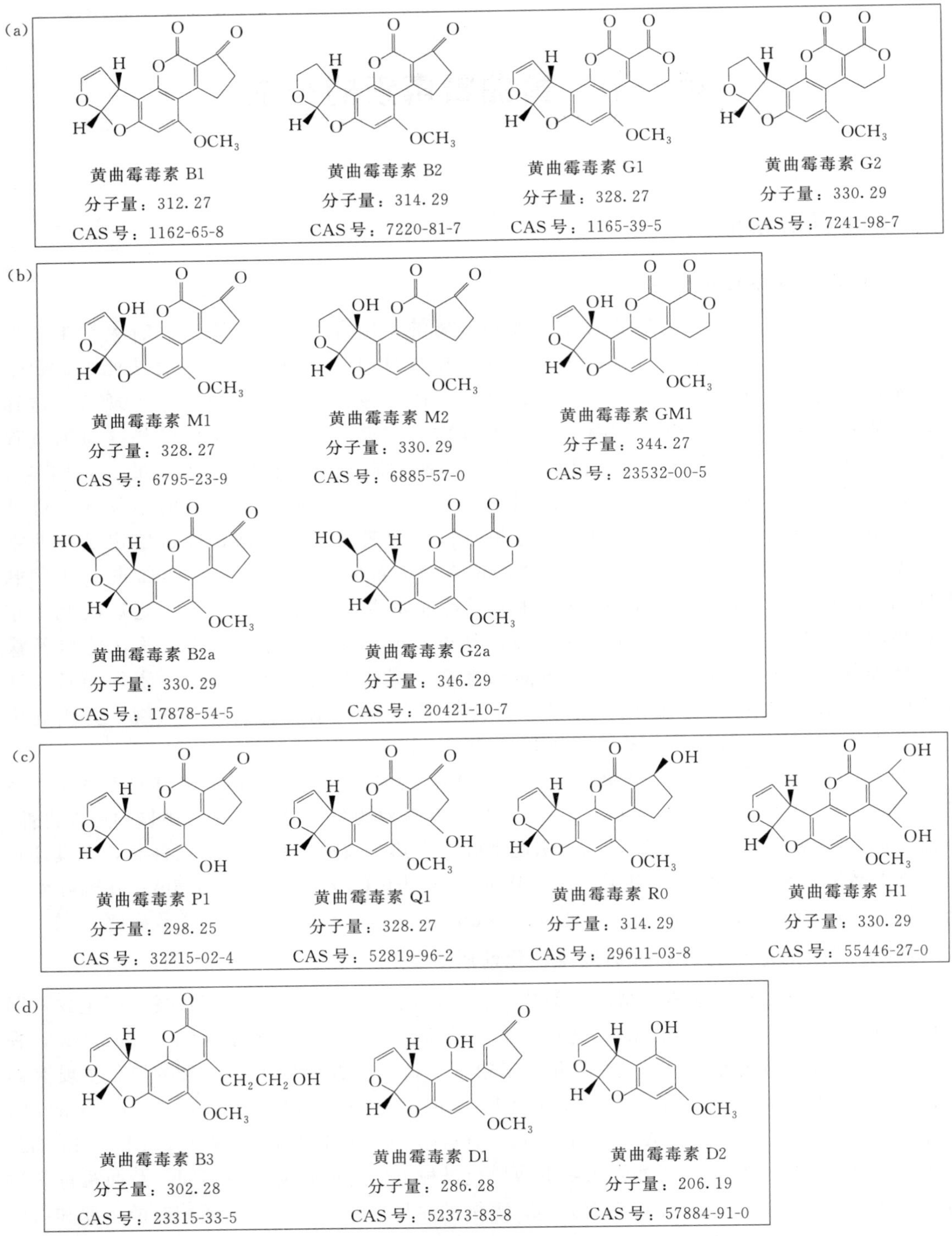

图 6.1 黄曲霉毒素及其衍生物的化学结构式

AF 是无色、无味、无臭的晶体物质，易溶于甲醇、乙醇、丙酮、氯仿、乙腈和二甲基甲酰胺等有机溶剂，不溶于正己烷、石油醚和乙醚，微溶于水，在水中的溶解度为 10～20mg/L。AF 的分子量为 312～346，熔点为 200～300℃。由于结构上含有大环共轭体系，AF稳定性非常强，耐高温，一般的加热处理温度基本不会破坏AF的基本结构，是目前已知最稳定的一类真菌毒素[20]。紫外线对低浓度AF有一定的破坏性，但不能改变其内部结构，当外部的反应条件去除，又能恢复到原来状态，所以紫外线对其影响是可逆的。AF在氯仿或苯溶液在避光、低温条件下可稳定保存数年。在中性及酸性溶液中较稳定，在pH值9～10的强碱溶液中AF的内酯环将会被破坏，生成无毒的钠盐，荧光也随着消失。AF能被一些氧化剂（双氧水、氯气、二氧化硫和次氯酸等）破坏。因此在试验中常采用碱性的次氯酸钠溶液处理接触AF的器皿和试验材料，以达到消毒的目的[23]。在自然条件下，食品中污染的AF稳定性很强，受到AFB1重污染的稻谷，室温下自然存放可长达20多年而AFBI不分解[24]。几种常见AF的理化性质见表6.1。

AFB2和AFG2分别是AFB1和AFG1的双氢基衍生物，而AFM1和AFM2分别是AFB1和AFB2的羟基衍生物。在酸性条件下，水分子通过酸催化反应结合到呋喃环的双键上，AFB1和AFG1转化成AFB2a和AFG2a。毒素分子结构中有两个活性位点，对其毒性作用非常重要，一个是呋喃环8、9位置的双键，此位点容易和DNA、蛋白质及其它物质结合，从而改变其正常生理生化功能，导致细胞在分子和细胞水平产生毒性作用。AFB1和AFG1呋喃环上有8、9位置的双键，其致癌和致突变活性要远远强于没有8、9位置的双键的AFB2和AFG2[25]。另一个位点是香豆素上的内酯环，内酯极易水解，容易受到其它分子的攻击。

表6.1　几种常见黄曲霉毒素的理化性质

Aflatoxin	分子式	分子量	熔点/℃	紫外吸收值		红外吸收值 $CHCl_3$/(cm^{-1})	当激发光为365nm时，荧光发射波长/nm
				$\lambda_{最大}$/nm	摩尔消光系数 ε		
B1	$C_{17}H_{12}O_6$	312	268～269	223 265 362	25600 13400 21800	1760 1634 1632 1598 1562	425
B2	$C_{17}H_{14}O_6$	314	286～289 306～309	222 265 362	19800 9200 11700	1760 1685 1625 1600	425
G1	$C_{17}H_{12}O_7$	328	244～246	243 257 264 362	11500 9900 10000 16100	1760 1695 1630 1595	450
G2	$C_{17}H_{14}O_7$	330	237～240	21 245 265 365	28000 12900 11200 19300	1760 1694 1627 1597	450
M1	$C_{17}H_{12}O_7$	328	299	220 265 362	23100 11600 19300	3425 1760 1690	425
M2	$C_{17}H_{14}O_7$	330	293	220 265 362	20000 10900 21000	3350 1760 1690	—

二、黄曲霉毒素的产生及污染状况

(一) 黄曲霉毒素的产生

AF 主要由黄曲霉（*A. flavus*）、寄生曲霉（*A. parasiticus*）、溜曲霉（*A. tamarii*）和集蜂曲霉（*A. nonius*）等产生，在农业生产中，黄曲霉和寄生曲霉是主要产黄曲霉毒素的两种菌株。黄曲霉是世界范围内空气和土壤中微生物群落的主要成分之一，研究发现，该菌在温度为 6～47℃，相对湿度为 80%～90%的环境中都能生长，尤其在温度为 24～30℃，相对湿度为 85%～90%的条件下，产毒量最高[26,27]。黄曲霉极易在水果等食品上定殖、生长，一旦遇到适宜的环境条件便会大量产生 AF。不同的曲霉菌株合成 AF 的能力差异较大，比如毒性黄曲霉菌株只能特异性产生 AFB1 和 AFB2，但是大多数寄生曲霉菌株可以产生所有 4 种类型的 AF。主要易受黄曲霉和寄生曲霉侵染的农产品包括玉米、花生、棉籽、水稻、坚果、咖啡豆以及水果等。果品中 AF 污染多发于一些热带及亚热带地区，因为其温度和湿度等环境条件更适于曲霉的生长及产毒。常见的易受黄曲霉毒素污染的果实有花生、开心果、巴西坚果、无花果、枣子等，这些作物多在收获前或收获期就被病原真菌侵染而污染毒素，如果采后贮藏不当，如温度和湿度过高均会为曲霉菌的生长和产毒提供条件[28]。

在实验条件下，多种水果都可以被黄曲霉侵染，并产生 AF，包括无花果、枣子、柑橘、菠萝、杏子、樱桃、黑莓、草莓、葡萄等[29]。而在自然条件下，AF 污染仅在无花果、开心果、枣子和柑橘等生长在高温地区的果实中有报道[30～32]。其中，无花果是最易受 AF 污染的水果之一，因为它的化学成分和内部的空腔结构更易于黄曲霉的侵入和定殖[33]。开心果中 AF 污染通常是由于采前侵染了产毒真菌。开心果果实成熟到一定阶段时外部的硬壳会裂开，而硬壳过早开裂会加剧病原真菌的侵染和毒素污染。Dargahi 等[34] 研究发现，采前提前开裂的开心果中 AFB1 的含量是正常果实的 5 倍（提前开裂的开心果 AF 含量为 10.2ng/g，正常果实 AF 含量为 1.8ng/g)。

(二) 影响果蔬中黄曲霉毒素产生的因素

AF 的产生是一个复杂且容易受外界因子影响的过程。因此，了解不同外界因子对黄曲霉毒素合成的调控作用，对解析黄曲霉毒素的控制原理、最大程度避免毒素产生具有重要的理论和实践意义。环境温度和湿度、pH 值、营养成分、采前及采后处理措施均会对 AF 的合成产生影响。

1. 温度和湿度

黄曲霉菌的最佳产毒温度为 25～30℃，随着温度的升高，产毒量降低，当温度达到 37℃时，完全不产生毒素。对 28℃和 37℃ 下黄曲霉菌的基因芯片数据进行比较，发现 144 基因有差异表达，其中 37℃ 下大部分黄曲霉毒素合成相关基因的表达受到抑制[35]。Liu 等[36] 发现，37℃条件下 aflR 的转录水平以及 aflR 蛋白表达量均显著降低，这表明高温下毒素相关基因转录水平的降低可能是因为调控蛋白的低水平表达。

Alderman 等[37] 研究了在完整的柑橘类果实表面 RH 对 AF 产量的影响，分别在葡萄柚、柠檬、酸橙和甜橙表面接种寄生曲霉孢子，然后在 27℃不同湿度条件下保存 14 天，结果发现 RH 低于 66%时抑制了寄生曲霉的生长和 AF 合成，在 66%～93%的湿度条件下霉菌生长旺盛，并且在果实内部可以检测到 AF 污染。

2. pH 值

黄曲霉菌和寄生曲霉菌在比较宽的 pH 值范围内都能生长，最适宜生长的 pH 值为 5～8。Reddy 等[38] 发现，黄曲霉菌在 pH 值为 4.5 时毒素产量最高。Buchanan 等[39] 则发现，当培养基初始 pH 值大于 6 时有利于合成 AFG1，小于 6 时有利于合成 AFB1。还有研究发现在碱性环境下毒素合成相关基因的转录明显下调[40]，而在以酪蛋白为底物进行培养时，酸性和碱性条件都能促进 AF 的合成[41]，说明 pH 值对 AF 合成的影响依赖于培养基成分。

3. 营养成分

黄曲霉毒素的积累依赖于培养基中氮源、碳源的浓度、组成及种类。Bennett 等[42] 研究发现培养基中高浓度的葡萄糖可以促进黄曲霉毒素的合成。Mateles 等[43] 发现在合成培养基中含有 1%的蔗糖、葡萄糖或果糖条件下黄曲霉可以正常生长，但是不能合成 AF。Davis 等[44] 发现当培养基中蔗糖浓度从 10%提高到 20%时，AF 产量也增加了 1 倍。另外，蛋白胨和酵母提取物可以刺激黄曲霉菌产毒，但不利于寄生曲霉产毒[45]。

果实的化学成分也会影响产毒真菌的生长及 AF 的合成，其中可溶性固形物含量是影响 AF 合成的主要因素。Alderman 等[46] 研究了葡萄柚汁的化学成分对 AF 合成的影响，发现 AF 产量随着果汁中可溶性固形物含量的增加而增加，其中黄曲霉合成更多的 AFB1 而寄生曲霉合成更多的 AFB1、AFB2、AFG1 和 AFG2。葡萄柚果皮比果汁更利于毒素合成，可能是由于果皮含有更多的碳水化合物和含氮物质。

4. 采前及采后处理

枣子中的研究结果表明，早熟品种比晚熟品种更易受 AF 污染[47]，且成熟早期采收并且在高湿度条件下贮藏的枣子更易污染 AF。Shenasi 等[31] 发现刚采收的枣子中检测不到 AF，而在 30℃，98%湿度条件下贮藏 14 天后，则可以检测到 AFB1，特别是提前采收的枣子中毒素污染更为严重。此外，昆虫、鸟类或采收时造成的机械损伤会使果实更易受产毒真菌侵染，从而加重 AF 污染[47]。在干燥和包装前剔除腐烂或损伤的枣子可以降低 AF 污染的概率。

无花果通常生长在温度较高的地区（27～30℃），且其果实中含有较多的碳水化合物，从而使其更易受真菌侵染和毒素污染。无花果中的 AF 污染通常开始于采前并且在采收和贮藏过程中继续发生。未成熟的无花果对黄曲霉侵染具有抗性，但是随着果实成熟软化抗性消失[39]。黄曲霉可以通过直接穿透无花果果皮或从自然孔口和伤口侵入的方式来侵染果实[33,39]。无花果主要有鲜食和干制两种食用方式，一般在成熟但未彻底干燥的无花果果实上最易感染黄曲霉[48]。无花果采收时如遇高湿和降雨天气，果实中 AF 积累量将会大量增加[49]。采收时采用人工采收，采收后尽快使用太阳能干燥器等设备进行干燥可以有效降低无花果干中的 AF 污染水平[50]。在无花果贮藏过程中，将相对湿度降到 80%以下，并保持贮藏环境干燥可以抑制 AF 的合成[51]。无花果干中的 AF 会在紫外线下呈现明亮的青黄色，在工业大规模生产中，可以根据这一现象有效地区分染毒和健康的无花果，从而降低 AF 污染水平[21]。然而这一技术仅能对表皮染毒的果实进行筛选，而不能有效识别内部污染毒素的果实[51]。

（三）黄曲霉毒素污染状况

玉米、水稻、棉籽等农作物的 AF 污染是一个全球性的问题，并且目前已有大量相关的研究。近 20 年水果中 AF 污染问题逐渐开始受到关注。水果中 AF 污染常发生于热带和亚热带地区，因为其气候条件利于产毒真菌的生长和 AF 的合成。已经报道的在自然条件下易被 AF 污染的新鲜及干制果品包括无花果、枣子、柑橘类、葡萄干和坚果等。目前已在埃及、西班牙、土耳其、印度、英国等国家进行了水果及其制品中 AF 污染状况的调查。Özay 等[52] 发现在土耳其市售干制无花果中，AFG1 和 AFB1 的污染量分别达到 78ng/g 和 63ng/g。Doster 等[33] 调查了加利福尼亚州新鲜无花果中产毒真菌及毒素污染状况，发现 83%的样品侵染了寄生曲霉，而 32%的样品侵染了黄曲霉；侵染寄生曲霉的无花果可检测到 AFB 和 AFG 两类毒素污染，而侵染了黄曲霉的无花果只能检测到 AFB；还发现在侵染黄曲霉的单个无花果果实中 AF 含量高达 1800～9600mg/kg，侵染寄生曲霉的无花果果实中 AF 含量高达 17900～77200mg/kg。Senyuva 等[53] 调查了 2003～2006 年从土耳其出口的干制无花果中 AF 污染情况，发现约 4%的样品污染了 2ng/g 以上的 AFB1，约 5.1%的样品中 AF 含量在 4ng/g 以上。Sharma 等[54] 报道，在印度购买的温柏切片中含有大量的 AFB1（为 96～8164ng/g）。另外一项在阿联酋的调查表明，枣子中 AFB1 和 AFG1 的含量分别高达 113mg/kg 和 133mg/kg[55]。Baltaci 等[56] 调查了土耳其出口的榛子中 AF 污染情况，发现 3188 份样品中全部有 AF 检出，其中 41 份样品中 AF 含量超过限量标准，榛仁中 AF 含量为 0.02～78.98μg/kg。Olaniran 等[57] 调查了尼日利亚西南部 25 个市场中橙子的发病及毒素污染状况，从发病腐烂的橙子中共分离出 14 株致病菌，其中黄曲霉的检出率最高，并且所有的橙子样品中都检测到了 AF 污染。Bagwan[58] 在发病的木瓜上分离到 15 株黄曲霉菌，其中有 11 株在自然发病条件下可以大量合成 AF（97.5～553.1μg/kg）。

我国果品中花生受 AF 污染最为严重。李娟[59] 对我国 12 个省份花生中 AF 的污染情况进行调查，发现 2009 年中国花生黄曲霉毒素污染普遍，东北产区和北方产区的阳性率分别高达 42.37%、22.40%，长江流域产区花生黄曲霉毒素阳性率为 37.83%，南方产区更是高达 83.15%。王君等[60] 检测了重庆、福建、广东、广西等八个地区的市售花生、核桃、松子等 284 份样品中黄曲霉毒素的污染情况。结果显示，广西、江苏、重庆污染尤为严重，花生受 AF 污染最为明显。在所有的样品中 AFB1 的污染频率最高，15.15%的花生样品中所含 AFB1 超过我国的限量标准。

第二节　黄曲霉毒素的毒性及限量

一、黄曲霉毒素的毒性及毒性机理

（一）AF 的毒性

几种常见 AF 的毒性顺序：AFB1＞AFM1＞AFG1＞AFB2＞AFM2＞AFG2。食品中以 AFB1 污染最常见，其毒性也最强。AFB1 是迄今为止所发现的毒性和致癌性最强的物质之一，它不仅具有强烈的肝脏毒性和致癌性，而且能对机体的造血机能、消化机能和免疫系统等产生不良影响。动物个体对 AF 的敏感性与动物种类、年龄、性别、营养状况等因素有关，家禽对 AFB1 最为敏感，其次是仔猪和母猪，牛羊等反刍动物耐受力较强；另外，雄性较雌性动物更为敏感[61]。

1. 抑制畜禽生长发育，导致代谢紊乱

动物 AFB1 中毒后，可导致体重和进食量下降。Huff 等[62] 研究表明，2.5mg/kg AFB1 污染能够显著降低肉仔鸡体重和血清中白蛋白、总蛋白、磷的水平，显著降低了肝脏中乳酸脱氢酶活性，提高了肝脏血脂浓度。Allameh 等[63] 研究表明，2mg/kg AFB1 会显著降低肉仔鸡的采食量和体增重，导致肉仔鸡血清中胆固醇、总蛋、白蛋白、尿酸、碱性磷酸酶含量下降。刘艳丽等[64] 发现 AFB1 中毒会使雏鸭出现食欲废绝、精神委顿、腿软跛行、运动失调、呼吸困难、死亡等临床症状。

2. 肝脏及其它脏器损伤

AFB1 的靶器官是肝脏，症状包括坏死和出血在内的急性肝病和其它形式的肝病，如脂肪浸润、弥漫性肝纤维化、胆管空泡变性和细胞增生，以及与肝功能相联系的临床生化指标的改变等。Allameh 等[63] 研究显示，AFB1 导致肉仔鸡肝脏肥大、纤维化、变色，病理学检查发现肝细胞脂肪颗粒弥散、胆管肥大。Tessari 等[65] 研究发现，AFB1 会引起肉仔鸡胆管内细胞沉积及其周围炎症细胞异嗜性渗出，以及肝细胞不规则沉积回缩，肝脏出现坏疚点，炎症细胞渗出。刘艳丽等[64] 研究显示，AFB1 能够导致雏鸭多个组织器官发生不同程度的病变，剖检发现肝脏和肾脏肿大、色淡，肾脏和心脏有出血点；病理组织学发现肝脏和肾脏严重颗粒变性，胆管组织增生，脾红髓淤血，脑膜水肿，十二指肠黏膜上皮脱落，胰外分泌腺上皮细胞颗粒性变性等症状。

3. 对免疫系统的损伤

AFB1 对动物的毒性包括强烈的免疫抑制，使动物抗病力降低。AFB1 能够抑制动物体液免疫和细胞免疫机能，降低吞噬细胞吞噬能力，并且还能够通过母系代谢转移到子代动物体内，对子代动物免疫功能造成不良影响[66]。AFB1 能够抑制蛋白质合成而减少抗体的产生，降低淋巴细胞数量[67]。Qureshi 等[68] 研究发现，经由母体转移至胚胎的 AFB1 残留影响了胚胎细胞的分化和成熟进程，从而降低了淋巴细胞和巨噬细胞的活性，抑制了抗体的产生。

4. 致癌性

人类流行病学研究表明，长期暴露于 AFB1 与肝癌发生有明显的关系，AFB1 还能诱发胃癌、肾癌、直肠癌以及乳腺、卵巢等部位的肿瘤。经口染毒 AFB1 可导致大白鼠肝癌、胃癌、结肠黏蛋白腺癌和肾癌，导致松鼠产生肝癌，仓鼠产生胆管癌，猴子产生肝血管瘤、骨恶性瘤、胆囊和胰腺黏蛋白癌、肝癌、胆管癌。对孕鼠腹腔注射 AFB1 可引起母鼠及后代的肝脏和其它部位肿瘤。通过皮下注射，还可引起大白鼠和小鼠产生肉瘤[69]。

5. 遗传毒性

AFB1 具有强烈的遗传毒性，能导致动物细胞染色体畸变、姐妹染色体交换、非程序 DNA 合成、DNA 断裂、形成 DNA 加合物等遗传性损伤[70]。Gratz 等[71] 采用碎裂 DNA 分析实验检测了体外条件下 AFB1 对 Caco-2 细胞的遗传性影响，结果显示 AFB1 导致 Caco-2 细胞碎片增加，DNA 发生了断裂。洪振丰等[72] 研究了 AFB1 对小鼠遗传损伤的诱发作用，表明 AFB1 能够增加小鼠骨髓细胞出现微核和染色体畸变的比例，提高小鼠骨髓细胞姐妹染色交换频率。Sheen 等[73] 采用非程序 DNA 合成实验对 AFB1 遗传毒性的研究表明，AFB1 造成了大鼠肝脏原代细胞 DNA 损伤，从而导致 DNA 在细胞周期非 S 期合成增高。

（二）黄曲霉毒素毒性作用的机制

1. 阻断呼吸链，抑制 ATP 产生

AFB1 是一种解偶联剂，能够有效地抑制电子传递和 ATP 酶的活性[74]。AFB1 可抑制组织对氧的吸收，抑制肝脏线粒体电子传递链上细胞色素 b 向 c 或 c1 的电子传递，使呼吸链断裂，氧化磷酸化解偶联，从而导致细胞内 ATP 缺乏；AFB1 还影响细胞色素氧化酶的水平。

2. 抑制核酸、蛋白质等生物大分子的合成

核酸、蛋白质等生物大分子是构成生命的基础物质，它们在体内的运动和变化体现着重要的生命功能。AFB1 能够抑制细胞内大分子的生物合成，如抑制 DNA 复制、RNA 转录及蛋白质翻译等。AFB1 与 DNA 共价结合会导致 DNA 模板活性改变，与蛋白质的结合会导致 DNA 合成过程中某些酶的失活，从而干扰 DNA 复制[74]。

3. 对激素的影响

激素对动物代谢和生理活动起着重要的调节作用，是动物生命活动的重要物质。类固醇激素通过特异性地与细胞膜受体蛋白和靶细胞膜非共价结合来调节细胞功能，激素-受体复合物被转运进入细胞核并与染色质上的受体位点结合来诱导特定基因的转录。AFB1 能与 DNA 共价结合（尤其是与鸟嘌呤结合），从而减少激素受体复合物在核内的受体位点，进而降低激素活性。已知 AFB1 能够减少大鼠肝脏中肾上腺糖皮质激素与其胞液受体复合物在核内的受体位点，但不影响激素与其受体的结合[74]。

4. 致癌作用机制

AFB1 是一种前致癌物，有良好的亲肝性，在未经过代谢活化之前是无致癌性的，它必须通过在生物体内进行生物转化形成活性中间体才具有致癌性。因此，其进入体内后首先在肝脏细胞内聚集，随后经 p450 作用转变为近致癌物 8，9-环氧 AFB1（AFBO）。AFBO 极易和 DNA 链上鸟苷残基上的 N7 位点结合，形成 AFBO-DNA 加合物，部分可以在谷胱甘肽转移酶等作用下转化为无毒物排出体外，绝大部分残留在体内导致基因突变和癌症的发生。值得一提的是，AFB1 可诱使 p53 基因中 249 号密码子的第三位碱基 G 突变成 T，而且其突变频率与 AFB1 暴露程度呈正相关，目前该突变点已被视为 AFB1 突变点，并成为各个肝癌发病地区的一个流行病学指标[75]。

二、黄曲霉毒素的限量标准

AFB1 的污染已经成为一个全球性的食品安全问题，严重威胁到人类的饮食安全，即使在非致害水平下，也会对健康产生潜在危害。加之近年来食品安全事件频繁发生，因此，世界很多国家和地区都制定了黄曲霉毒素的限量标准。1966 年，联合国粮食和农业组织（FAO）和世界卫生组织（WHO）首次对食品中 AF 限定了最高允许量，迄今已超过 100 个国家和地区为不同食品中 AF 制定了各种限量标准。随着检测技术的不断进步，限量标准有逐渐降低的趋势。例如，FAO 和 WHO 于 1966 年制定的食品中 AFB1 最高允许量为 30μg/kg，1970 年该标准降至 20μg/kg，1975 年继续降低至 15μg/kg；欧盟则于 1998 年将进口花生的 AFB1 限量标准从 20μg/kg 降至 4μg/kg，2005 年欧盟新的限量标准规定，在婴幼儿食品以及具有特别医疗目的婴儿食品中，AFB1 的最高限量为 0.1μg/kg。1995 年世界卫生组织规定婴儿食品中不得检出 AFB1[76]。英国在 1993 年规定，可食用的农产品中的 AFB1 最高含量标准为是 4μg/kg，进口农产品中需要进一步加工的最高含量标准为 10μg/kg。美国相关法律规定食品中总黄曲霉毒素含量（AFB1＋AFB2＋AFG1＋AFG2）不能超过 15μg/kg，欧盟国家的法律规定更加严格，要求食品中黄曲霉总量不超过 4μg/kg[77]。

由于坚果是最易受 AF 污染的果品，世界很多国家都对坚果中 AF 含量有明确要求，特别是对 AFB1 含量和 AF 总含量（图 6.2）。无论是从毒性还是发生概率上看，AFB1 都是 AF 中最重要的一种。一般情况下，坚果中如果存在 AFB2、G1 和 G2，那么必定会存在 AFB1，并且 AFB2、G1 和 G2 的总含量通常低于 AFB1 的含量。基于 AF 潜在的致癌性，许多国家（如欧洲国家）对坚果中 AFB1 和 AF 总量都做了限量要求，并且通常限量都比较

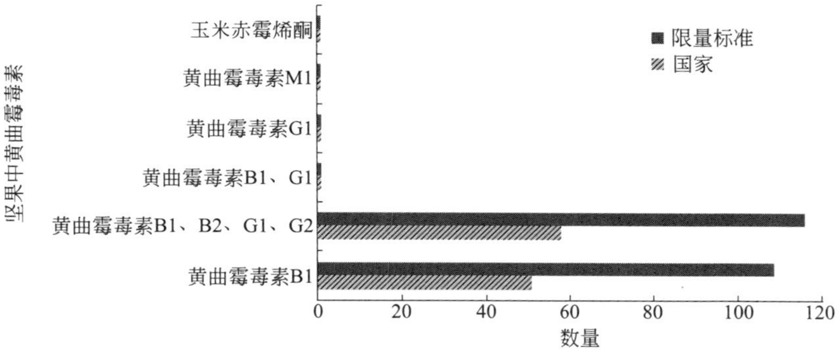

图 6.2　世界范围内对坚果中黄曲霉毒素含量制定限量标准的国家数目及制定的限量标准数目

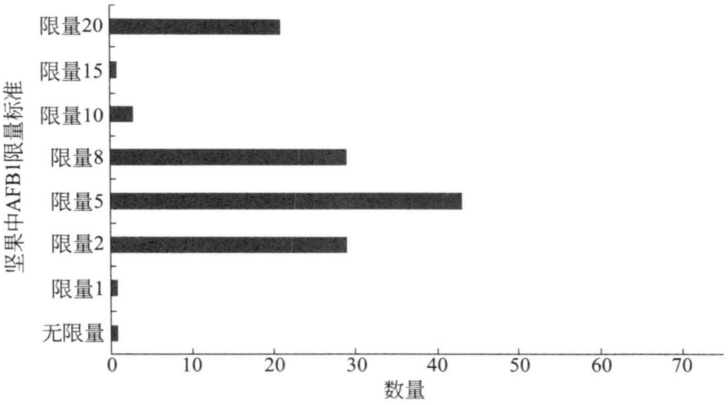

图 6.3　世界范围内所制定的坚果中 AFB1 不同限量标准（μg/kg）的数量

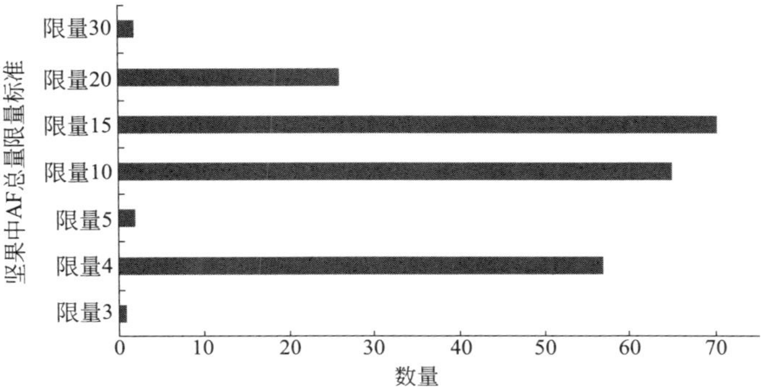

图 6.4　世界范围内所制定的坚果中 AF 总量（AFB1＋AFB2＋AFG1＋AFG2）不同限量标准（μg/kg）的数量

低。坚果中 AFB1 的限量范围在 1～20μg/kg（图 6.3），AF 总量（AFB1＋AFB2＋AFG1＋AFG2）的限量范围稍高，约 3～30μg/kg（图 6.4）。

第三节 黄曲霉毒素的合成及代谢

一、黄曲霉毒素的生物合成

一般情况下，真菌的初级代谢产物形成后才积累形成次级代谢产物。AF 是细胞增殖过程中形成的初级代谢产物经聚酮化合物开始途径产生的。AFB1 和 AFG1 的化学结构均含有二氢二呋喃环，而 AFB2 和 AFG2 的化学结构均含有四氢二呋喃环。O-甲基杂色曲霉素（OMST）是合成 AFB1 和 AFG1 的前体，二氢-O-甲基杂色曲霉素（DHOMST）是合成 AFB2 和 AFG2 的前体。合成 OMST 与 DHOMST 的共同前体是杂色曲菌素 B[78]。黄曲霉毒素生物合成的初级阶段与脂肪酸的生物合成类似，即合成途径的起始单位是乙酰辅酶 A（CoA），在聚酮化合物合成酶的催化下，延长单位是丙二酸单酰 CoA。由脂肪酸合成酶 Fas-1、Fas-2 以及Ⅰ型聚酮合酶 Pks A 催化形成的 NOR 是整个合成路径中第一个稳定的中间体[79]。之后经过 Nor-1、Avn A、Adh A、Est A 和 Vbs 等一系列酶依次催化后生成 Ver B。Ver B 是一种重要的中间产物，可以按照不同的分支继续合成形成 AFB1 和 AFB2。在 AFB1 的合成路径上 Ver B 催化形成 Ver A。Ver A 在动物机体内可以被氧化成具有诱变性、致癌性和细胞毒性的高毒性环氧化物，是 AFB1 具有高毒性的原因。Ver A 经过一系列催化形成 OMST，最终在 Ord A 的催化下形成 AFB1。近年来 3 种新的催化酶 Hyp C、Hyp B 和 Nad A 相继被发现，使得对黄曲霉毒素代谢路径的认识更加完善。

自从 20 世纪 60 年代发现黄曲霉毒素后，1992 年首次从寄生曲霉中分离得到与 AF 生物合成相关的基因 *afl D*（*ver-1*），之后的几十年研究人员对黄曲霉毒素合成途径特别是在黄曲霉毒素合成的调控机制上进行了大量研究，又发现了 nor-1（afl D）、ord-1、afla-2（afl R）、ord-2 和 omt A 等编码合成路径上的酶所需要的基因[80]。截止到 2002 年，在黄曲霉毒素生物合成过程中共有 15 个前体化合物被发现。一直到 2004 年，完整的黄曲霉毒素生物合成过程中相关的基因被报道。目前已经证实，寄生曲霉菌和黄曲霉菌作为产生 AF 的代表性菌株，它们具有相似度很高的生存环境，其控制 AF 生物合成的相关基因均在一条染色体上，它们成簇排列在一个 75kb 大小的片段上，包含 25 个基因，从左向右转录的基因有 14 个，从右向左转录的基因有 11 个。并且发现它们在染色体上的物理分布位置与其表达产物在 AF 生物合成过程中与催化反应的前后顺序一致[80]。

afl R（aflatoxin biosyntheric pathway regulatory gene，afl R）是黄曲霉毒素合成过程中涉及的最重要的调节基因，它编码一个分子量为 47kDa 具有锌指结构的 DNA 结合蛋白，黄曲霉毒素基因簇上大多数结构基因的转录活性受它的激活。afl D、afl M 和 afl P 结构基因的转录都可被 afl R 激活，也就是说这些结构基因的转录依靠 afl R 基因的转录[81]。也正因为此，afl R 被认为是 AF 生物合成过程中的转录激活子，其对寄生曲霉菌和黄曲霉菌的 AF 的生物合成在转录水平上起调节作用。其它的结构基因，如 ord-1、ord-2、pks A、uvm8 和 aad 可能也在转录水平上受到 afl R 的调节。

除了重要的调节基因外，其它结构基因（ver-1、afl D、ord-1、ord-2 和 omt-1）在黄曲霉毒素合成过程中也是很重要的角色。afl D 基因又称为 nor-1 基因，它编码 29kDa 分子量的降散盘衣酸酮还原酶。该酶的作用是在 AF 的生物合成中是将 NA 催化为 AVN[82]。NA 是在 AF 合成过程中由一个乙酰基和 9 个丙二酸单体在聚酮合成酶催化下合成，是第一个被证明的在 AF 生物合成途径中化学性质很稳定的中间代谢产物。Chang 等[83]研究表明寄生曲霉菌中 nor-1 基因的缺失会导致 NA 化合物的积累，NA 化合物是黄曲霉毒素的重要中间物，从而证明了 nor-1 基因在黄曲霉毒素合成中起到了重要的作用。omt-1 基因在 AF 生物合成过程中的主要作用是编码调控柄曲霉素转甲氧基酶，进而转化为 AF 的前体 O-甲基柄曲霉素，基因 ver-1 的表达产物的作用则是编码杂色曲霉素 A 脱氯酶，进而在 AF 生物合成过程中转化为柄曲霉素，此过程至少包括 5 个反应步骤，是相当复杂的一个反应过程。afl O 基因在 AF 生物合成过程中的主要作用是催化脱甲基杂色曲霉毒素，进而转化为杂色曲霉素，该基因最开始是从黄曲霉菌株中克隆出来的，主要的作用是编码一个分子量 10kDa 的甲基转移酶[84]。afl P 基因在黄曲霉毒素生物合成过程中主要是将杂色曲霉素转化成 O-甲基杂色曲霉素，这两个反应的完成将决定 AF 生物合成的最终产物[85]。

二、黄曲霉毒素在生物体内的代谢

AFB1 在没有经过代谢活化之前的母体化合物无致癌性，当其在生物体内转化为活性中间体后才具有强致癌性[86]。摄入含 AFB1 的饮食后，大部分的 AFB1 在体内会被肠道系统直接吸收，主要是被十二指肠吸收并经门静脉转入肝脏进行代谢，而未被吸收的部分会随排泄系统排出体外。在摄食 0.5～1h 后，肝脏内含量最高，以后逐渐减少，至 24h 仅微量残留。除了肝脏，在肾脏、心脏、脾脏、肺脏、肌肉中也有极少量的残留，但脂肪中没有残留。进入肝脏后，在肝细胞细胞色素 P450 的作用下，AFB1 被氧化为 AFM1、AFP1、AFQ1 和 AFL，AFB1 的呋喃环双键还可发生环氧化形成 AFB1-endo-8,9-环氧化物和 AFB1-exo-8,9-环氧化物（AFBO）[61]。AFBO 的形成是 AFB1 在肝脏中活化代谢的关键一步，是 AFB1 毒性得以发挥的重要基础。exo-型环氧化物能与 DNA 的螺旋扭曲相匹配，通过巧妙的嵌入，在 DNA 大沟上作为一个强的亲电子体与鸟嘌呤残基的 N-7 位反应生成共价的加和产物而损伤 DNA，诱发肝细胞癌。AFBO-DNA 加合物最终从尿液中排泄。AFBO 还可以与蛋白质结合形成 AFBO-白蛋白加合物，而残留于血液中，其形式主要为 AFBO-赖氨酸加合物。尿中 AFB-DNA 加合物可反映新近暴露水平，而血清中 AFB-赖氨酸加合物在体内半衰期较长且与尿中 AFB-DNA 高度相关，可作为一种暴露生物标记物，反映累积及多重暴露水平。此外，AFBO 还可以在谷胱甘肽硫转移酶的作用下与谷胱甘肽结合生成 AFB-硫醇尿酸并随尿液排出[87]。黄曲霉毒素在生物体内的代谢过程如图 6.5 所示。

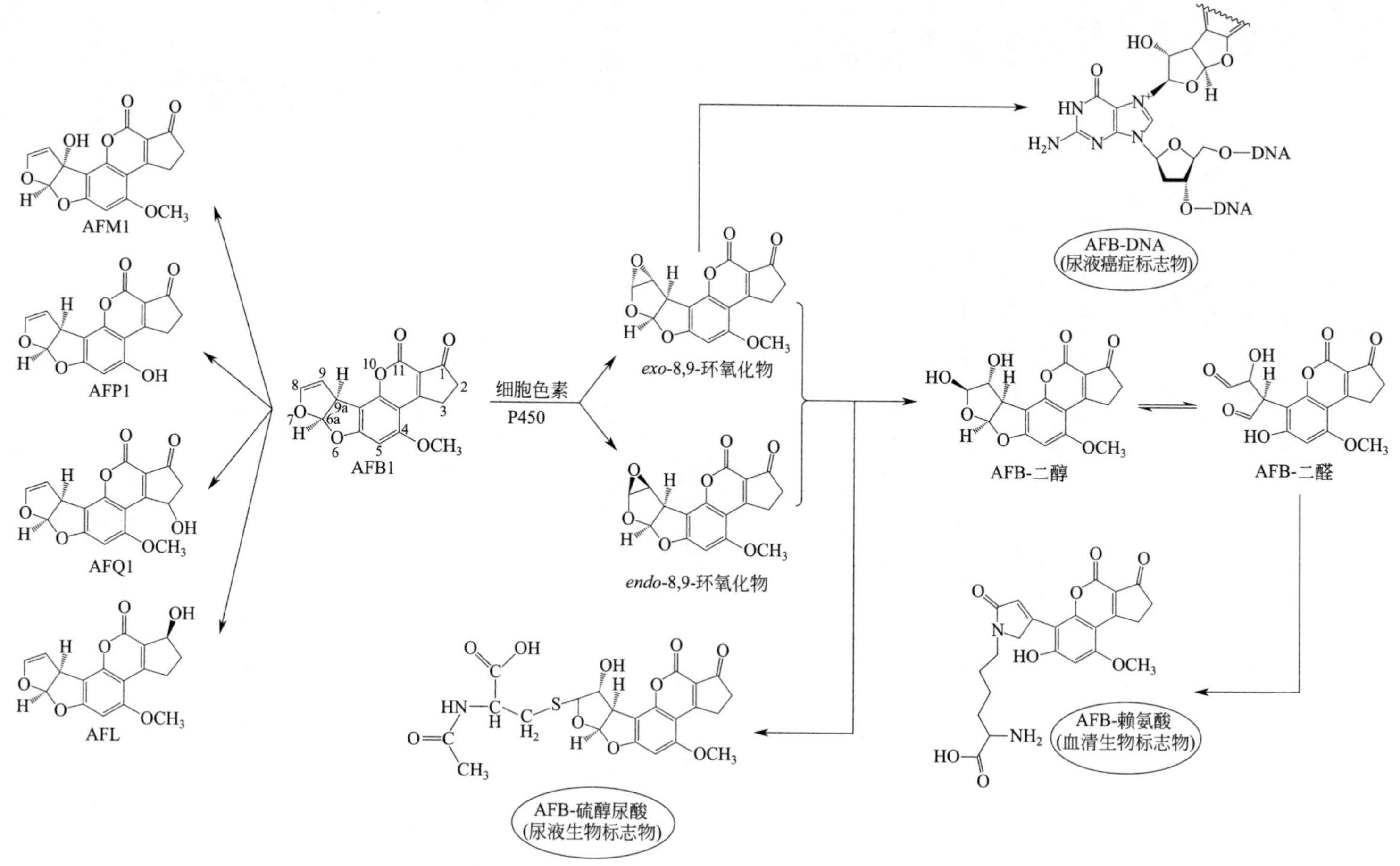

图 6.5 AFB1 在生物体内的代谢过程

参考文献

[1] Hassan G, et al. *Aspergillums flavus* and *Aspergillus parasiticus*: Aflatoxigenic fungi of concern in foods and feeds: A review. Journal of Food Protection, 1995, (58): 1395-1404.

[2] Carlson MA, et al. An automated, handheld biosensor for aflatoxin. Biosensors and Bioelectronics, 2000, 14 (10-11): 841-848.

[3] Jaimez J, et al. Application of the assay of aflatoxins by liquid chromatography with fluorescence detection in food analysis. Journal of Chromatography A, 2000, 882 (1-2): 1-10.

[4] Lancaster M, et al. Toxicity associated with certain samples of groundnuts. Nature, 1961, 192 (480): 1095-1096.

[5] Lillehoj EB, et al. *Aspergilus flavus* and aflatoxin in Iowa corn before harvest. Science, 1976, 193: 4252-4356.

[6] Singh P, et al. Fungal contamination of raw materials of some herbal drug sand recommendation of Cinnamomum camphor oil as herbal flingitoxicant. Microbial Ecology, 2008, 56 (3): 555-560.

[7] Asis R, et al. Aflatoxin Production in six peanuts (*Axaehis hypogaea* L.) genotypes infected with *Aspergillus flavus* and *Aspergillus parasiticus*, isolated from peanut production areas of Cordoba, Argentina. Journal of Agricultural & Food Chemistry, 2005, 53 (23): 9274-9280.

[8] Asao T, et al. The Structures of Aflatoxins B1 and G1. Journal of the American Chemical Society, 1965, 87 (4): 882-886.

[9] Ardic M, et al. Determination of aflatoxin B1 levels in deep-red ground pepper (isot) using immunoaffinity column combined with ELISA. Food and Chemical Toxicology, 2008, 46: 1596-1599.

[10] Massey TE, et al. Biochemical and molecular aspects of mammalian susceptibility to aflatoxin B1 carcinogenicity. Human & Experimental Toxicology, 1995, (28): 213-227.

[11] Kaniou-Grigoriadou I, et al. Determination of aflatoxin M1 in ewes milk samples and the produced curd and Feta cheese. Food Control, 2005, 16: 257-261.

[12] Shyu RH, et al. Colloidal gold-based immunochromatographic assay for detection of ricin. Toxicon, 2002, 40 (3): 255-258.

[13] Egner PA, et al. Chlorophyllin intervention reduces aflatoxin-DNA adducts in individuals at high risk for liver cancer. Proceedings of the National Academy of Sciences of the United States of America, 2001, 98 (25): 14601-10606.

[14] Ren Y, et al. Simultaneous determination of multi-component mycotoxin contaminants in foods and feeds by ultra-performance liquid chromatography tandem mass spectrometry. Journal of Chromatography A, 2007, 1143 (1-2): 48-64.

[15] Mayer Z, et al. Quantification of the copy number of nor-1, a gene of the aflatoxin biosynthetic pathway by real-time PCR, and its correlation to the cfu of Aspergillus flavus in foods. International Journal of Food Microbiology, 2003, 82: 143-151.

[16] Manonmani HK, et al. Detection of aflatoxigenic fungi in selected food commodities by PCR. Process Biochemistry, 2005, 40 (8): 2859-2864.

[17] Truckses MW, et al. Occurrence of aflatoxins and fumonisins in lncaparina form Guatemala. Food Addictives and Contaminants, 2002, 19 (7): 671-675.

[18] Gowda NKS, et al. Recent Advances for Control, Counteraction and A melioration of Potential Aflatoxins in Animal Feeds. Aflatoxins- Recent Advances and Future Prospects, 2013, 37-55.

[19] Han Z, et al. An ultra-high-performance liquid chromatography-tandem mass spectrometry method for simultaneous determination of aflatoxins B1, B2, G1, G2, M1, and M2 in traditional Chinese medicines. Analytica Chimica Acta, 2010, 664 (2): 165-171.

[20] Romas AJ, et al. Prevention of aflatoxicosis in farm animals by means of hydrate sodium calcium aluminosilicate addition to feedstuffs: A View. Animal Feed Sciencd Technology, 1997, 65: 11-16.

[21] Steiner WE, et al. Aflatoxin Contamination in Dried Figs: Distribution and Association with Fluorescence. Journal Agric. Food Chemistry, 1988, 36: 88-91.

[22] Stubblefield RD, et al. Aflatoxin M1: analysis in dairy products and distribution indairy foods made from artificially contaminated milk. Journal - Association of Official Analytical Chemists, 1974, 57 (4): 847-851.
[23] Detroy RW. Microbial Toxins. New York: Academic Press, 1971, 163-178.
[24] FAO FOOD and NUTRITION PAPER, ISBN 92-5-103395-1. Sampling plans for aflatoxin analysis in peanuts and corn. Rome, 1993, 5: 3-5.
[25] Koser PL, et al. The genetics of aflatoxin B1 metabolism. Association of the induction of aflatoxin B1-4-hydroxylase with the transcriptional activation of cytochrome P3-450 gene. Journal of Biological Chemistry, 1988, 263 (25): 12584-12595.
[26] Shotwell OL, et al. Production of Aflatoxin on Rice. Applied Microbiology, 1966, 14 (3): 425-428.
[27] Marin S, et al. Modelling *Aspergillus flavus* growth and aflatoxins production in pistachio nuts. Food Microbiology, 2012, 32 (2): 378-388.
[28] Han RW, et al. Survey of aflatoxin in dairy cow feed and raw milk in China. Food Control, 2013, 34 (1): 35-39.
[29] Llewellyn GC, et al. Susceptibility of strawberries, blackberries, and cherries to *Aspergillus* mold growth and aflatoxin production. Journal - Association of Official Analytical Chemists, 1982, 65 (3): 659.
[30] Emam OA, et al. Comparative studies between fumigation and irradiation of semi-dry date fruits. Molecular Nutrition & Food Research, 2010, 38 (6): 612-620.
[31] Shenasi M, et al. Microflora of date fruits and production of aflatoxins at various stages of maturation. International Journal of Food Microbiology, 2002, 79 (1-2): 113.
[32] Karaca H, et al. Aflatoxins, patulin and ergosterol contents of dried figs in Turkey. Food Additives & Contaminants, 2006, 23 (5): 502-508.
[33] Doster MA, et al. *Aspergillus* species and mycotoxins in figs from California orchards. Plant Disease, 1996, 80 (5): 484.
[34] Dargahi R, et al. Evaluation of aflatoxin B1 in different parts of pistachio fruit and effects of processing stages. Journal of food hygiene, 2014, 3 (15): 21-31.
[35] O'Brian GR, et al. The effect of elevated temperature on gene transcription and aflatoxin biosynthesis. Mycologia, 2007, 99 (2): 232.
[36] Liu BH, Chu FS. Regulation of aflR and its product, AflR, associated with aflatoxin biosynthesis. Applied & Environmental Microbiology, 1998, 64 (10): 3718-3123.
[37] Alderman GG, Marth EH. Experimental Production of Aflatoxin in Citrus Juice and Peel. Journal of Milk & Food Technology, 1974, 37 (6): 308-313.
[38] Reddy TV, et al. High aflatoxin production on a chemically defined medium. Applied Microbiology, 1971, 22 (3): 393-396.
[39] Buchanan RL, Ayres JC. Effect of initial pH on aflatoxin production. Applied Microbiology, 1975, 30 (6): 1050-1051.
[40] Keller NP, et al. pH Regulation of Sterigmatocystin and Aflatoxin Biosynthesis in *Aspergillus* spp. Phytopathology, 1997, 87 (6): 643.
[41] Jennie L, Marth EH. Aflatoxin formation by *Aspergillus flavus* and *Aspergillus parasiticus* in a casein substrate at different pH values. Journal of Dairy Science, 1968, 51 (11): 1743.
[42] Bennett J, et al. Identification of averantin as an aflatoxin B1 precursor: placement in the biosynthetic pathway. Applied and Environmental Microbiology, 1980, 39 (4): 835-839.
[43] Mateles RI, Adye JC. Production of aflatoxins in submerged culture. Applied Microbiology, 1965, 13: 208-211.
[44] Davis ND, et al. Production of Aflatoxins B1 and G1 by *Aspergillus flavus* in a Semisynthetic Medium. Applied Microbiology, 1966, 14 (3): 378.
[45] Davis ND, et al. Production of aflatoxins B1and G1 in chemically defined medium. Mycopathologia Et Mycologia Applicata, 1967, 31: 251-256.
[46] Alderman GG, Marth EH. Experimental Production of Aflatoxin on Intact Citrus Fruit. Journal of Milk & Food Technology, 1974, 37 (9): 451-456.

[47] Ahmed IA, et al. Susceptibility of Date Fruits (*Phoenix dactylifera*) to Aflatoxin Production. Journal of the Science of Food & Agriculture, 2015, 74 (1): 64-68.
[48] Boudra H, et al. Time of *Aspergillus flavus* infection and aflatoxin formation in ripening of figs. Mycopathologia, 1994, 127 (1): 29-33.
[49] Karaca H, Nas S. Aflatoxins, patulin and ergosterol contents of dried figs in Turkey. Food Additives & Contaminants, 2006, 23 (5): 502-508.
[50] Özay G, et al. Influence of harvesting and drying techniques on microflora and mycotoxin contamination of figs. Nahrung, 1995, 39 (2): 156-165.
[51] Drusch S, Ragab W. Mycotoxins in fruits, fruit juices, and dried fruits. Journal of Food Protection, 2003, 66 (8): 1514.
[52] Özay G, Alperden I. Aflatoxin and Ochratoxin — a contamination of dried figs (*Ficus carina* L) from the 1988 crop. Mycotoxin Research, 1991, 7 (2): 85-91.
[53] Senyuva HZ, et al. Aflatoxins in Turkish dried figs intended for export to the European Union. Journal of Food Protection, 2007, 70 (4): 1029-1032.
[54] Sharma YP, Sumbali G. Incidence of aflatoxin producing strains and aflatoxin contamination in dry fruit slices of quinces (*Cydonia oblonga*, Mill.) from the Indian State of Jammu and Kashmir. Mycopathologia, 2000, 148 (2): 103-107.
[55] Ahmed IA, Robinson RK. Selection of a suitable method for analysis of aflatoxins in date fruits. Journal of Agricultural & Food Chemistry, 1998, 46 (2): 580.
[56] Baltaci C, et al. Aflatoxin levels in raw and processed hazelnuts in Turkey. Food Additives & Contaminants Part B, 2012, 5 (2): 83-86.
[57] Olaniran O, et al. Survey of the postharvest diseases and aflatoxin contamination of marketed orange fruit (Citrus Sp.) in major cities in Oyo state, Nigeria. IOSR Journal of Agriculture and Veterinary Science, 2014, 7 (8): 27-31.
[58] Bagwan NB. Aflatoxin B1 contamination in papaya fruits (*Carica papaya* L.) during post harvest pathogenesis. Indian Phytopathology, 2011 (1).
[59] 李娟. 2009年中国十二省花生黄曲霉毒素污染调查及脱毒技术研究. 湖北大学, 2011.
[60] 王君, 刘秀梅. 部分市售食品中总黄曲霉毒素污染的监测结果. 中华预防医学杂志, 2006, 40 (1): 33-37.
[61] Mclean M, Dutton MF. Cellular interactions and metabolism of aflatoxin: an update. Pharmacology & Therapeutics, 1995, 65 (2): 163-192.
[62] Huff WE, et al. Individual and combined effects of aflatoxin and deoxynivalenol (DON, vomitoxin) in broiler chickens. Poultry Science, 1986, 65 (7): 1291.
[63] Allameh A, et al. Evaluation of biochemical and production parameters of broiler chicks fed ammonia treated aflatoxin contaminated maize grains. Animal Feed Science & Technology, 2005, 122 (3 - 4): 289-301.
[64] 刘艳丽等. 人工感染黄曲霉毒素雏鸭的病理学动态变化. 中国兽医科学, 2006, 36 (5): 396-400.
[65] Tessari EN, et al. Effects of aflatoxin B1 and fumonisin B1 on body weight, antibody titres and, histology of broiler chicks. British Poultry Science, 2006, 47 (3): 357.
[66] 陈兴祥, 黄克和. 黄曲霉毒素对畜禽免疫机能的影响. 中国兽医杂志, 2002, 38 (10): 33-35.
[67] Sur E, Celik I. Effects of aflatoxin B1 on the development of the bursa of Fabricius and blood lymphocyte acid phosphatase of the chicken. British Poultry Science, 2003, 44 (4): 558.
[68] Qureshi MA, et al. Dietary exposure of broiler breeders to aflatoxin results in immune dysfunction in progeny chicks. Poultry Science, 1998, 77 (6): 812-819.
[69] 张艺兵, 王岩. 黄曲霉毒素暴露评估报告. 检验检疫学刊, 2003, 13 (2): 28-29.
[70] Wang JS, Groopman JD. DNA damage by mycotoxins. Mutation Research/fundamental & Molecular Mechanisms of Mutagenesis, 1999, 424 (1-2): 167.
[71] Gratz S, et al. *Lactobacillus rhamnosus* strain GG reduces aflatoxin B1 transport, metabolism, and toxicity in Caco-2 cells. Applied & Environmental Microbiology, 2007, 73 (12): 3958-3964.

[72] 洪振丰等．茵陈蒿对黄曲霉毒素 B1 诱发的遗传损伤的影响．Journal of Traditional Chinese Medicine，1992（8）：44-45.

[73] Sheen LY，et al. Effect of diallyl sulfide and diallyl disulfide，the active principles of garlic，on the aflatoxin B（1）-induced DNA damage in primary rat hepatocytes. Toxicology Letters，2001，122（1）：45-52.

[74] Cullen JM，et al. Carcinogenicity of dietary aflatoxin M1 in male Fischer rats compared to aflatoxin B1. Cancer Research，1987，47（7）：1913.

[75] Gursoy-Yuzugullu O，et al. Aflatoxin genotoxicity is associated with a defective DNA damage response bypassing p53 activation. Liver International Official Journal of the International Association for the Study of the Liver，2011，31（4）：561-71.

[76] Trucksess MW，et al. Occurence of aflatoxins and fumonisins in Incaparina from Guaternala. Food Additives & Contaminants，2002，19（7）：671-675.

[77] Candlish AAG，et al. A surey of ethnic foods for microbial quality and aflatoxin content. Food Additives & Contaminants，2001，18（2）：129-136.

[78] Timothy SH，et al. Townsend hexanoate synthase，a specialized type Ⅰ fatty acid synthase in aflatoxin B1 biosynthesis. Bioorganic Chemistry，2001，29：293-307.

[79] Ehrlich KC，et al. Alteration of different domains in AFLR affects aflatoxin pathway metabolism in *Aspergillus parasiticus* transformants. Fungal Genetics and Biology，1998，(23)：279-287.

[80] Yu J，et al. Clustered pathway genes in aflatoxin biosynthesis. Applied and Environmental Microbiology，2004，70（3）：1253-1262.

[81] Klich MA，et al. Molecular and physiological aspects of aflatoxin and sterigmatocystin biosynthesis by *Aspergillus tamarii* and *A. ochraceoroseus*. Applied Microbiologyand Biotechnology，2005，(53)：605-609.

[82] Abdel HA，et al. Temporal monitoring of the nor-1 (aflD) gene of *Aspergillus flavus* in relation to aflatoxin B1 production during storage of peanuts under different water activity levels. Journal of Applied Microbiology，2010，109（6）：1914-1922.

[83] Chang PK，et al. Deletion of the Delta 12-oleic acid desaturase gene of a nonaflatoxigenic *Aspergillus parasiticus* field isolate affects conidiation and sclerotial development. Journal of Applied Microbiology，2004，97：1178-1184.

[84] Sweeney MJ，et al. The use of reverse transcription-polymerase chain reaction（RT-PCR）for monitoring aflatoxin production in *Aspergillus parasiticus* 439. International Journal of Food Microbiology，2000，56：97-103.

[85] Scherm B，et al. Detection of transcripts of the aflatoxin genes afl D，afl O，and，afl P by reverse transcription - polymerase chain reaction allows differentiation of aflatoxin-producing and non-producing isolates of *Aspergillus flavus* and *Aspergillus parasiticus*. International journal of food microbiology，2005，98：201-210.

[86] Gallagher EP，et al. The kinetics of aflatoxin B1 oxidation by human c DNA-expressed and human liver microsomal cytochromes P450 1A2 and 3A4. Toxicology and Applied Pharmacology，1996，141：595-606.

[87] Wogan GN. Aflatoxins as risk factors for hepatocellular carcinoma in humans. Cancer Research，1992，52：2114-2118.

第七章 果蔬真菌病害的化学控制

果蔬采后腐烂不可避免，而腐烂果蔬体内积累的真菌毒素是病原真菌在适宜条件下的次生代谢产物。截至目前，未见有关化学药物处理直接控制果蔬中真菌毒素污染的研究报道。然而，要控制果蔬体内真菌毒素的污染，首先需要控制产毒真菌的生长，明确产生该类真菌毒素的果蔬病害的种类和病原真菌种类，然后了解病原真菌侵入果蔬的机制。若病原真菌为采前侵染，则重点控制潜伏侵染；若病原真菌为采后侵染，就应该以采后控制为主。控制潜伏侵染最常用的措施是化学药物喷洒处理；而控制采后病原真菌侵染的主要措施是尽量减少伤口的产生，避免病果与健康果实的直接接触，并进行环境消毒和杀菌剂处理等措施。

鉴于此，本章主要介绍化学药物处理对不同种类果蔬中产生的真菌毒素，如苹果、梨等果蔬中产生棒曲霉素的扩展青霉（*P. expansum*），葡萄及其制品中产生赭曲霉素 A 的黑曲霉（*Aspergilli* spp.）和圣女果和樱桃等水果和大番茄、白菜等蔬菜中产生链格孢毒素的链格孢（*Alternaria* spp.）等病原真菌的化学控制。目前，化学控制主要采用合成杀菌剂。然而，合成杀菌剂存在药物残留、环境污染和导致病原真菌产生抗药性等问题，使得其使用受到了越来越多的限制。与此同时，诱抗剂作为一类可以诱导寄主植物产生防卫反应的特殊化合物也应运而生，它通过激发寄主植物自身的免疫系统而达到抵御外来病原真菌侵染的目的。此外，有关植物提取物如精油等物质，由于其可有效抑制植物病原真菌的生长，减少果蔬的腐烂，因而越来越受到人们的关注。

第一节　常见杀菌剂种类及果蔬中青霉病的化学控制

通常，果蔬在采收之后进行杀菌剂和防腐剂处理控制潜伏侵染是很难达到预期目的。由于杀菌剂或防腐剂不具备渗透到组织内部的能力，即使采用较高的处理浓度也很难达到理想的控制效果。因此，为了控制由于潜伏侵染引起的果蔬采后病害的发生，生产实践中通常在果实未被侵染前或已侵染但尚未表现出任何症状前喷施杀菌剂。由于果蔬在生长期间，自身的抗病性较强，而已侵入的病原真菌对杀菌剂又十分敏感。因此，采用杀菌剂在果蔬采收之前进行喷洒处理可有效减轻病害的发生。进行采前杀菌剂处理时，选择适宜的药物、确定处理的时间和次数非常重要。例如，苹果生长前期喷洒多菌灵、苯莱特，中后期采用波尔多液与多菌灵、苯来特、福星等加三乙膦酸铝交替使用，对防治苹果病害具有良好的作用[1]。采前分别喷施两次碱式氯化铜、三次敌菌丹、两次苯来特均可有效控制鳄梨的病害的发生[2]。

其实，扩展青霉（*P. expansum*）主要是在果实采收之后侵入到果实体内的，这样控制青霉病病害发生的措施应着重在采后。低温贮藏是水果和蔬菜最常见贮藏措施之一，而青霉病（blue mold rot）则是核果类果实低温贮藏条件下最易发生的常见病害之一。尤其当核果类果实，如苹果或梨在采收或运输过程时，由于机械损伤等原因导致有伤口，而这些带有伤口的腐烂果实往往会与健康果实同时在食品加工过程中进行集中清洗处理，这样一方面导致了污垢的大量积累，更重要的是，在清洗池中会有大量的病原真菌的聚集。为了避免病害的发生，食品加工厂会向清洗池中加入次氯酸钠或联苯酚钠等消毒剂[3]。喷淋是果蔬采后杀菌剂处理最常采用的一种措施（图 7.1）[4]，然而果实在喷淋杀菌处理的过程中，附着在果实表面的 *P. expansum* 会通过果蔬表面的伤口直接进入果实体内，若一个喷淋清洗车间缺乏有效的微生物检测系统，最终导致经喷淋处理的果实比未经喷淋处理的果实更易发生青霉病。

图 7.1　果实采后杀菌剂喷淋处理示意图

化学控制仍然是苹果、梨等核果类果实长期低温贮藏条件下控制青霉病发生的最常见的措施之一，杀菌剂广泛应用于喷淋或喷雾处理的预贮藏果实，有一些国家在果实采收前几天采用杀菌剂进行田间喷洒处理。其实，一些杀菌剂如苯并咪唑的广泛使用已经导致了抗药病原真菌的产生，所以寻找杀菌剂的替代品一直是人们关注的焦点。虽然并不是所有合成杀菌剂都是有毒、并可破坏生态系统的。然而总体来说，合成杀菌剂具有致癌、致畸、致突变作用、急性毒性效应、慢性毒性效应和对环境污染存在一些负面影响等问题，而使得其使用已经受到了越来越严格的限制。但我们必须承认，杀菌剂的农药残余与真菌毒素的毒性相比，是少至甚微的[5]。所以，合成杀菌剂仍然是目前采后病害控制的一个非常重要的措施，生物防腐剂仅仅在病害控制方面占有极小的比例。

目前化学杀菌剂的使用已经考虑到了其对棒曲霉素的影响，但只是针对腐烂果实去评价其处理效果。不过，总体来说，果实腐烂率越高，其体内积累的棒曲霉素水平就越高，但是，腐烂果实病斑直径越大，不一定意味着其体内积累的棒曲霉素量就越多。下面就一些常见杀菌剂对 *P. expansum* 等病原真菌处理效果进行举例。

一、合成杀菌剂

早在 20 世纪 70 年代，一些食品加工厂就开始使用苯并咪唑、苯莱特、甲基-2-苯并咪唑氨基甲酸酯、噻苯咪唑等杀菌剂来控制由 *P. expansum* 引起的果蔬的采后病害。然而，一些抗药菌株随之产生，使得人们不得不致力于研究这些杀菌剂的替代品，或者研发新的杀菌剂。目前，抑霉唑是广泛应用于采后病害的常见杀菌剂，有时会与灭菌丹、异菌脲、噻苯咪唑等结合使用来达到控制病害的效果。众所周知，杀菌剂是一种致癌、致畸、可引起急性或慢性毒性效应的物质，所以其使用需要一个严格的限量标准，1993 年，欧盟制定了植物类产品准入市场的法令（91/414/EEC），并详细设立了不同类别产品的限量标准，这不但使得产品的准入制度有了一个监管体系，更重要的是，该体系为人类的健康和保护环境提供了有力的保障。

（一）抑霉唑

抑霉唑，英文名字（imazalil），分子式 $C_{14}H_{14}Cl_2N_2O$，分子量 297.18，化学名称：（±）烯丙基 1-(2,4-二氯苯基)-2-咪唑-1-基乙基醚，化学结构式见图 7.2，黄色至棕色结晶，熔点：52.7℃，相对密度 1.2429（23℃），蒸气压 9.33×10^{-6}Pa，易溶于乙醇、甲醇、苯、二甲苯、正庚烷、己烷、石油醚等有机溶剂，溶解度＞500g/L，微溶于水。

抑霉唑是一种咪唑类内吸式杀菌剂，可有效抑制麦角固醇的生物合成，具有较噻苯咪唑类杀菌剂更加广谱的杀菌效果，且不易产生抗药菌株。抑霉唑与灭菌丹、噻苯咪唑类杀菌剂结合应用于采后苹果果实冷藏之前的喷淋清洗处理，实验证明该处理效果较未处理果实具有较低的果实腐烂率和较低的病斑直径。不过，杀菌剂的处理效果还与果实的成熟度密切相关，成熟度越低，腐烂率越低。虽然杀菌剂处理后果实仍然会发生一定程度的腐烂，但在腐烂果实中未检测到棒曲霉素的产生[6]。类似的，当苹果在超低氧浓度下贮藏 2.5 个月，仍未检测到棒曲霉素的存在[7]。然而，由于低温条件下较室温更适合 *P. expansum* 生长，但棒曲霉素的积累受到了极大的限制。所以，当苹果低温贮藏，且贮藏时间较短时，几乎观察不到杀菌剂处理对棒曲霉素积累的影响；但当这些苹果从低温贮藏室取出后，置于室温条件下一段时间，然后再加工为果汁，此时恰好是果实中棒曲霉素高丰度积累的关键时期。

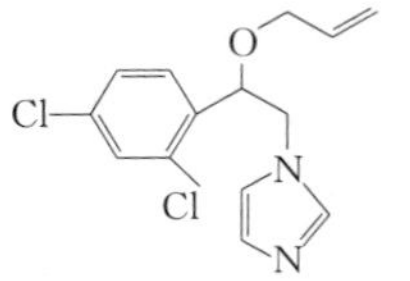

图 7.2 抑霉唑化学结构式

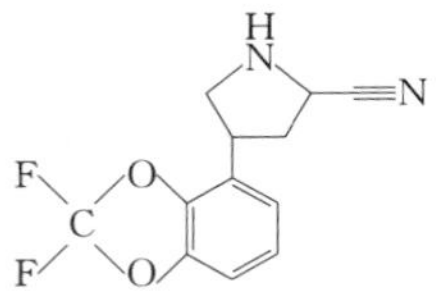

图 7.3 咯菌腈化学结构式

（二）咯菌腈

咯菌腈，英文名字（fludioxonil），分子式 $C_{12}H_6F_2N_2O_2$，分子量，248.185，化学名称：4-(2,2-二氟-1,3-苯并间二氧杂环戊烯-4-基)-1-氢-吡咯-3-腈，化学结构式见图 7.3，纯品为无色结晶，熔点：199.8℃，相对密度 1.54（20℃），蒸气压 3.9×10^{-7}Pa（20℃），分配系数 4.12（25℃）。25℃时溶解度：丙酮 190mg/L、甲醇 44mg/L、正辛醇 20mg/L、甲苯 2.7mg/L、己烷 0.0078mg/L、水 1.8mg/L。pH 值 5～9 条件下不发生水解。

研究表明，杀菌剂咯菌腈对由 *P.expansum* 引起的梨和苹果等果实青霉病病害发生具有较好的控制效果，然而遗憾的是，该杀菌剂处理未考虑到对果实中棒曲霉素积累的影响。咯菌腈是一类苯基吡咯类化合物，可有效地控制对噻菌灵（TBZ）敏感或对 TBZ 产生抗性菌株的引起苹果腐烂的 *P.expansum*，浓度为 45～200μg/mL 咯菌腈溶液浸泡处理，可有效抑制由 *P.expansum* 引起的苹果青霉病[8]，浓度为 300mg/L 咯菌腈溶液对气调贮藏 105d，或通常低温贮藏 42d，或货架期 6d 的梨果实进行处理，结果表明可以达到 100%的控制效果。浓度为 450mg/L 咯菌腈溶液对分别气调贮藏和低温贮藏后转移至货架期的苹果果实，可以分别达到 98%和 92%的控制效果。咯菌腈作用机理是通过不同病原真菌渗透调节信号转导来实现的，杀菌剂提高了病原真菌菌丝中甘油的水平，而参与甘油生物合成的蛋白激酶在苯基吡咯作用下受到了抑制[9]。

抗氧化剂二苯胺（DPA）溶液浸泡处理可以有效控制采后果实的烫伤，但是咯菌腈（3～5mg/L）结合二苯胺处理却比单独使用咯菌腈处理具有较高的病害发生率，其原因可能是果实表面的 DPA 会携带病菌孢子深入果实伤口，也可能是 DPA 对苹果生理机能具有直接的影响。为了防止冷藏后转移至货架期的果实发生腐烂，咯菌腈结合 DPA 或咯菌腈单独处理，其使用的最小浓度应为 600mg/L[4]。

（三）嘧菌环胺

嘧菌环胺，英文名字（Cyprodynil），分子式 $C_{14}H_{15}N_3$，分子量 225.289，化学名称：4-环丙基-6-甲基-*N*-苯基嘧啶-2-胺，化学结构式见图 7.4，纯品为粉状固体，有轻微气味；熔点：75.9℃，相对密度 1.21（20℃），蒸气压 5.1×10^{-4}Pa（25℃，结晶体 A），4.7×10^{-4}Pa（25℃，结晶体 B），25℃时溶解度（g/L）：水中 0.02（pH 值 5），0.013（pH 值 7），0.015（pH 值 9），乙醇 160，丙酮 610，甲苯 460，正己烷 30，正辛醇 160，离解常数 $pK_a=4.44$。

Errampalli 和 Crnko 比较了三种杀菌剂咯菌腈、嘧菌环胺和两者混合物对 TZB-敏感或对 TZB-产生抗性的 *P.expansum*，结果表明，这三种杀菌剂对 TZB-敏感或对 TZB-产生抗性的 *P.expansum* 具有相同的控制效果。在 TBZ、咯菌腈和嘧菌环胺之间未观察到交叉抗性现象；咯菌腈（45μg/mL）、嘧菌环胺（50μg/mL）和两者混合物（50μg/mL＋75μg/mL）对于贮藏一个月的苹果果实，可达到97％的控制效果；但对于4℃贮藏62d苹果果实，若要达到上述相同的控制效果，则需要更高浓度咯菌腈和咯菌腈与嘧菌环胺的混合物。咯菌腈和嘧菌环胺控制病害的作用机理是不同的，同时也不同于TBZ，但是它们在控制采后果实青霉病控制方面均具有潜在的应用价值[10]。

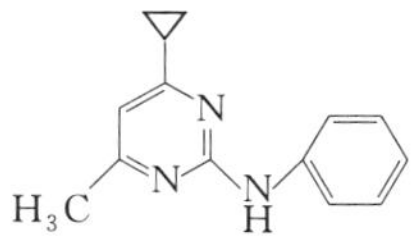

图7.4　嘧菌环胺化学结构式

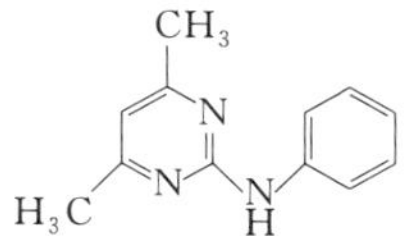

图7.5　嘧霉胺化学结构式

（四）嘧霉胺

嘧霉胺，英文名字（pyrimethanil），分子式：$C_{12}H_{13}N_3$，分子量199.25，化学名称*N*-(4,6-二甲基嘧啶-2-基）苯胺，化学结构式见图7.5，纯品为白色结晶粉末，熔点：93.2℃，蒸气压2.3×10^{-3}Pa（25℃），在一定的pH值范围内稳定，油水分配系数为2.48（正辛醇/水）。

嘧霉胺作为一种新的嘧啶胺类杀菌剂，具有叶片穿透及根部内吸活性，对葡萄、草莓、番茄、洋葱、菜豆、黄瓜、茄子及观赏植物的病害具有优异防治效果。嘧霉胺既可采前田间喷洒，又可采后浸泡处理。采前20天用嘧霉胺（80μg/mL）较嘧菌环胺（230μg/mL）喷洒处理苹果具有更小的病斑直径。采前14天，用嘧霉胺和嘧菌环胺结合处理可有效控制青霉病的发生。嘧霉胺对采后人工损伤接种*P.expansum*孢子悬浮液的苹果果实同样具有较好的控制效果，且未观察到对果实品质不利的影响。该杀菌剂的作用模式不同于其它杀菌剂，可能参与了寄主植物细胞关闭从而产生蛋氨酸的能力[11]。

（五）多菌灵

多菌灵，英文名字（carbendazim），分子式$C_9H_9N_3O_2$，分子量191.19，化学名称*N*-苯并咪唑-2-基氨基甲酸甲酯，化学结构式见图7.6，纯品为白色结晶粉末，216～217℃开始升华。熔点307～312℃（分解）。密度$1.45g/cm^3\pm0.05g/cm^3$（20℃），蒸气压1.333×10^{-6}Pa（20℃）。溶解性（24℃）：水29mg/L（pH值4）、8mg/L（pH值7）、7mg/L（pH值8），己烷0.5mg/L，苯36mg/L，乙醇、丙酮300mg/L，二氯甲烷68mg/L，乙酸乙酯135mg/L。对热稳定。

多菌灵为苯并咪唑类的内吸性杀菌剂，具有高效、低毒、广谱等特点，具有内吸治疗和保护双重作用，主要用于防治水果、蔬菜、花卉的多种植物的真菌病害，其作用机理是被植物吸收后，经传导转移到其它部位，干扰病菌细胞的有丝分裂，抑制其生长。通常加工成粉剂、可湿性粉剂和悬浮剂使用，用于水果的保鲜时可进行喷洒处理。

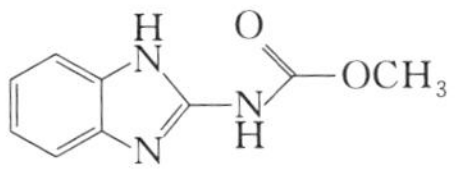

图7.6　多菌灵化学结构式

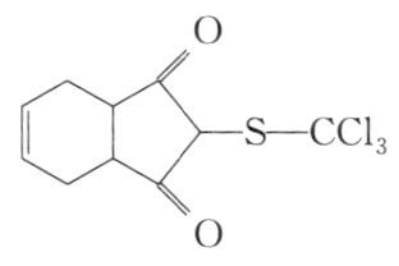

图7.7　克菌丹化学结构式

（六）克菌丹

克菌丹，英文名字（captan），分子式$C_9H_8Cl_3NO_2S$，分子量300.59，化学名称为*N*-

(三氯甲基硫代)-环己-4-烯-1,2-二甲酰亚胺，化学结构式见图 7.7，纯品为白色晶体，熔点 178℃（分解）。密度 1.74（20℃），折射率 1.636，对强碱和强氧化剂不稳定，在中性或酸性条件下稳定，在高温和碱性条件下易水解。

克菌丹为广谱性低毒杀毒剂，以保护作用为主，兼有一定治疗作用。采前施用克菌丹和福美双可减轻草莓果实在采前和采后的灰霉病[12]。克菌丹结合噻苯唑，并与抑霉唑、异烟酰异丙肼交替使用，可有效减少梨果实扩展青霉抗噻苯唑菌株的出现[13]。

（七）嘧菌酯

嘧菌酯，英文名字（azoxystrobin），分子式 $C_{22}H_{17}N_3O_5$，分子量 403.3875，化学名称：(*E*)-{2-[6-(2-氰基苯氧基)嘧啶-4-基氧]苯基}-3-甲氧基丙烯酸甲酯，化学结构式见图 7.8，纯品为浅棕色结晶固体，熔点 581.3℃，相对密度 1.34，溶解性：6mg/L（20℃），蒸气压 1.1×10^{-7}mPa（20℃），微溶于己烷、正辛醇，溶于甲醇、甲苯、丙酮，易溶于乙酸乙酯、乙腈、二氯甲烷。

嘧菌酯是一种新型高效、广谱、内吸性杀菌剂，最初是先正达公司开发的甲氧基丙烯酸酯类杀菌剂或 strobilurins 类似物[14]。自 1969 年发现其杀菌活性，历经 20 多年的结构优化，终使此类杀菌剂开发成功，在杀菌剂开发史上树立了继三唑类杀菌剂之后又一个新的里程碑。STROBY® 为第一个 Strobilurin 类杀菌剂，可有效控制多种果蔬采前和采后病害的发生，如采前嘧菌酯单独或与百菌清、啶酰菌胺结合处理可显著控制地下根茎类蔬菜的多种采后病害的发生[15]。采前嘧菌酯处理可以显著降低甜瓜果实生长发育期间的潜伏侵染率，且对采后常温贮藏期间粉霉病和白霉病的发病率也有显著抑制效果，其中以 400mg/L 处理效果最好，且嘧菌酯采前处理 4 次的效果优于 3 次[16]。

（八）戊菌唑

戊菌唑，英文名字（penconazole），分子式 $C_{13}H_{15}Cl_2N_3$，分子量 284.19，化学名称：1-[2-(2,4-二氯苯基)戊基]-1*H*-1,2,4-三唑，化学结构式见图 7.9，纯品为无色晶体，熔点 60℃。蒸气压 0.21MPa（20℃）。溶解性（20℃）：水 70mg/L，丙酮、环己酮 700g/kg，二氯甲烷、甲醇 800g/kg，己烷 17g/L，异丙醇、二甲苯 500g/L。对水稳定，350℃以下稳定。

戊菌唑是一种内吸性杀菌剂，适应范围广，10%可湿性粉剂或 10%乳油可用于防治瓜果、葡萄、核果和蔬菜上的白粉菌科、黑星菌属、子囊菌纲、担子菌纲和半知菌类病原真菌引起的白粉病、炭疽病、黑星病、霜霉病和青霉病等果蔬病害。

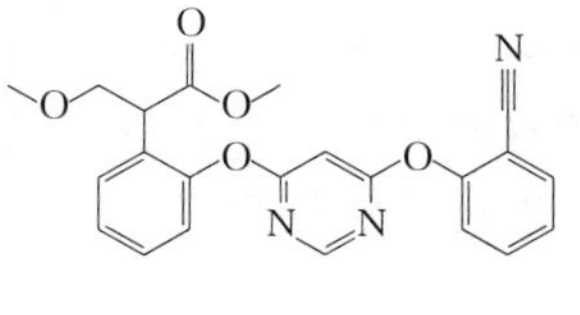

图 7.8　嘧菌酯化学结构式

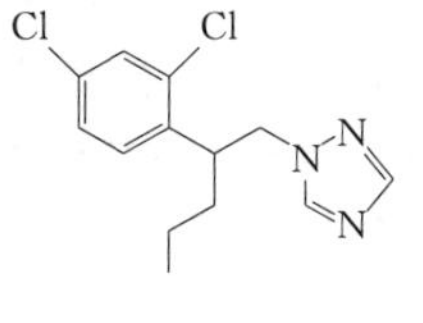

图 7.9　戊菌唑化学结构式

二、其它类型杀菌剂

（一）钼酸铵

钼酸铵，英文名称（ammonium molybdate），分子式 $H_8MoN_2O_4$，分子量 196.0145，无色或浅黄绿色单斜结晶，溶于水、酸和碱中，也可溶于乙二醇等有机溶剂中，相对密度 2.498。

少量钼酸铵可用于农用钼肥和控制农业植物病害的杀菌剂，如 15mmol/L 钼酸铵处理可有效减少 *P. expansum* 引起的苹果青霉病和灰霉病的发生，病害控制率可达 84%，如采后苹果果实通过钼酸铵处理，然后于 1℃条件下贮藏 3 个月，病害的发生率和病斑直径会显著降低，其实，采用杀菌剂抑霉唑处理也可得到与钼酸铵相当或者更佳的处理效果。当用钼酸铵处理采前苹果果实，采后低温贮藏 3 个月，苹果青霉病的发生率显著降低[17]。

（二）TiO_2

纳米二氧化钛作为一种为无机光催化杀菌剂，由于其抗菌效率高，效果持久，且具有良好的安全性等优异的性能脱颖而出。纳米 TiO_2 抗菌作用机理不同于一般的无机和有机抗菌剂，它并非依靠药物的渗出和游离而产生抗菌作用，它的灭菌机理是光催化作用。纳米 TiO_2 属于非溶出型材料，在降解有机污染物和杀灭菌的同时，自身不分解、不溶出，光催化作用持久，并具有持久的杀菌、降解污染物效果，不像其它抗菌剂会随着抗菌剂的溶出而导致抗菌效果逐渐下降。

Maneerat 和 Hayata[18] 表明，TiO_2 光催化反应可以显著延迟苹果青霉病的发生，当 TiO_2 暴露于太阳光或紫外灯下时，由于其强的氧化性，可显示一定的抗微生物活性。Paterson[19] 体外实验结果表明：多菌灵、克菌丹和磺酸丁嘧啶可以抑制棒曲霉素的产生，但是这些杀菌剂对产毒真菌 *P. expansum* 的控制效果更佳。

杀菌剂是控制采后果蔬腐烂的最主要的措施，杀菌剂的使用会导致药物残留、环境污染和病原真菌产生抗药性等问题。然而，如果人们减少杀菌剂和杀虫剂的使用可能会导致有机食品比传统食品中存在更大程度的毒素污染。Malmauret 等[20] 通过比较杀菌剂处理的"传统苹果"与未经杀菌剂处理的"有机苹果"，结果发现"有机苹果"中具有更高的毒素污染率。与此同时，欧洲一些国家（如法国、意大利）也确证了用"有机苹果"较"传统苹果"制得的果汁中存在更高含量棒曲霉素的事实。最近，在比利时做了一项研究调查，比较了工业化与手工工艺果汁、分级苹果和未分级苹果果汁、当地与进口苹果果汁、小范围内有机与传统苹果果汁中棒曲霉素积累的影响，结果发现，工业化生产的果汁中棒曲霉素含量低于手工工艺的果汁中棒曲霉素含量，其它因素对棒曲霉素积累并没有显著的影响[21]。同时，在比利时对 22 份有机果汁和 36 份传统果汁进行比较，结果发现，有机苹果果汁中棒曲霉素的含量为 33.41μg/L，远高于传统苹果果汁中棒曲霉素的含量（8.1μg/L）[21]。

杀菌剂是控制采后果蔬腐烂的最主要的措施，尤其对于一些易腐烂的果蔬，不使用杀菌剂处理几乎是不可能的。所以，杀菌剂的生产和使用基本上已为人们所接受[22]。为了延迟采后病害的发生，采收后的水果和蔬菜通常采用杀菌剂进行处理，但这可能导致杀菌剂对人类健康造成的直接影响高于杀菌剂对果蔬的防护作用[23]。杀菌剂诸多的副作用意味着人类急需寻找一种既可减少果蔬采后病害的发生，又绿色、环保对人类健康无危害的替代品[24]。

三、诱抗剂

诱抗剂是一种可以诱导植物产生防卫反应的特殊的化合物。当病原真菌与寄主植物接触时，由于诱抗剂的作用可激发寄主植物发生许多生化变化。而这些生化变化可以导致植物多种防卫反应的发生，从而限制病害的发展[25]。

根据来源不同，诱抗剂可分为生物源和非生物源两大类。生物源是指来源于病原生物、其它微生物和寄主或寄主与病原真菌互相作用后所产生的，主要包括拮抗菌、糖类、蛋白类以及其它来源于生物体的诱抗剂。非生物类诱抗剂是指具有激发子活性的非生物源的化学或物理诱抗剂[26]。诱导抗性主要包括诱导局部产生抗性和诱导系统产生抗性两大类，诱导局部产生抗性是指仅在处理部位获得的抗性，即局部获得抗病性（local acquired resistance，LAR），而诱导系统产生抗性是指处理后无论处理部位还是未处理部位均产生的抗病性，该过程需要信号的传递和参与。诱导系统产生抗性据其信号传递方式不同又可分为系统获得抗性（systemic acquired resistance，SAR）和诱导系统抗性（induced systemic resistance，ISR）两种形式，前者依赖于水杨酸（salicylic acid，SA）的信号途径，并且可提高寄主内源的水杨酸含量，诱导病程相关蛋白（pathogenesis-related proteins，PRs）的积累；后者则主要依赖茉莉酸（jasmonic acid，JA）和乙烯（ethylene，ET）的信号途径[27]。

果蔬采后虽然失去了母体营养的供给，但依然能够进行旺盛的呼吸代谢，并对外界刺激产生一系列的应答反应。所以，采后果蔬也可像采前植物一样，受外界刺激后可激发体内产生一系列的抗病反应。近年来，利用诱抗剂处理采后果蔬，诱导其产生抗病性，从而减轻采后病害的研究已受到人们的广泛关注[23,28,29]。果蔬采后抗病性的诱导，是通过激发果蔬自身的抗性反应来限制病原真菌的入侵，从而保护植物免受病原真菌的侵害。与传统的防腐方法相比，这种方法抗菌谱广，不会产生药物残留和污染环境等问题，因此是一种有望替代人工合成杀菌剂的新型采后防腐剂。下面主要介绍应用比较广泛的几种诱抗剂：壳聚糖、硅酸钠、β-氨基丁酸、柠檬酸和乙酰水杨酸等（表 7.1）。

表 7.1 诱抗剂处理对产毒真菌的控制

产品	菌株	基质	参考文献
壳聚糖	*P. expansum*		
	P. italicum	柑橘	[31]
	F. sulphureum	苹果	
	P. expansum	合成培养基	[32]
		梨	[33]
	P. expansum		[35]
硅酸钠	*P. expansum*		[40]
	F. sulphureum	梨	
	T. roseum	合成培养基	[44]
	T. roseum	合成培养基	[46]
		甜瓜	[36]
	P. expansum	苹果	[49]
β-氨基丁酸	*Colletotrichum*		[51]
	gloeosporioides		[53]
		苹果	
	P. expansum	芒果	[55]
柠檬酸	*P. expansum*		[56]
	P. expansum		[56]
	F. sulphureum	苹果	[59]
		合成培养基	[60]
乙酰水杨酸	*P. expansum*	梨	[66]
		马铃薯	
		梨	

（一）壳聚糖

壳聚糖，又名几丁质（chitin），广泛存在于甲壳类动物的外壳、昆虫的甲壳和真菌的细胞壁中，被美国食品药品监督管理局（FDA）评价为安全性食品添加剂（GRAS）（21CFR 182.90 和21CFR182.1711）。采后壳聚糖处理可以控制多种果蔬的采后病害，浓度为 2.0g/L 壳聚糖处理番茄，可明显减轻番茄灰霉病害的发生，且不同分子量的壳聚糖和不同处理浓度对病害的控制效果存在差异，以 5.7×10^4 g/mol 分子量的壳聚糖效果最佳，高浓度处理效果较低浓度处理效果更好[30]。Chien 等[31] 采用低分子量壳聚糖处理显著抑制了柑橘的青霉病和绿霉病，且效果优于高分子量壳聚糖和杀菌剂 TBZ。采后浓度为 10.0g/L（pH=4）的壳聚糖溶液浸泡处理苹果，可显著降低苹果果实的病害[32]。Sun 等[33] 采用 0.25%壳聚糖处理显著降低了马铃薯块茎切片的病斑直径，有效地控制了块茎干腐病的发生。El-Ghaouth 等[34] 报道，壳聚糖处理有效地控制了草莓采后灰霉病和蓝霉病等病害的发生。Liu 等[35] 发现，浓度为 0.5%壳聚糖处理分别能完全抑制 *P. expansum* 的孢子萌发，当浓度超过 0.01%时能显著抑制病原真菌的芽管伸长。Li 等[36] 报道，浓度为 0.25%壳聚糖对引起马铃薯块茎干腐病菌 *F. sulphureum* 菌落生长、菌丝生长量和孢子萌发有明显的抑制作用，诱导菌丝形态学变化。壳聚糖对病原真菌的抑制作用主要包括两方面：（1）聚阳离子的壳聚糖消耗细胞表面的负电荷及改变细胞膜的渗透性，导致胞内电解质和蛋白质渗漏；（2）壳聚糖进入病原真菌细胞，抑制或减慢 mRNA 和蛋白质的合成[37~39]。壳聚糖诱导果蔬产生抗病性机理主要表现在其通过增强防卫相关酶的活性来诱导寄主抗病性，如 Meng 等[40] 采用壳聚糖处理梨果实后，果实体内的过氧化物酶（POD）、多酚氧化酶（PPO）、几丁质酶（CHT）和葡萄糖苷酶（GLU）活性被诱导表达，从而提高了寄主的抗性。同样，Liu 等[35] 通过壳聚糖处理番茄，诱导果实体内 PPO 和 POD 的活性，增加酚类化合物的含量，降低了果实青霉病的病害的发生。Mauch 等[41] 与 Benhamou 和 Thériault[42] 表明壳聚糖处理可通过激活 CHT、GLU 和脱乙酰几丁质酶等病程相关蛋白（PRs）基因功能，从而促进木质素和胼胝质的积累。

（二）硅酸钠

近年来，硅酸钠在植物病害控制中的作用备受关注，它被美国食品药品监督管理局（FDA）评价为安全性食品添加剂（GRAS）（21CFR 182.90 和 21CFR182.1711）。硅酸钠在控制园艺作物采后病害方面起着非常重要的作用。

硅酸钠处理可以控制多种果蔬的采后病害，如 Bi 等[43] 采用 25mmol/L、50mmol/L、100mmol/L 和 200mmol/L 硅酸钠分别处理哈密瓜果实，结果发现不同浓度硅酸钠均可有效控制果实的黑斑病、白霉病和粉霉病，其中 100mmol/L 浓度最佳，而 200mmol/L 会引起药害。李云华等[44] 硅酸钠浸泡处理处理梨果实，结果发现 200mmol/L 硅酸钠可显著抑制 *P. expansum* 引起的梨果实青霉病的发生。盛占武等[45] 表明 100mmol/L 硅酸钠处理可有效减轻马铃薯块茎干腐病病害的发生。此外，硅酸钠还可抑制其它园艺作物如甜樱桃[46] 和梨[47] 等果实的采后腐烂。

硅在采后病害控制中的作用机理主要包括抑制病原真菌生长、破坏病原真菌细胞的完整性和诱导寄主产生抗病性[48]。如 Qin 和 Tian[46] 发现硅酸钠处理可显著抑制 *P. expansum* 孢子的萌发和芽管的生长。Li 等[36] 采用硅酸钠处理 *F. sulphureum* 结果发现，菌落生长、菌丝伸长和孢子萌发均受到明显的抑制，且菌丝形态发生了变化，菌丝出现肿胀、弯曲，局部出现塌陷，菌丝细胞壁变厚，细胞发生严重变形。王毅[49] 发现 100mmol/L 硅酸钠处理可明显抑制甜瓜粉霉病病原真菌（*T. roseum*）菌落的生长、孢子的萌发，且对病原真菌细胞膜造成严重的破坏。硅酸钠诱导果蔬产生抗病性机理主要表现在其通过诱导活性氧的产生、激活苯丙烷代谢和诱导病程相关蛋白的积累。如李永才[50]发现硅酸钠处理对提高接种 *F. sulphureum* 后的马铃薯块茎的 POD、PPO、苯丙氨酸解胺酶（PAL）和 GLU 活性具有非常重要的作用，同时还提高了多酚及类黄酮物质的含量。Niu 等[51]通过体内和体外实验研究发现，硅酸钠处理 *T. roseum* 病原真菌后，显著抑制了病原真菌菌落的生长，引起了病原真菌的蛋白质渗漏和糖渗漏，细胞膜受损严重，病原真菌几乎失去了侵染寄主的能力；体内实验也表明，硅酸钠处理显著降低了 *T. roseum* 引起的苹果病害的发生，大大提高了果实对采后病害的抗性。

（三）*β*-氨基丁酸

β-氨基丁酸（*β*-aminobutyric acid，BABA），是一种从番茄根系中分泌的非蛋白氨基酸，它被美国食品药品监督管理局（FDA）评价为安全性食品添加剂（GRAS）（21CFR 182.90 和 21CFR 182.1711）。近年来研究发现 BABA 能诱导多种园艺作物产生对多种病害的抗性。

β-氨基丁酸处理可以有效防治采后由 *P. expansum* 引起的苹果青霉病的发生，其中 0.75g/L 的效果最好[52]。用浓度为 0.5g/L、1.0g/L 和 2.0g/L 的 BABA 浸泡处理冬枣，可有效控制由 *A. Alternata* 引起的冬枣黑斑病病害的发展[53]。Zhang 等[54]通过 100mmol/L BABA 处理可显著抑制由 *Colletotrichum gloeosporioides* 引起的芒果采后炭疽病的发生。100mmol/L BABA 处理马铃薯块茎，不但有效控制了由 *F. sulphureum* 引起的马铃薯块茎病斑直径的扩展，而且还显著抑制了块茎干腐病的发生[55]。

β-氨基丁酸在采后病害控制中的作用机理不是因为其本身对病原真菌具有毒性，而是诱导植物产生多种生理、生化防卫反应。如 *β*-氨基丁酸处理可通过增强相关酶活性来诱导寄主抗病性。Yin 等[55]采用 *β*-氨基丁酸处理诱导寄主产生抗病性的机理，主要是通过提高 POD、PAL、CHT 和 SOD 等酶的活性，从而提高寄主的抗病性。Zhang 等[54]通过浓度为 25～400mmol/L 的 BABA 处理引起芒果炭疽病的病原真菌 *C. gloeosporioides*，结果发现并未产生明显的抑菌效果，其抗性机理主要是增强了芒果体内 *β*-1,3 葡聚糖酶（*β*-1,3-GLU）、CHT、PAL 的活性，同时提高了过氧化氢的积累，但同时降低了超氧阴离子的产生速率。此外，BABA 处理还提高了 SOD 的活性，但降低了 CAT 和抗坏血酸过氧化物酶（APX）的活性。Yin 等[55]报道 BABA 控制采后干腐病发生的机理不但涉及抗病相关酶如 POD、PAL 和 PPO 活性的增强，还与苯丙烷代谢产物木质素、总酚和类黄酮含量的增加相关。

（四）柠檬酸

柠檬酸（citrate acid）是一种重要的有机酸，也是饮料和食品行业中重要的防腐剂和酸味剂。在自然界中，天然柠檬酸分布广泛，主要存在于柑橘、柠檬和菠萝果实中。离体条件下柠檬酸能够抑制 *P. expansum* 的孢子萌发，用 1%柠檬酸处理显著降低损伤接种苹果果实 *P. expansum* 病斑直径，显著提高果实过氧化物酶、过氧化氢酶和抗坏血酸过氧化物酶活性。此外，柠檬酸处理还有效延缓果实质量损失率的升高，抑制果实硬度、抗坏血酸含量、可滴定酸和可溶性固形物质量分数的下降，且推迟了果实呼吸高峰的出现[56]。柠檬酸处理不仅可保持苹果切块的感官品质，而且对延缓营养物质的下降，抑制微生物的繁殖均有一定的效果；此外，对鲜切苹果有较好的护色效果[57]。柠檬酸处理能减缓芒果果实的采后软化、增加果肉可溶性固形物、减缓可滴定酸含量降低速率，有效延缓芒果采后的成熟进程，并且抑制果实腐烂发生[58]。另外，2%柠檬酸处理套袋鸭梨能有效地延缓其硬度、可溶性固形物、可滴定酸和维生素 C 含量的下降，并有效控制果柄失水干枯变黑、果实表皮褐变，减少腐烂的发生[59]。柠檬酸处理马铃薯可有效抑制贮藏期马铃薯块茎干腐病的发生[60]。

（五）乙酰水杨酸

乙酰水杨酸（acetylsalicylic acid，ASA），又名阿司匹林（Aspirin），由 Gerhardt 用水杨酸与醋酸酐合成。该物质为针状或颗粒状结晶粉末，无臭、味微酸；在干燥空气中性质稳定，遇湿润空气即缓慢水解成醋酸或水杨酸。其难溶于水，易溶于乙醇，在无水乙醚中微溶，在碱溶液中可溶解，但同时分解[61]。乙酰水杨酸作为水杨酸的衍生物，会很快转变成水杨酸[62]，进而发挥相应的作用，其不仅在医药方面可以很好地抑制病原真菌的生长[63]，而且在实验室条件下通过体外实验发现乙酰水杨酸可抑制白色假丝酵母和黑曲霉的生长[64]。体内实验中 ASA 处理亦可显著抑制果蔬采后病害，且 ASA 浓度不同作用效果不同，如吴萌等[65] 用 0.44mg/L 的乙酰水杨酸溶液喷洒苔菜，结果发现其对苔菜的保鲜效果较为显著。以 1.0mmol/L 乙酰水杨酸浸泡处理鸭梨果实，结果发现 ASA 处理可抑制梨果实青霉病的发生，延长其货架寿命[66]。

四、植物源杀菌剂

植物源杀菌剂是一类无毒、特异性强的绿色环保保鲜剂，目前此类杀菌剂已经得到了越来越多的关注（表 7.2）。一些天然产物如植物精油、香气成分（乙醛、苯甲醛、正己醛等）、乙酸、茉莉酸、芥子油苷和蜂胶等在控制由植物病原真菌引起的果蔬采后病害方面发挥了重要的作用[23]。

表 7.2 植物源物质对产毒真菌的控制

产品	菌株	基质	参考文献
香气物质			
反-2-己烯醛	*P. expansum*	梨	[69]
1-辛烯	*P. expansum*	合成培养基	[70]
异硫氰酸酯	*P. expansum*	辣椒、番茄	[71][72]
有机酸	*P. expansum*	苹果、梨	[73]
乙酸	*P. expansum*	苹果、梨	[73]
甲酸	*P. expansum*	苹果、梨	[73]
丙酸			
精油	*P. expansum*	合成培养基	[74]
百里香	*P. expansum*	合成培养基	[75]
肉桂	*P. expansum*	合成培养基	[74]
柠檬醛	*P. expansum*	合成培养基	[76]
尼姆树提取物	*P. expansum*	合成培养基	[77]

（一）植物精油

植物精油是一类通过水蒸馏或者水蒸气蒸馏提取得到的混合物，常温下可挥发，且具有较强的抗氧化、抗菌和驱虫等作用[67]。植物精油对采后贮藏期间的樱桃番茄、葡萄、蓝莓、木莓、黑莓、莴苣和胡萝卜等多种果蔬均有显著的防腐效果[68]。虽然大部分植物精油成分对人体是无害的，且被列入或批准为食品香料添加剂，但一些研究表明，精油中的某些成分对人体是具有刺激作用的，同时具有一定的毒性效应，还有一些精油或其单组分会导致过敏性皮炎。此外，精油的使用还会对产品的品质造成一定的影响，影响其风味。

研究表明：体外条件下多种植物精油对细菌、真菌和酵母菌等均显示较强的抗菌作用[78~80]。香茅精油、柠檬桉精油等对采后致病菌表现出杀菌活性，且随着精油浓度的升高，作用效果在增强[81]。肉桂、丁香、百里香、孜然、当归、花椒、荜拨和草果精油对互隔交链孢、粉红单端孢、扩展青霉、黄曲霉四种真菌和枯草芽孢杆菌、荧光假单胞菌、金黄色葡萄球菌和大肠杆菌四种细菌均有显著的抑制效果，供试真菌和细菌中以粉红单端孢和大肠杆菌对上述精油最为敏感[82]。薄荷精油对多种真菌表现出抗菌活性，包括丝核菌、根霉、毛霉、曲霉、念珠菌、链格孢和毛癣菌[83]。花椒精油可有效地抑制葡萄的青霉、黑根霉和黑曲霉的生长[84]。而葡萄柚精油对产黄青霉和疣孢青霉最为有效。

桃、李等核果类果实中的16种挥发性化合物有9种以上具有显著抑制灰葡萄孢和果生链核盘菌产孢的能力，其中以苯甲醛、苯甲醇、γ-缠霉素和γ-戊内酯最为有效。苯甲醛、肉桂醛、乙醇、苯甲醇、橙花叔醇和2-壬酮等植物挥发物成分对指状青霉、匍枝根霉、刺盘孢和胡萝卜欧氏杆菌等果蔬采后病原真菌表现抑制。(*E*)-2-己烯醛也是一种常见的精油成分，能强烈抑制灰葡萄孢的生长繁殖，该化合物可抑制 *P.expansum* 的菌丝生长[85]。植物精油处理尤其可有效抑制果蔬的采后病害，花椒精油及其主要成分 α-蒎烯处理可有效抑制马铃薯块茎切片损伤接种硫色镰刀菌的病斑直径扩展，其中以精油处理效果更为明显[86]。采用精油涂膜可明显控制柑橘的采后病害，减少杀菌剂的用量[87]。同样，肉桂精油与多种柑橘果腊结合处理有效控制了柑橘的青霉病和绿霉病[88]。人工损伤接种 *P.expansum* 后，于2-反式-己烯醛作用下贮藏 24～72h，结果发现病害的发生率显著减低，这表明 *P.expansum* 萌发的孢子比未萌发的更易发病，所以梨在该条件下处理后，－1℃贮藏60天表现出了较好的效果。在该条件下处理2h，病害的控制效果可达到84%，而处理8h后，棒曲霉素的控制效果可达到78%。2-反式-己烯醛处理后，虽然会有一些异味的产生，但并未显著影响果实的色度、硬度、可溶性固形物含量和可滴定酸含量等果实的品质[69]。体外实验表明，10-氧代-反式-癸烯酸和1-辛烯均可显著抑制 *P.expansum* 的生长。当他们同时作用时，具有一定的协同效应，当pH值分别为5.6和3.5时，对菌丝生长以抑制率分别可以达到48.8%和72.8%[89]。

抑菌是植物精油发挥作用的主要方面，由于成分不同，作用机理较为复杂，主要包括破坏细胞膜的结构，导致细胞内容物外泄或细胞内外离子梯度发生变化，从而影响细胞膜的正常功能，最终造成菌体死亡。如香叶醇可促进 K^+ 向细胞外渗透并增加真菌细胞膜的流动性[90]。植物精油还具有良好的表面活性，常以菌体细胞膜为靶标，使脂溶性成分从细胞膜上溶解分离，从而影响脂双层的稳定性[91]。精油还可对病原真菌的还原酶系和能量代谢产生影响。例如，精油中的萜类物质可抑制病原真菌的呼吸电子传递及氧化磷酸化，减少NADH的积累[92]。有些精油成分（如柠檬醛）可通过其结构中的不饱和键与某些酶的活性中心结合，进而导致菌体代谢紊乱[67]。

（二）乙酸及短链有机酸

乙酸（acetic acid）和其它短链有机酸（如丙酸，丁酸等），它们作为抗菌剂和酸化剂已经广泛应用于各类食品中[93]。乙酸可有效控制多种果蔬采后病害的发生。用浓度为 4mg/L 的乙酸熏蒸采后苹果和梨果实，可显著降低或预防多种苹果和梨的青霉病和灰霉病，番茄、葡萄和猕猴桃的灰霉病，以及脐橙的青霉病[94]。乙酸也可用于核果类果实的采后病害控制，用浓度为 1.4mg/L 的乙酸熏蒸处理，可以显著抑制杏子、李子和樱桃果实的褐腐病和软腐病[95]。用浓度为 0.27%的乙酸熏蒸可显著控制鲜食葡萄的灰霉病和青霉病，其效果与商业化 SO_2 处理相当。因此，乙酸可用于替代 SO_2 熏蒸而应用于葡萄。因为 SO_2 处理会使亚硫酸盐在浆果表面残留，而乙酸处理不会残留任何有害物质，且对果实的外观质量和内部品质的影响不大。此外，乙酸熏蒸也可用于酿酒葡萄的腐烂控制。乙酸（1.9μL/L）、蚁酸（1.2μL/L）和丙酸（2.5μL/L）熏蒸可显著降低樱桃的褐腐病和青霉病以及软腐病，但熏蒸会导致果实药害[96]。此外，这三种酸处理可有效控制核果类果实的青霉病，且对果实不表现药害[73]。

过氧乙酸也可用于核果类采后病害的控制，其可直接作用于链核盘菌孢子，Mari 等[97]采用浓度为 500μg/mL 过氧乙酸处理病原真菌孢子，5min 便可完全抑制孢子萌发。用浓度为 1000μg/mL 过氧乙酸处理可有效抑制李子的褐腐病，在中试条件下，250μg/mL 的过氧乙酸处理可完全控制果实的腐烂。

当采用短链有机酸如：乙酸、甲酸和丙酸的蒸气对采后果蔬进行熏蒸处理，它们均可有效破坏附着于果实表面的真菌孢子。尤其，对于人工损伤接种 *P. expansum* 的苹果或梨在 20℃条件下采用乙酸、甲酸和丙酸熏蒸处理，可将病害发生率分别从 98%降低至 16%、4%和 8%，且对苹果或梨果实没有伤害[70]。对于一些植物精油（如百里香酚、丁香酚、柠檬醛和桉树酚）和香草醛等体外条件下的抑菌实验结果表明，百里香酚和柠檬醛表现出较好的抑菌效果[74]。

苦楝树是印度特有的一种植物物种，浓度为 50mg/mL 苦楝树精油可将液体培养条件下棒曲霉素的产率降低 96%，其生物活性不仅表现在其抗菌作用，还可改变病原真菌的次生代谢[76]。当甜橙精油浓度大于 500ppm 时，可以完全抑制体外条件下 *P. expansum* 的生长[77]。

植物类化合物由于其成分多样，在一定程度下可以发生协同反应，同时，可生物降解、无污染、无化学残留、无毒副作用，在控制植物病害方面较化学类物质具有更多和更好的优势。所以，有望部分取代合成杀菌剂来应用于采后植物病害的控制。然而这些植物类化合物需要进行一些体内试验，如感官分析和安全性评价等环节，才能应用于生产实践[23]。

五、其它

（一）臭氧

臭氧（O_3），天蓝色有腥臭味气体，液态呈暗黑色，固态呈蓝黑色，不稳定，具有很强的氧化性，杀菌谱广、杀菌能力强，其杀菌能力仅次于氟，是氯的 3 倍，且速度极快，是氯的 500～3000 倍；且没有残余污染，US-FDA 已经批准气相、液相臭氧作为一种抗菌剂在食品加工与贮藏中使用[98]。

臭氧的使用方式包括气相与液相两种，现已被有效地运用于控制多种食品真菌的生长，如王肽和谢晶[99] 以臭氧水处理鲜切茄子，结果发现该处理可明显减少鲜切茄子表面微生物的数量，且处理时间越长，效果越好。张丽华等[100] 以不同浓度臭氧水处理鲜切猕猴桃，结果表明；0.7mg/L 的臭氧水处理显著降低了鲜切猕猴桃表面的微生物总数。Boonkorn

等[101] 表明 200μL/L 臭氧气体处理 4h 或者 6h，可以显著降低 *P. expansum* 引起的柑橘青霉病的发病率，提高柑橘果皮 CAT、POD、SOD 和 APX 等抗氧化酶的活性。一般而言，臭氧的杀菌机理是通过破坏细胞膜的构成，进而继续渗透，使得膜内组织破坏，直至细胞死亡，最终影响新陈代谢[102,103]。

（二）氯

氯（chlorine）作为一种廉价、安全、有效的杀菌剂，已广泛应用于环境卫生消毒。在果蔬采后处理的洗涤用水中添加次氯酸钙和次氯酸钠使之氯化是进行消毒的标准方法，该方法主要通过降低水中的细菌数量从而减少果蔬腐烂的发生。氯可直接作用于水中和果蔬表面的真菌病原真菌，钝化病原真菌孢子，抑制病原真菌孢子的萌发。然而，若病原真菌孢子已经通过果蔬表面的伤口进入果蔬体内，氯处理几乎没有效果。

氯的抗菌活性可在有机物质中迅速消失，所以，目前氯已被二氧化氯所代替。二氧化氯比氯性质稳定，发挥作用的 pH 范围广。此外，二氧化氯对包装设备和液体容器没有腐蚀作用，它还可直接作用于核果链核盘菌的分生孢子，如浓度为 100μg/mL 二氧化氯作用处理病原真菌孢子 20s，或浓度为 50μg/mL 二氧化氯作用处理 1min，可以完全抑制病原真菌孢子的萌发。此外，用二氧化氯处理采后损伤接种的油桃和李子，可以显著降低油桃和李子果实的腐烂率，且处理效果与二氧化氯浓度、孢子的接种时间以及果实的成熟度等因素[104]。

（三）山梨酸钾及苯甲酸钠

山梨酸钾（potassium sorbate）和苯甲酸钠（sodiumbenzoate）是国际粮农组织（FAO）和世界卫生组织（WHO）推荐的高效安全的防腐保鲜剂，广泛应用于食品、饮料等行业，能有效地抑制病原真菌、酵母菌和一些好氧性细菌的活性，从而有效地延长食品的保存时间，并保持原有食品的风味。山梨酸钾还能显著降低核果类的褐腐病。山梨酸钾可抑制甜樱桃的采后腐烂，但效果不及碳酸氢钠[105]。此外，山梨酸钾和苯甲酸钠可有效控制 *P. digitatum* 和 *P. italicum* 引起的柑橘绿霉病和青霉病病害的发生，两种化合物的作用机理主要是抑制了病原真菌孢子的生长，处理效果与山梨酸钾和苯甲酸钠的浓度密切相关。此外，山梨酸钾和苯甲酸钠处理还可有效降低采后核果类果实的褐腐病、灰霉病、酸腐病、黑斑病、青霉病、毛霉病和根霉病等病害。山梨酸钾和热水处理及结合杀菌剂处理可有效抑制柑橘的青霉病和酸腐病病害的发生[106]。

（四）双氧水

双氧水在控制植物病原真菌方面也具有良好的效果。如：琼脂扩散实验表明：双氧水对控制 *P. expansum* 生长的最低抑菌浓度为 0.025%，而采用此浓度处理采后苹果，既可有效控制采后 *P. expansum* 引起苹果果实青霉病的发生，又不会对人类健康带来危害，所以，双氧水是一种具有潜在应用前景的绿色环保的果蔬保鲜剂[74]。

第二节　葡萄及其产品中曲霉菌病害的化学控制

直到 1996 年，人类才开始认识到葡萄中真菌毒素的问题。1996 年 Zimmerli 和 Dick 对瑞士不同来源的葡萄酒进行赭曲霉素产毒菌株污染状况进行调查，结果发现在田间侵染葡萄

的主要病原真菌有 *Aspergillus Nigri*、*A. carbonarius* 和 *A. niger*[107]。黑腐病是南欧（如：法国、意大利、希腊、西班牙）和北非（如：埃及埃尔及利亚、突尼斯等）一些国家葡萄酒生产过程中一种较为严重的葡萄病害，产生赭曲霉素的病原真菌可以寄生于土壤中，当环境温度比较适宜（25～30℃）时，病原真菌孢子可以随着空气气流传播[108]，且其病原真菌孢子呈黑色，具有抗阳光照射的能力，所以在阳光充足的情况下生长迅速，但在阴暗潮湿环境下也可产生赭曲霉素。

一些体外或田间试验调查了杀菌剂处理对葡萄中赭曲霉素产生菌和葡萄酒中赭曲霉素积累的影响，然而，遗憾的是，没有特异性杀菌剂可以高效应用于控制葡萄及其产品的黑曲霉病原真菌的污染及其中积累的赭曲霉素。

病原真菌侵染果实主要是通过果实表面的伤口（包括机械损伤和病虫害取食），且主要发生于成熟的浆果类果实上，当外界条件温和时，可迅速传播至整串葡萄。过量灌溉、洪涝灾害和粗放式田间管理均可导致病原真菌孢子的大量传播和扩散。Merrien 等[109] 发现氨基甲酸酯类杀虫剂如：骚螨脲和苯氧威类杀虫剂，和菊酯类农药如：溴氰菊酯等可以有效降低葡萄酒中赭曲霉素的含量。与此类似，具有杀卵活性的蝨螨脲单独使用或与苯氧威结合处理葡萄，也可有效降低葡萄中赭曲霉素的含量[110]。Cozzi 等[111] 通过田间试验确证了病原真菌 *L. botrana* 对浆果果实的侵染与其体内积累的赭曲霉素之间的关系，当被曲霉菌侵染的浆果类果实中，同时存在 *L. botrana* 时，其中黑曲霉孢子数量和代谢产生的赭曲霉素的含量远高于仅被曲霉菌侵染的浆果类果实。

目前，一些体外实验研究了杀菌剂对黑曲霉病原真菌的控制和其中赭曲霉素的积累。如：Belli 等[112] 对 26 种杀菌剂体外杀菌效果进行验证，结果发现其中 13 种杀菌剂在温度 20℃和 30℃时，均可完全抑制 *A. carbonarius* 的生长，9 种杀菌剂显著减低了病原真菌的生长率（表 7.3）。杀菌剂处理抑制病原真菌生长的同时，还抑制了赭曲霉素的生长，但是杀菌剂处理抑制赭曲霉素生长的同时，不一定抑制了病原真菌的生长。总体来说，杀菌剂中若含有铜离子或丙烯酸酯类化合物时，不仅可以抑制病原真菌的生长，还可抑制浆果类果实中赭曲霉素的积累，但若杀菌剂中包括硫黄类化学试剂，则得到相反的效果。而采用 37.5％嘧菌环胺和 25％咯菌腈混合物处理 *A. carbonarius* 病原真菌，可以达到最佳的抑制效果[113]。

表 7.3　杀菌剂处理对体外 *A. carbonarius* 抑制效果

杀菌剂	公司	成分	剂量
TOPAS	先正达	戊菌唑 10％ p/v	0.35mL/L
Experimental product	先正达	CGA302130	2mL/L
GEOXE	先正达	咯菌腈 50％	0.5g/L
SWICH	先正达	嘧菌环胺 37.5％＋咯菌腈 25％	1.8g/L
CHORUS 50 WG	先正达	嘧菌环胺 50％	2g/L
Ridomil Gold Combi	先正达	灭菌丹 40％＋甲霜灵 5％ WP	2g/L
EUPAREN M	拜耳	对甲抑菌灵 50％ p/p	1.75g/L
FOLICUR 25EW	拜耳	戊唑醇 25％ p/v	0.70mL/L
CAPLUQ-50	Luqsa	克菌丹 50％ p/p	3.5g/L
CARBENLUQ-50	Luqsa	多菌灵 50％ p/p	0.6g/L
MANCOZEB 80	Luqsa	代森锰锌 80％ p/p	3g/L
TMTD 80	Luqsa	福美双 80％ p/p	2.5g/L
ZICOLUQ 320	Luqsa	氯氧化铜 22％ p/p＋代森锰 17.5％ p/p	5g/L

由 *Streptomyces natalensis* 产生的那他霉素，作为一种杀菌剂，在一定温度和湿度条件

下，可以有效抑制红葡萄提取物培养基上 *A. carbonarius* 病原真菌的生长和赭曲霉素的产生。浓度为 25%嘧菌酯处理 *A. carbonarius* 接种的鲜食葡萄，可以有效抑制该病原真菌的生长和赭曲霉素的积累，浓度为 10%的戊菌唑处理，也可以显著减低鲜食葡萄中赭曲霉素的积累[114]。抑菌灵或克菌丹杀菌剂在抑制葡萄黑曲病方面表现出非常好的效果[116]。Molot 和 Solanet[115] 也发现斯卡拉（包含嘧霉胺）和米卡娜（包含疫霉灵和二甲酰亚胺灭菌丹）交替处理在控制病原真菌菌落生长和葡萄酒中赭曲霉素积累方面具有良好的效果。其实在控制葡萄黑腐病和赭曲霉素产生方面有非常多的研究报告，但是，我们在控制黑曲霉病原真菌方面的报道中的实验结果只是一个附带的实验结果，其实最初的目的是为了控制葡萄果实上其它病原真菌生长，如最初可能是为了控制其它作物上灰霉病和菌核病侵染，但是由于这些杀菌剂是一个混合物，如 37.5%嘧菌环胺和 25%咯菌腈杀菌剂，嘧菌环胺作为第一个芳氨基嘧啶类杀菌剂，具有该类化合物的系统特性，可被吸附在植物叶片和果实表皮，作用于寄主的角质层和蜡质层；另外，咯菌腈作为苯基吡咯类杀菌剂，可以停留在植物叶片和果实的表面来提供接触活性。

Lo Curto 等[116] 等通过对意大利 3 个不同地区葡萄园进行有机杀菌剂田间处理，结果发现嘧菌酯处理后，葡萄酒中赭曲霉素的浓度降低 96.5%，而采用阿乐丹和戊菌唑进行处理，毒素浓度减低 88%。Prêtet-Lataste 等[117] 发现至少两种杀菌剂嘧菌酯和嘧霉胺在控制葡萄中赭曲霉素积累方面表现出较好的效果，在葡萄浆果开始着色期使用这些杀菌剂可以将曲霉属菌 *Aspergillus* 对葡萄的侵染减低 80%。Dimakopoulou 等[118] 发现浓度为 0.1%的 Switch 可以有效减低葡萄园中黑曲霉引起的品种为 Agiorgitico 葡萄的酸腐病，然而，浓度为 0.5%的王铜杀菌剂表现出较差的效果。类似的，同一个研究团队还对 Cabernet Sauvignon 和 Grenache Rouge 品种的葡萄，分别在葡萄浆果着色成熟期和采前 20 天进行杀菌剂处理，结果发现该处理显著减低了病原真菌的扩展和赭曲霉素的积累[119]。此外，不同葡萄品种、不同杀菌剂剂量和使用次数均显著影响杀菌剂的使用效果。

对于杀菌剂 Switch 来说，具体的使用时间对于其控制效果非常关键，通常是在葡萄浆果着色成熟期和采前 21 天处理效果最好。如在葡萄浆果果实着色成熟期之前迅速采用 Switch 处理，然后在采收之前再进行一次 Switch 喷洒处理，显著减低了黑曲霉病原真菌引起的腐烂。但是，在澳大利亚，食品安全委员会明令禁止在果实采收之前 60 天内进行 Switch 喷洒处理，主要是应用在开花期和葡萄成串期。通过对人工接种 *A. carbonarius* 的品种为 Semillon vines 成串期前的葡萄进行预实验，结果发现，Switch 处理几乎对黑曲霉葡萄的腐烂没有影响[120]。Tjamos 等[121] 表明，杀菌剂 Switch 能够控制由曲霉属病原真菌（*Aspergillus* spp.）引起的希腊格林斯和酿酒葡萄品种（格纳殊和解百纳）的红提葡萄酸腐病，并且杀菌剂 Switch 在葡萄成熟的后期使用较早期效果更好。其实，杀菌剂 Switch 中重要发挥功效的为咯菌腈，另外多菌灵在控制葡萄酸腐病方面也是非常有效的。

杀虫剂的使用可能是控制葡萄园中病原真菌生长的一种最简单、最行之有效的方式。但是同杀菌剂一样，它会使病原真菌产生抗药性并对人类健康带来威胁，对环境造成影响。不过，我们可以预测杀虫剂在每串葡萄上的残留量，然后将他们控制在一个安全水平下。不过，我们发现大部分情况下，杀虫剂的残留量均低于检测限。另外，生物控制也是控制植物病害的一个具有较大应用前景的措施，尤其是结合采前预防处理，可以有效控制病原真菌的侵染和真菌毒素的积累。

第三节　水果和蔬菜中链格孢属病原真菌的化学控制

Alternaria spp. 是引起水果和蔬菜采前或采后腐烂最常见的病原真菌菌种之一，不同菌种的链格孢属，如：*Alternaria alternata* 和 *A. radicina* 可以产生不同的真菌毒素种类。不过，*A. alternata* 是产生真菌毒素的最主要的病原真菌菌种，在腐烂果蔬中的检出率最高，主要产生的真菌毒素有：细交链孢菌酮酸、交链孢酚和交链孢酚单甲醚等。此外，*A. alternata f. sp. Lycopersici* 也可以产生 AAL 植物毒素[122]。Stinson 等[123] 首次在受 *Alternaria* spp. 侵染的番茄、苹果、橘子和柠檬中检测到了链铬孢毒素。同时，番茄是最易受链铬孢毒素污染的果蔬。胡萝卜是最易受 *Alternaria* spp. 侵染，并发生腐烂的蔬菜，但这并不意味其中会积累大量的对人体有害的链铬孢毒素[124]。

一、合成杀菌剂

有研究表明，杀菌剂处理可有效控制柑橘和其它类型水果及作物的褐斑病见表 7.4，但这些杀菌剂处理对控制链铬孢毒素积累的研究报道却很少。

表 7.4　杀菌剂处理对 *Alternaria* spp. 病原真菌及果蔬腐烂的控制

杀菌剂	病原真菌	基质
氯化钙＋杀菌剂 s	*Alternaria*	苹果
异菌脲	*Alternaria alternate*	美人柑
热水＋咪鲜胺	*Alternaria alternate*	芒果
嘧菌酯＋待克利	*Alternaria alternate*	苹果
多氧菌素 B＋肟菌酯		
异硫氰酸酯	*Alternaria* spp.	灯笼椒
苯基异硫氰酸酯	*Alternaria alternate*	番茄
酸性咪鲜胺	*Alternariaalternate*	芒果和柿子
溴菌唑	*Alternaria alternata*	红星苹果

为了有效控制 *Alternaria* spp. 对果蔬腐烂造成的影响，杀菌剂处理通常是在果蔬采收之前，即采前田间杀菌剂处理。如一些国家采用二甲酰亚胺、氨基甲酸酯、苯并咪唑和三唑等杀菌剂处理植物块茎、叶片等，预防十字花科类植物受 *Alternaria* spp. 病原真菌的侵染。例如：三唑类（苯醚甲环唑和戊唑醇）、丙烯酸酯类（唑菌胺酯和嘧菌酯）及百菌清是控制由于 *Alternaria* spp. 引起番茄灰霉病的常见的杀菌剂。二甲酰亚胺异菌脲是控制由 *Alternaria* 引起柑橘腐烂有效的杀菌剂种类，不过，铜盐和代森锰也是控制柑橘由该病原真菌引起病害的有效的杀菌剂。异菌脲单独使用或者与其它类型杀菌剂交替使用在控制由 *Alternaria* 引起的橘柚褐斑病方面也是非常有效的[125]。

体外实验表明：嘧菌酯、唑菌胺酯、肟菌酯、苯醚甲环唑和多氧菌素 B 可以有效抑制 *A. alternata* 孢子的萌发和菌丝的生长。体内实验表明：这些杀菌剂可有效控制红富士（cv，Red Delicious）苹果由 *Alternaria* 引起的苹果霉心病的发生[126]。另外，咪鲜胺在体外抑制不同 *Alternaria* spp. 菌种菌丝生长方面也具有显著的效果[127]。Prusky 等[128] 报道，热水结合咪鲜胺处理可有效减低由 *A. alternata* 引起的芒果果实的腐烂，若使用该法进行采前处理，不仅可以有效阻止 *A. alternata* 的定殖，而且还可有效根除果园后期的潜伏侵染。另外，氯水浸泡处理可以有效阻止贮藏期由 *A. alternata* 引起的柿子的腐烂[129]。

众所周知，当某种杀菌剂长期使用时，会导致病原真菌产生抗药性，这极大减低了杀菌剂的使用效果。体内和体外实验表明：当经常使用同一种杀菌剂如异菌脲，可以使柑橘产生对 *A. alternata* 抗药性[130]。与此同时，Dry 等[131] 比较了对杀菌剂敏感的和对杀菌剂具有抗性 *A. alternata* 菌株的核酸序列，结果发现 *A. alternata* 突变体菌株的差异体现在组氨酸蛋白激酶早期转录的终止。

二、合成杀菌剂的替代品

由于杀菌剂存在环境污染、药物残留，以及诱导病原真菌产生抗药性等问题。所以，寻找植物源的杀菌剂，去取代合成杀菌剂就显得尤为重要。而这种植物源的杀菌剂必须具有一定的抗微生物活性。

前面研究表明：植物精油、异硫氰酸盐和壳聚糖等可以有效控制 *Alternaria* spp. 引起的果蔬采后腐烂。Bhaskara 等[132,133] 通过体内和体外条件下分析壳聚糖处理对 *A. alternata* 菌丝的生长、病害的控制及毒素积累的影响，结果表明：壳聚糖处理显著抑制了 *A. alternata* 菌丝的生长，延缓了果实病害的发展，抑制了番茄果实中链铬孢酚、链铬孢单甲醚的生物合成，同时，壳聚糖处理还可诱导番茄组织产生植保素（如日齐素）。

另一类合成杀菌剂的替代品是植物精油，据报道，大部分植物精油体外条件下都可抑制植物病原真菌的产生[134,135]。Feng 和 Zheng[75] 研究表明，桂皮和百里香精油在抑制 *A. alternata* 生长方面显示出较高的抗菌活性。浓度为 500×10^{-6}（ppm）的桂皮精油可抑制 *A. alternata* 孢子的萌发，芽管的伸长，并显著减低番茄果实的腐烂。然而，由于桂皮精油处理后，会影响番茄果实的风味。所以，为了改善贮藏后期番茄果实的品质，仍然需要进一步的深入研究。

异硫氰酸酯是另一类具有抗菌活性的化合物，它最早是由 Walker 等[136] 在 1937 年发现的。2005 年，Troncoso-Rojas 等[137] 报道该化合物对抑制 *Alternaria* spp. 病原真菌生长具有一定的作用。在一定浓度下，异硫氰酸酯可以完全抑制体外条件下 *Alternaria* spp. 的生长，当用其控制采后灯笼椒和番茄等果蔬时，显示出较合成杀菌剂更好的处理效果，值得注意的是，该处理并未影响果蔬类产品的质量品质。

参考文献

[1] 王金友，李美娜，洪玉梅，乔壮．防治苹果轮纹烂果病药剂筛选及用药技术．农药科学与管理，2001，9：27-29.

[2] Labuschagne N，Rowell AWG. Chemical control of postharvest diseases of avocados by pre-harvest fungicide application. South African Avocado Growers' Association Yearbook，1983，6：46-47.

[3] Lennox，C. L.，Spotts，R. A.，and Booyse，M. Incidence of postharvest decay od 'Anjou' pear and control with thiabendazole drench. Plant Dis.，2004，88，474-478.

[4] Barkai-Golan，R.，Paster N. Mycotoxins in fruits and vegetables. Elsevier Publishing Ltd，2008：290-291.

[5] Kuiper-Goodman，T. Risk assessment and risk management of mycotoxins infood. In Mycotoxins in Food：Detection and Control（N. Magan and M. Olsen，eds）. Cambridge：Woodhead Publishing Ltd，2004：3-27.

[6] Morales, H., Marı'n, S., Rovira, A., et al. Patulin accumulation in apples by *Penicillium expansum* during postharvest stages. Lett. Appl. Microbiol., 2007a, 44: 30-35.

[7] Morales, H., Sanchis, V., Rovira, A., et al. Patulin accumulation in apples during postharvest: Effect of controlled atmosphere storage and fungicide treatments. Food Control, 2007b, 18: 1443-1448.

[8] Errampalli, D. Effect of fludioxonil on germination and growth of *Penicillium expansum* and decay in apple cvs. Empire and Gala. Crop Prot., 2004, 23: 811-817.

[9] Rosslenbroich, H. J. and Stuebler, D. Botrytis cinerea-history of chemical controland novel fungicides for its management. Crop Prot., 2000, 19: 557-61.

[10] Errampalli, D., Crnko, N. Control of blue mold caused by *Penicillium expansum* in apples "Empire" with fludioxonil and cyprodinil. Can. J. Plant Pathol., 2004, 26: 70-75.

[11] Masner, P., Muster, P., and Schmid, J. Possible methionine biosynthesis inhibitionby pyrimidinamine fungicides. Pesticide Science, 1994, 42: 163-66.

[12] Blacharski R W, Bartz J A, Xiao C L, et al. Control of Postharvest Botrytis Fruit Rot with Preharvest Fungicide Applications in Annual Strawberry. Plant Disease, 2001, 85 (6): 597-602.

[13] Prusky D, Bazak M, Ben-Arie R. Development, persistence, survival and strategies for control of thiabendazole-resistant strains of Penicillium expansum on pome fruits. Phytopathology, 1985a, 75: 877-882.

[14] 刘长令，关爱莹．广谱高效杀菌剂嘧菌酯．世界农药，2002，24 (1)：46-49.

[15] Robak J, Adamicki F. The Effect of Pre-Harvest Treatment with Fungicide on the Storage Potential of Root Vegetables. Vegetable Crops Research Bulletin, 2007, 67: 187-196.

[16] 马凌云，毕阳，张正科等．采前嘧菌酯处理对“银帝”甜瓜采前及采后主要病害的控制．甘肃农业大学学报，2004，39 (1)：14-17.

[17] Nunes, C., Usall, J., Teixido, N., et al. Control of post-harvest decay of apples by pre-harvest and post-harvest application of ammonium molybdate. Pest ManagementScience, 2001, 57: 1093-1099.

[18] Maneerat, C. Hayata, Y. Antifungal activity of TiO_2 photocatalysisagainst *Penicillium expansum* in vitro and in fruit tests. Int. J. Food Microbiol., 2006, 107: 99-103.

[19] Paterson, R. R. M. Some fungicides and growth inhibitor/biocontrol-enhancer2-deoxy-D-glucose increase patulin from Penicillium expansum strains in vitro. Crop Prot., 2007, 26: 543-8.

[20] Malmauret, L., Parent-Massin, D., Hardy, J. L., and Verger, P. Contaminants inorganic and conventional foodstuffs in France. Food Addit. Contam., 2002, 19: 524-32.

[21] Tangni, E. K., Theys, R., Mignolet, E., et al. Patulin in domestic and importedapple-based drinks in Belgium: occurrence and exposure assessment. Food Addit. Contam., 2003, 20: 482-489.

[22] Ragsdale, N. N. and Sisler, H. D. Social and political implications of managing plant diseases with decreased availability of fungicides in the Unites States. Annu. Rev. Phytopathol., 1994, 32: 545-57.

[23] Tripathi, P. and Dubey, N. K. Exploitation of natural products as an alternative strategy to control postharvest fungal rotting of fruit and vegetables. PostharvestBiol. Technol., 2004, 32: 235-45.

[24] Wilson, C. L., El-Ghaouth, A., and Wisniewski, M. E. Prospecting in nature's storehouse for biopesticides. Conferencia Magistral Revista Mexicana de Fitopatologia, 1999, 17: 49-53.

[25] 王金生．分子植物病理学 [M]．北京：中国农业出版社，1999：128-132.

[26] 邱德文，杨秀芬，曾洪梅，袁京京，杨怀文．蛋白激发子抗病疫苗—激活蛋白研究与创新 [M]．北京：科学出版社，2008：33-47.

[27] Terry L. A., Joyce D. C.. Elicitors of induced disease resistance in postharvest horticultural crops: a brief review [J]. Postharvest Biology and Technology, 2004, 32: 1-13.

[28] Bi, Y., Li, Y. C., Ge, Y. H., Induced resistance in postharvest fruits and vegetables by chemicals and its mechanism [J]. Stewart Postharvest Review, 2007b, 3: 1-7.

[29] Tian S. P., Qin G. Z., Li B. Q., Wang Q., Meng X. H. Effects of salicylic acid on disease resistance and postharvest decay control of fruits [J]. Stewart Postharvest Review, 2007, 3: 1-7.

[30] Badawy M. E. I., Rabea E. I., Potential of the biopolymer chitosan with different molecular weights to control post-

harvest gray mold of tomato fruit [J]. Postharvest Biology and Technology, 2009, 51: 110-117.
[31] Chien P. J., Sheu F., Lin H. R., Coating citrus (Murcott tangor) fruit with low molecular weight chitosan increases postharvest quality and shelf life [J]. Food Chemistry, 2007, 100: 1160-1164.
[32] Felipini R. B., Di Piero R. M. Reduction of the severity of apple bitter rot by fruit immersion in chitosan [J]. Pesquisa Agropecuaria Brasileira, 2009, 44: 1591-1597.
[33] Sun X. J., Bi Y., Li Y. C., Han R. F., Ge, Y. H. Postharvest chitosan treatment induces resistance in potato against *Fusarium sulphureum* [J]. Agricultural Sciences in China, 2008, 7: 615-621.
[34] El-Ghaouth A., Arul J., Grenier J., Asselin A. Antifungal activity of chitosan on two postharvest pathogens of strawberry fruits [J]. Phytopathology, 1992c, 82: 398-402.
[35] Liu J., Tian S. P., Meng X. H., Xu Y. Effects of chitosan on control of postharvest diseases and physiological responses of tomato fruit [J]. Postharvest Biology and Technology, 2007, 44: 300-306.
[36] Li Y. C., SunX. J., Bi Y., Ge Y. H., Wang Y. Antifungal activity of chitosan on *Fusarium sulphureum* in relation to dry rot of potato tuber [J]. Agricultural Sciences in China, 2009b, 8: 597-604.
[37] Chen, C. S., Liau, W. Y., Tsai, G. J., Antibacterial Effects of N-Sulfonated and N-Sulfobenzoyl Chitosan and Application to Oyster Preservation. Journal of Food Protection, 1998, 174 (61): 1124-1128.
[38] Avadi M. R., Sadeghi A. M. M., Tahzibi A., Bayati K., Pouladzadeh M., Zohuriaan-Mehr M. J., Rafiee-Tehrani M. Diethylmethyl chitosan as an antimicrobial agent: Synthesis, characterization and antibacterial effects [J]. European Polymer Journal, 2004, 40: 1355-1361.
[39] Chen, S., Wu, G., Zeng, H., Preparation of high antimicrobial activity thiourea chitosan-Ag^+ complex [J]. Carbohydrate Polymers, 2005, 60: 33-38.
[40] Meng X., Yang L., Kennedy J. F., Tian, S. Effects of chitosan and oligochitosan on growth of two fungal pathogens and physiological properties in pear fruit [J]. Carbohydrate Polymers, 2010, 81: 70-75.
[41] Mauch F., Hadwiger L. A., Boller T. Ethylene: symptom, not signal for the induction of chitinase and β-1, 3-glucanase in pea pods by pathogens and elicitors [J]. Plant Physiology, 1984, 76: 607-611.
[42] Benhamou N., Thériault G., Treatment with chitosan enhances resistance of tomato plants to the crown and root rot pathogen *Fusarium oxysporum* f. sp. radicis-lycopersici [J]. Physiological and Molecular Plant Pathology, 1992, 41: 33-52.
[43] Bi Y., Tian S. P., Guo Y. R., Ge Y. H., Qin G. Z. Sodium silicate reduces postharvest decay on Hami melons: Induced resistance and fungistatic effects [J]. Plant Disease, 2006b, 90: 279-283.
[44] 李云华，毕阳，张怀予，葛永红，刘瑾．采后硅酸钠处理对苹果梨青霉病的抑制［J］．甘肃农业大学学报. 2008. 43：150-153.
[45] 盛占武，毕阳，鄯晋晓，葛永红，李永才，孙志高，李勤．采后硅酸钠处理对马铃薯干腐病的抑制［J］．食品工业科技，2007. 28：90-191，218.
[46] Qin G. Z., Tian S. P. Enhancement of biocontrol activity of *Cryptococcus laurentii* by silicon and the possible mechanisms involved [J]. Phytopathology, 2005, 5: 69-75.
[47] 郭玉蓉，葛永红，毕阳，赵桦．采后硅酸钠处理对苹果梨黑斑病的影响［J］．食品科学，2003a. 24：140-142.
[48] Guo YR., Liu L., Zhao J., Bi Y. Use of silicon oxide and sodium silicate for controlling *Trichothecium roseum* postharvest rot in Chinese cantaloupe (Cucumis melo L.) [J]. International Journal of Food Science & Technology, 2007, 42: 1012-1018.
[49] 王毅．硅酸钠对 *Trichothecium roseum* 的抑制及其对厚皮甜瓜组织结构和超微结构的影响［D］．兰州：甘肃农业大学，2008.
[50] 李永才．壳聚糖和硅酸钠对马铃薯块茎干腐病的控制及其机理研究［D］．兰州：兰州大学，2007.
[51] Niu, L. L., Bi, Y., Bai, X. D., Zhang, S. G., Xue, H. L., Li, Y. C., Wang, Y., Calderón-Urrea. A. Damage to *Trichothecium roseum* caused by sodium silicate is independent from pH. *Canadian Journal of Microbiology*, 2016, 62: 161-172.
[52] 张维，周会玲，袁仲玉，张春云，温晓红．β-氨基丁酸结合壳聚糖处理对苹果采后青霉病的防治效果与机理［J］，西北农林科技大学学报，2013. 10：149-156.

[53] Yan J. Q., Yuan S. Z., Wang C. Y., Ding X. Y., Cao J. K., Jiang W. B. Enhanced resistance of jujube (*Zizyphus jujuba* Mill. cv. Dongzao) fruit against postharvest *Alternaria* rot by β-aminobutyric acid dipping [J]. Scientia Horticulturae, 2015, 186: 108-114.

[54] Zhang Z. K., Yang D. P., Yang B., Gao Z. Y., Li M., Jiang Y. M., Hu M. J. β-Aminobutyric acid induces resistance of mango fruit to postharvest anthracnose caused by Colletotrichum gloeosporioides and enhances activity of fruit defense mechanisms [J]. Scientia Horticulturae, 2013, 160: 78-84.

[55] Yin Y., Li Y. C., Bi Y., Chen S. J., Li Y. C., Yuan L., Wang Y., Wang D. Postharvest treatment with β-aminobutyric acid induces resistance against dry rot caused by *Fusarium sulphureum* in potato tuber [J]. Agricultral Science in China, 2010, 9: 1372-1380.

[56] 葛永红，李灿婴，朱丹实等．采后柠檬酸处理对苹果青霉病的控制及其贮藏品质的影响，食品科学，2014，35(22)：255-259.

[57] 范林林，赵文静，赵丹等．柠檬酸处理对鲜切苹果的保鲜效果[J]．食品科学，2014，18：44.

[58] 郑小林，吴小业．柠檬酸处理对采后芒果保鲜效果的影响[J]．食品科学，2010，18：381-384.

[59] 曹建康，姜微波．柠檬酸处理对鸭梨果实贮藏特性的影响[J]．食品科技，2009，10：84-87.

[60] 张庆春，李永才，毕阳等．柠檬酸处理对马铃薯干腐病的抑制作用及防御酶活性的影响[J]．甘肃农业大学学报，44：146-150.

[61] 林文权．改性水滑石催化合成乙酰水杨酸的应用研究[D]．浙江：浙江工业大学，2011.

[62] 张玉，陈昆松，张上隆，王建华．猕猴桃果实采后成熟过程中糖代谢及其调节[J]．植物生理与分子生物学学报，2004，(3)：317-324.

[63] 刘运美，吕昌银，范翔等．乙酰水杨酸分子印迹聚合物的合成及性能研究[J]．分析测试学报，2007，26(2)：165-169.

[64] 郑国兴，张春乐，黄浩等．水杨酸的抑酶与抑菌作用[J]．厦门大学学报(自然科学版)，2006，45：19-22.

[65] 吴萌，杜超，李玉静．乙酰水杨酸对苔菜的保鲜作用[J]．河北省科学院学报，2009，26(2)：57-62.

[66] 杨绍兰，王然．乙酰水杨酸处理对鸭梨果实货架期品质特性的影响[J]．中国农学通报，2009，25(18)：89-92.

[67] 胡林峰，许明录，朱红霞．植物精油抑菌活性研究进展．天然产物研究与开发，2011，23：384-391.

[68] 吴新，金鹏，孔繁渊等．植物精油对草莓果实腐烂和品质的影响．食品科学，2011，32：323-327.

[69] Neri, F., Mari, M., Menniti, A. M., and Brigati, S. Activity of trans-2-hexenal against *Penicillium expansum* in "Conference" pears. J. Appl. Microbiol., 2006, 100: 1186-93.

[70] Okull, D. O., Beelman, R. B., and Gourama, H. Antifungal activity of 10-oxo-trans-8-decenoic acid and 1-octen-3-ol against *P. expansum* in potato dextrose agarmedium. J. Food Prot., 2003, 66: 1503-1505.

[71] Troncoso-Rojas, R., Espinoza, C., Sanchez-Estrada, A., et al. Analysis of theisothiocyanates present in cabbage leaves extract and their potential application tocontrol *Alternaria* rot in bell peppers. Food Res. Int., 2005a, 38: 701-708.

[72] Troncoso-Rojas, R., Sanchez-Estrada, A., Ruelas, C., et al. Effect of benzylisothiocyanate on tomato fruit infection development by Alternaria alternata. J. Sci. Food Agric., 2005b, 85: 1427-34.

[73] Sholberg PL. Fumigation of fruit with short-chain organic acids to reduce the potential of postharvest decay. Plant Disease, 1998, 82: 689-693.

[74] Venturini, M. E., Blanco, D., and Oria, R. *In vitro* antifungal activity of several anti microbial compounds against *Penicillium expansum*. J. Food Prot., 2002, 65: 834-9.

[75] Feng, W. and Zheng, X. Essential oils to control Alternaria alternata in vitro andin vivo. Food Control, 2007, 18: 1126-30.

[76] Mossini, S. A. G., De Oliveira, K. P., and Kemmelmeier, C. Inhibition of patulin production by Penicillium expansum cultures with neem (Azadirachta indica) leafextracts. J. Basic Microbiol, 2004, 44: 106-113.

[77] Sharma, N. and Tripathi, A. Fungitoxicity of the essential oil of Citrus sinensison post-harvest pathogens. World J. Microbiol. Biotechnol., 2006, 22: 587-93.

[78] Dorman H J D, Deans S G. Antimicrobial agents from plants: antibacterial activity of plant volatile oils. Journal of Applied Microbiology, 2000, 88: 308-316.

[79] Gutierrez J, Barry-Ryan C, Bourke P. Antimicrobial activity of plant essential oils using food model media: Efficacy, synergistic potential and interactions with food components. Food Microbiology, 2009, 26: 142-150.
[80] Belletti N, Kamdem S S, Tabanelli G, et al. Modeling of combined effects of citral, linalool and β-pinene used against *Saccharomyces cerevisiae* in citrus-based beverages subjected to a mild heat treatment. International Journal of Food Microbiology, 2010, 136: 283-289.
[81] Baruah P, Sharma RK, Singh RS, et al. Fungicidal activity of some naturally occurring essential oils against *Fusarium moniliforme*. Journal of Essential Oil Research, 1996, 8: 411-441.
[82] 李国林，张忠，毕阳等. 八种植物精油体外抑菌效果的比较. 食品工业科技，2013，34：130-133.
[83] Sokovic MD, Glamoclija J, Marin PD, et al. Antifungal activity of the essential oil of *Mentha piperita*. Pharma Biology, 2006, 44: 511-515.
[84] 张正周，姚瑞玲. 花椒精油对红提葡萄致病菌抑菌效果的影响. 农业与技术，2015，35：6-8.
[85] Fallik E, Archbold D D, Hamilton-Kemp T R, Clements A M, Collins R W, Barth M E. (E)-2-Hexenal can stimulate Botrytis cinerea growth in vitro and on strawberry fruit in vivo during storage. J Am. Soc. Hortic Sci. 1998, 123: 875-881.
[86] Li X D, Xue H L. Antifungal activity of the essential oil of *Zanthoxylum bungeanum* and its major constituent on *Fusarium sulphureum* and dry rot of potato tubers. Phytoparasitica, 2014, 42: 509-517.
[87] Plooy W, Regnier T, Combrinck S. Essential oil amended coatings as alternatives to synthetic fungicides in citrus postharvest management. Postharvest Biology and Technology, 2009, 53: 117-123.
[88] Bosquez-MolinaE, Ronquillo-de JesúsE, Bautista-BañosS, et al. Inhibitory effect of essential oils against Colletotrichum gloeosporioides and Rhizopus stolonifer in stored papaya fruit and their possible application in coatings. Postharvest Biology and Technology. 2010, 57: 132-137.
[89] Okull, D. O., Beelman, R. B., and Gourama, H. Antifungal activity of 10-oxotrans-8-decenoic acid and 1-octen-3-ol against *P. expansum* in potato dextrose agarmedium. J. Food Prot., 2003, 66: 1503-05.
[90] Bard M. Geraniol interferes with membrane functions instrains of *Candida* and *Saccharomyces*. Lipids, 1988, 23: 534-538.
[91] KnoblochK. Mechanism of antimicrobial activity of essential oils. PlantaMedica, 1986, 52: 556.
[92] Davidson PM, JunejaVK. Antimicrobial agents. In: A. L. Branen, P. M. Davidson and S. Salmine n (eds.) Food Additives, Marce l Dekker, Inc., New, 1990.
[93] Sholberg PL, Reynolds AG, Gaunce AP. Fumigation of table grapes with acetic acid to prevent postharvest decay. Plant Disease, 1996, 80: 1425-1428.
[94] Sholberg PL. Gaunce, A. P. Fumigation of fruit with acetic acid to prevent postharvest decay. HortScience, 1995, 30: 1271-1275.
[95] Liu WT, ChuCL, Zhou T, Thymol and acetic acid vapors reduce post harvest brown rot of apricot and plums. HortScience, 2002, 37: 151-156.
[96] Chu CL, Liu WT, Zhou T. Fumigation of sweet cherries with thymol and acetic acid to reduce postharvest brown rot and blue mold rot. Fruits, 2001, 56: 123-130.
[97] Mari M, Guizzardi M. The postharvest phase: emerging technologies for the control of fungal diseases. Phytoparasitica, 1998, 26: 59-66.
[98] United States Food and Drug Administration (US-FDA). Department of health and human services, centre for food safety and applied nutrition. In: Guidance for Industry, Recommendations to Processors of Apple Juice or Cider on the Use of Ozone for Pathogen Reduction Purposes, 2004.
[99] 王肽，谢晶. 臭氧水处理对鲜切茄子保鲜效果的研究 [J]. 食品工业科技，2013，15：324-327.
[100] 张丽华，纵伟，李青等. 臭氧水处理对鲜切猕猴桃品质的影响 [J]. 食品工业科技，2015，36 (8)：315-319.
[101] Boonkorn P, Gemma H, Sugaya S, et al. Impact of high-dose, short periods of ozone exposure on green mold and antioxidant enzyme activity of tangerine fruit [J]. Postharvest Biology and Technology, 2012, 67: 25-28.,
[102] Gabler, F. M., Smilanick, J. L., Mansour, M. F., & Karaca, H. Influence of fumigation with high concentrations of ozone gas on postharvest gray mold and fungicide residues on table grapes. Postharvest biology and technology, 2010, 55 (2), 85-90.

[103] 李慧，黄思，Farruhbek R 等．臭氧和负离子对镰刀菌 M4 抑制作用及其机理的初步研究 [J]．长江蔬菜（下半月刊），2013，18：98-101.

[104] Mari M. CembaliT，BaraldiE et al. Peracetic acid and chlorine dioxide for postharvest control of Monilinia laxa in stone fruits. Plant Disease，1999，83：773-776.

[105] Gregori R，Borsetti F，Neri F，Effects of potassium sorbate on postharvest brown rot of stone fruit. Journal of Food Protection，2008，71：1626-1631.

[106] Smilanick J L，Mansour M F，Gabler F M，et al. Control of citrus postharvest green mold and sour rot by potassium sorbate combined with heat and fungicides. Postharvest Biology and Technology，2008，47：226-238.

[107] Zimmerli，B. and Dick，R. Ochratoxin A in table wine and grape-juice：occurrence and risk assessment. Food Addit. Contam.，1996，13：655-68.

[108] Logrieco，A.，Bottalico，A.，Mule，et al. Epidemiology of toxigenic fungi and their associated mycotoxins for some Mediterranean crops. European J. Plant Pathol.，2003，109：645-67.

[109] Merrien，O. Influence de différents facteurs sur l'OTA dans vins et préventiondu risqué d'apparition. Conférence Européenne，Direction de la Santéetdela Protection du Consommateur. 3rd Forum on OTA，Brussels，Belgium，2003.

[110] Kappes，E. M，Serrati，L.，Drouillard，J. B.，et al. A crop protection approach to *Aspergillus* and OTA management in Southren European vineyards. Proceedings from the International Workshop Ochratoxin A in Grapes and Wine：Prevention and Control. Marsala，Italy，2005，24.

[111] Cozzi，G.，Pascale，M.，Perrone，G.，et al. Effect of Lobesia botrana damages on blackaspergilli rot and ochratoxin A content in grapes. Int. J. Food Microbiol.，2006，111：88-92.

[112] Belli，N.，Marin，S.，Argilés，E.，et al. Effect of chemical treatments on ochre-toxigenic fungi and common mycobiota of grapes（Vitis vinifera）. J. Food Prot.，2007，70：157-63.

[113] Medina，A.，Jimenez，M.，Mateo，R.，and Magan，N. Natamycin efficacy forcontrol of growth and ochratoxin production by Aspergillus carbonarius isolates under different environmental regimes. Proceedings from the International Workshop Ochratoxin A in Grapes and Wine：Prevention and Control. Marsala，Italy，2005，74.

[114] Tandon，M. P.，Jamaluddin，and Bhargava，V. Chemical control of decay of fruit of Vitis vinifera caused by *Aspergillus niger* and *Penicillium* spp. Current Science，1975，44：478.

[115] Molot，B. and Solanet，D. Ochratoxine：Prévention du risqué. Etude au vignoblede fungicides actifs contre *Aspergillus carbonarius* incidences sur la présence auxvendanges. Les Entretiens Viti-Vinicoles Rhone-Mediterranée，Nimes，April 16，2003：18-21.

[116] Lo Curto，R.，Pellicanò，T.，Vilasi，F.，et al. Ochratoxin A occurrence inexperimental wines in relationship with different pesticide treatments on grapes. Food Chem.，2004，84：71-5.

[117] Prêtet-Lataste，C.，Guérin，L.，Béguin，J.，et al. OTA at vine- and wine-stage：solutions to reduce the contamination. Proceedings from the International Workshop Ochratoxin A in Grapes and Wine：Prevention and Control. Marsala，Italy，2005，23.

[118] Dimakopoulou，M.，Tjamos，S. E.，Tjamos，E. C.，and Antoniou，P. P. Chemicaland biological control of sour-rot caused by black aspergilli in the grapevinevariety of Korinth region. Proceedings from the International Workshop OchratoxinA in Grapes and Wine：Prevention and Control. Marsala，Italy，2005，77.

[119] Antoniou，P. P.，Tjamos，S. E.，and Tjamos，E. C. Chemical control of black aspergilli in different farming systems and varieties in Rhodes island of Greece. Proceedings from the International Workshop Ochratoxin A in Grapes and Wine：Prevention and Control. Marsala，Italy，2005，78.

[120] Leong，S. L.，Hocking，A. D.，Pitt，J. I.，et al. Australian research on ochratoxi-genic fungi and ochratoxin A. Int. J. Food Microbiol.，2006，111：10-17.

[121] Tjamos，S. E.，Antoniou，P. P.，Kazantzidou，A.，et al. Aspergillus niger and Aspergillus carbonarius in Corinth Raisin and Wine-Producing Vineyards inGreece：Population composition，Ochratoxin A production and Chemical Control. J. Phytopathol.，2004，152：250-255.

[122] Solfrizzo，M.，De Girolamo，A.，Vitti，C.，et al. Toxigenic profile of Alternaria alternata and Alternaria radici-

na occurring on umbelliferous plants. Food Addit. Contam.，2005，22：302-308.

[123] Stinson，E. E.，Osman，S. F.，Heisler，E. G.，et al. Mycotoxin production in wholetomatoes，apples，oranges，and lemons. J. Agric. Food Chem.，1981，29：790-792.

[124] Biggs，A. R.，Ingle，M.，and Solihati，W. D. Control of Alternaria infection of (Pyrusfruit of apple cultivar Nittany with calcium chloride and fungicides. Plant Dis.，1993，77：976-980.

[125] Solel，Z.，Oren，Y.，and Kimchi，M. Control of Alternaria brown spot of Minneola tangelo with fungicides. Crop Prot.，1997，16，659-664.

[126] Reuveni，M. Inhibition of germination and growth of Alternaria alternata andmouldy-core development in Red Delicious apple fruit by bromuconazole andSygnum. Crop Prot.，2006，25：253-258.

[127] Iacomi-Vasilescu，B.，Avenot，H.，Bataille-Simoneau，N.，et al. In vitro fungicidesensitivity of Alternaria species pathogenic to crucifers and identification of Alternaria brassicicola field isolates highly resistant to both dicarboximides and phenylpyrroles. Crop Prot.，2004，23：481-488.

[128] Prusky，D.，Fuchs，I.，Kobiler，I.，et al. Effect of hot water brushing，prochloraz treatment and waxing on the incidence of black spot decay caused by *Alternaria alternata*. Postharvest Biol. Technol.，1999，15：165-174.

[129] Prusky，D.，Eshel，D.，Kobiler，I.，et al. Postharvest chlorine treatments for the control of the persimmon black spot disease caused by Alternaria alternata. Postharvest Biol. Technol.，2001，22：271-277.

[130] Solel，Z.，Timmer，L. W. Y.，and Kimchi，M. Iprodione resistance of *Alternaria alternata* pv. citri from Minneola tangelo in Israel and Florida. PlantDis.，1996，80：291-293.

[131] Dry，I. B.，Yuan，K. H.，and Hutton，D. G. Dicorbaxomide resistance in field isolates of Alternaria alternata is mediated by a mutation in a two-componenthistidine kinase gene. Fungal Genet. Biol.，2004，41：102-108.

[132] Bhaskara Reddy，M. V.，Angers，P.，Castaigne，F.，and Arul，J. Chitosan effectson black old rot and pathogenic factors produced by *Alternaria alternata* inpostharvest tomatoes. J. Am. Soc. Hort. Sci.，2000，125：742-747.

[133] Bhaskara Reddy，M. V.，Arul，J.，Ait-Barka，E.，et al. Effects of chitosan on growth and toxin production by *Alternaria alternata f. sp. lycopersici*. BiocontrolSci. Technol. 1998，8：33-43.

[134] Bellerbeck，V. G.，De Roques，C. G.，Bessiere，J. M.，et al. Effect of Cymbopogonnardus (L) W. Watson essential oil on the growth and morphogenesis of Aspergillusniger. Can. J. Microbiol.，2001，47：9-17.

[135] Velluti，A.，Marin，S.，Gonzalez，P.，et al. Initial screening for inhibitory activity of essential oils on growth of Fusarium verticillioides，F. proliferatum andF. graminearum on maize-based agar media. Food Microbiol.，2004，21：649-656.

[136] Walker，J. C.，Morell，S.，and Foster，H. H. Toxicity of mustard oils and related sulphur compounds to certain fungi. Am. J. Bot.，1937，24：536-541.

[137] Troncoso-Rojas，R.，Sanchez-Estrada，A.，Ruelas，C.，et al. Effect of benzylisothiocyanate on tomato fruit infection development by *Alternaria alternata*. J. Sci. Food Agric.，2005b，85：1427-1434.

第八章 果蔬中产毒真菌及病害的物理控制

由于果蔬及其制品中真菌及真菌毒素的污染是不可避免的，而真菌和真菌毒素的防控密不可分，良好的预防措施和操作规范可有效降低污染率和污染程度。本章主要介绍物理方法，如热处理、电离辐射和紫外线照射等，对果蔬进行处理，进而有效控制采后腐烂及其真菌毒素的累积。

第一节　热处理对果蔬中产毒真菌及病害的控制

热处理（heat treatment）是利用果蔬的热学和其它物理化学特性，在贮藏前将果蔬置于35～50℃的热水、热空气或热蒸汽等热的环境中处理一段时间，以杀死或抑制病原真菌的活动，可以调节果蔬的生理生化机能，从而达到防腐保鲜的目的。作为国内外广泛研究的一种物理保鲜技术，热处理具有无化学药剂残留的优点，是一种无毒、无农药残留的物理处理方法，因而在新鲜果蔬贮藏中具有较好的应用前景。

一、热处理技术对果蔬病害的控制

热处理根据其传热介质的不同，可分为热蒸汽处理、热空气处理和热水处理。热蒸汽由于处理温度较高，易造成热伤害而未得到广泛的应用。热水浸泡处理传热快、温度高，对果实表面的真菌和幼虫有很好的杀灭和抑制作用，可以起到防虫抗病的作用。热空气处理温度相对较低、时间较长，可以用于果蔬病害和虫害的控制，同时还方便于研究果蔬在高温下的生理生化变化。

（一）热蒸汽处理

热蒸汽处理（vapor heat）即利用40～50℃的饱和水蒸气对果蔬进行加热处理，利用水蒸气在果蔬表面冷凝释放的潜热，使果蔬表面温度缓慢升高，达到所需温度后保持一定时间以杀灭有害生物的方法。这项技术最早是在无强制通风的条件下用来杀死柑橘中的地中海实蝇等害虫[1]。目前商业化处理设备中多采用换气扇强制循环热蒸汽的方法。热蒸汽处理时应注意三个阶段的温度控制，首先是预热，即该阶段的处理时间与产品的热敏性相关；其次是恒温处理，要求产品内部温度足以杀灭病原真菌；最后是冷却，即通过冷空气或冷水使产品迅速降到适宜温度[2]。该法已在芒果、番木瓜等亚热带水果上普遍应用。此外，葡萄果实用52.5℃湿热空气处理21～24min或55℃湿热空气处理18～21min，能极显著地降低由灰葡萄孢引起的果实腐烂[3]。

（二）热空气处理

热空气处理法（hot air treatment，HAT）是指把果蔬置于一定温度（30～50℃）的热空气中，热先从空气传导至温度较低的果蔬表面，进而传递到产品中心内部，初期热的传递速率较慢，后期逐渐加快。因此，处理的果蔬需在此环境中保持一段时间（数小时到数天），以达到防腐保鲜目的。该处理法一般在有空气循环系统的仓室内进行，在仓室内风速和温度都可以被精确控制，其影响因素主要有处理时间、空气温度和空气湿度等（表8.1）。由于热空气处理期间空气湿度太低会造成果蔬失重，因此，为了降低果蔬的失重率，处理期间应增加空气湿度。该热处理方法耗时较长，一般在38～46℃下处理12～96h，故效率不高[2]。与热蒸汽处理相比，热空气处理法的加热速率最慢，较慢的升温速率和较低的湿度使热空气处理法更利于果蔬品质的保持。

热空气处理法最早用于防治柑橘的绿霉病[4]。甜橙果实用40℃热空气处理18h，能显著降低由意大利青霉和指状青霉引起的腐烂[5]。38℃热空气处理96h，能显著降低嘎啦、金冠和红富士苹果的青霉病和灰霉病[6]。番茄果实用38～40℃热空气处理72h，能显著降低由互隔交链孢引起的果实黑斑病的发生[7]；而对于樱桃番茄而言，同样温度下仅需24h即可有效控制黑斑病[8]。此外，热空气处理与化学杀菌剂、拮抗微生物、碳酸氢钠等结合，能显著提高其控制病害的效果。如48.5℃热空气结合化学杀菌剂后，处理4min就能显著降低贮藏期芒果炭疽病[9]。

表8.1　热空气处理控制果蔬采后病害的方法和条件

果蔬	病原真菌	处理温度/℃	处理时间/h	参考文献
柑橘	指状青霉	33	65	[4]
嘎啦苹果	扩展青霉	38	96	[5]
桃	扩展青霉	37	48	[6]
番茄	互隔交链孢	38～40	72	[7]
樱桃番茄	互隔交链孢	38～40	24	[8]
芒果	互隔交链孢	40	4	[9]
甜樱桃	扩展青霉	44	4.75	[10]

（三）热水处理

与热蒸汽和热空气处理相比，热水处理的时间较短，且水温易于精确控制，可有效杀死果蔬表面的病原真菌，钝化其内部的潜伏侵染，清除产品表面的分泌物。热水处理法包括热水浸泡法（hot water dip，HWD）和热水喷淋法（hot water rinses and brushing，HWRB）两种。热水浸泡法是将果蔬完全浸泡在热水中，处理温度50～55℃，浸泡时间1～30min不等[11]。热水喷淋是首先将果蔬经软毛刷传送带被送至喷淋装置下，然后在一定压力的高温水（55～65℃）处理下喷淋处理10～25s，最后果实经强制通风晾干除去果蔬表面水分[12]。有研究者认为，热水喷淋比热水浸泡能更有效地清除辣椒表面和脐部的泥土、污垢和真菌孢子等[13]。目前，热水喷淋处理在以色列已应用于多种果蔬的采后商业化处理，如辣椒、甜瓜、芒果和葡萄柚，果实处理量为每小时3～4吨；同时也在埃及、印度尼西亚和摩洛哥得到广泛应用[12]。在美国和菲律宾，热水浸泡处理被广泛应用于芒果的采后商品化处理[14]。在欧洲，热水处理法主要应用于有机苹果的采后商品化处理[15]。

热水处理在苹果、甜瓜、芒果、桃、梨和辣椒等多种果蔬采后病害的控制中发挥了良好的控制作用（表8.2）。影响热处理的主要因素包括：果蔬种类（品种、大小、形状、组织结构、生长条件、采收成熟度）、病原真菌（菌种、对寄主的侵染部位、侵染程度）、处理条件（处理温度、时间、方法和处理量等）及处理后的冷却速度等[16]，其中将果蔬保持在适宜的温度下是热处理控制病害的关键。如对接种有扩展青霉的桃和油桃在50℃热水喷淋10s，扩展青霉仅部分被抑制，而60℃热水冲刷20s，则病原真菌被完全抑制[17]。越大的果蔬，需要的加热时间越长。对于形状不规则的蔬菜如花椰菜、西兰花等，热水浸泡处理的效果要好于热水喷淋处理[18]。此外，病原真菌的侵染进程显著影响热处理对病害控制的效果，这可能与不同病原真菌孢子萌发的时间有关。如扩展青霉接种果实2h后进行热水处理，并不能降低采后病害，而果实接种24h后进行处理，能显著减少青霉病的发生[17]。同样对交链孢菌而言，在接种番茄果实8h后进行热处理比接种后立即进行处理的控病效果好[19]。

热处理控制果蔬采后病害的作用机理除了热处理本身对病原真菌具有一定的杀伤作用外，还因为热处理能间接调节果蔬自身的生理代谢反应，进而产生抗菌蛋白和植物抗毒素等抗性物质，从而提高果蔬的抗病能力；此外，热处理可改变果蔬的表皮结构和清除表皮脏物，来减少微生物入侵[20]。研究发现没有经过热水处理的辣椒表皮有裂缝，而经热水冲刷处理后的表皮裂缝被堵塞[13]。在电子显微镜下观察到 Fortune 柑橘表皮是粗糙的小粒状的蜡组织并有大量的深裂缝，而在 50～54℃浸泡 3min 后，表面蜡融化把裂缝和气孔堵塞。在甜瓜的研究中发现，热水喷淋处理能降低果实表面的微生物数量，使果蜡平滑并覆盖或密封表面的气孔或裂纹[21]。堵住果蔬表面气孔和裂缝是防止微生物入侵的一道很好的屏障，进而起到了保护果蔬降低病害的作用。

表 8.2 热水处理控制果蔬采后病害的方法和条件

果蔬	病原真菌	处理方式	处理温度/℃	处理时间	参考文献
甜辣椒	互隔交链孢	热水浸泡	55	12s	[13]
辣椒	黄曲霉	热水浸泡	52	15min	[23]
苹果	扩展青霉	热水浸泡	50	3min	[15]
苹果	扩展青霉	热水浸泡	45	10min	[24]
甜瓜	粉红单端孢	热水浸泡	53	3min	[21]
甜瓜	互隔交链孢	热水喷淋	59	15s	[25]
甜瓜	尖孢镰刀菌	热水浸泡	45	25min	[26]
梨	扩展青霉	热水浸泡	46	15min	[27]
荔枝	青霉属	热水喷淋	55	20s	[28]
甜樱桃	扩展青霉	热水浸泡	60	3min	[29]
桃	扩展青霉	热水浸泡	55	10s	[30]
桃和油桃	扩展青霉	热水喷淋	60	20s	[31]
芒果	互隔交链孢	热水喷淋	56～64	15～20s	[32]
芒果	互隔交链孢	热水浸泡	60	5min	[33]
芒果	互隔交链孢	热水喷淋	55	15～20s	[34]
芒果	互隔交链孢	热水浸泡	50	5min	[35]
马铃薯	硫色镰刀菌	热水浸泡	57.5	20～30min	[36]

适宜的热处理不仅能显著降低果实腐烂率，延长贮藏时间，且有利于果实品质的保持。如 Porat 等[22] 研究表明，不同的有机柑橘品种采后在 56℃热水浴中刷洗 20s 后，能使柑橘在贮藏期间腐烂率降低 45%～55%，且 56℃热水浴没有造成果实表面损伤，也不影响果实的内部品质。然而，由于不同水果的热敏感性不同，热处理温度过高或处理时间过长都会造成果实损伤，这些损伤可能立刻出现或贮藏一段时期才显现。

二、热处理与其它方法的结合

当热处理温度过高或时间过长，不但会给果蔬带来热伤害，还会增加能量消耗；同时，随着热处理在采后果蔬贮藏保鲜中应用的不断深入和改进，热处理和其它处理方法相结合的复合处理方法已受到越来越多的关注。

（一）与其它物理方法结合

热处理与物理法结合是指将果蔬经过热处理后再结合其它物理保鲜杀菌方法（如辐照、涂膜、紫外线照射、聚乙烯薄膜袋包装等）。热处理与辐照结合较单独处理能更有效地控制果实多种采后病害[37]。两者的结合不仅缩短了热处理时间，也降低了辐照使用剂量。使用热处理和辐照结合处理能够协同钝化病原真菌孢子，不仅降低了柑橘的青霉病和油桃的褐腐病的发生，也减轻了辐照诱发的果皮损伤[38]。加热和辐照之间的间隔时间也影响处理的效果，通常在热水处理后24h内进行辐照处理效果会更好。Rodov等[39]发现热处理后用聚乙烯薄膜包单果包装，可有效防止葡萄柚的腐烂。

（二）与化学方法结合

单独用杀菌剂时会污染环境，并危害人体健康。热处理与杀菌剂结合起来不仅可降低热处理的温度，缩短热处理时间，避免产生热伤害，又能减少化学用量，降低化学污染，还可增强杀菌剂的活性并提高其渗透性，达到提高防腐保鲜的效果。热处理与杀菌剂结合即可先将果蔬经过热处理后再利用化学杀菌剂处理，也可直接利用热处理加杀菌剂进行采后处理。热水喷淋（56～64℃；15～20s）结合咪鲜胺处理及涂蜡能显著减轻由互隔交链孢引起的芒果黑斑病，并显著改善果实的商品性[32]。热水喷淋（55℃；20s）结合咪鲜胺处理能显著减轻由扩展青霉引起的荔枝青霉病，显著延长果实的贮藏期[28]。

乙醇具有抑制孢子萌发、杀死致病菌等作用，热处理能增强乙醇对采后病害的控制效果。与32℃、38℃或44℃热水单独处理相比，10%～20%热乙醇处理能有效控制柠檬果实的绿霉病。当处理温度达50℃时，即使乙醇浓度较低（2.5%～5.0%），也能将绿霉病的发病率控制在5%以下[40]。Karabulut等[41]研究表明：50℃、55℃或60℃热水结合10%乙醇，能有效控制果实的绿霉病；特别是60℃热水结合10%乙醇处理能显著提高对扩展青霉的致死率。

此外，目前应用较广泛的热处理结合化学法还有：热结合钙处理、热结合1-甲基环丙烯（1-MCP）处理、热结合碳酸氢钠处理。钙与热水复合处理能增强热处理在保持果实硬度和控制采后病害方面的作用。苹果经2%～4%氯化钙压力渗透后再进行较长时间的热处理，冷藏和货架期间的软化和腐烂率都显著降低[42]。

（三）与生物拮抗结合

生物拮抗菌是指通过微生物之间的互相抵制、互相排斥作用达到减轻果蔬病害的效果。热处理与生物拮抗菌结合使用，可以很好地控制果蔬采后病害。大量研究表明，热处理与拮抗菌结合使用可以增强热处理的抑菌效果。桃果实经热空气（37℃，2d）和拮抗菌 *Cryptococcus laurentii* 复合处理，能有效延缓果实青霉病及根霉病的发生[12]。梨果实经热水（46℃，10～20min）和拮抗菌 *Rhodotorula glutinis* 复合处理，可有效控制果实的青霉病和根霉病，该复合技术完全能替代杀菌剂的使用[6]。金冠苹果果实经热处理（38℃，4d）、拮抗菌 *Metchnikowia pulcherrima* 及碳酸氢钠复合处理，可有效延缓由炭疽病和青霉病所引起的腐烂[43]。静玮等[44]将热水处理与罗伦隐球酵母相结合，更好地降低樱桃果实的青霉病和灰霉病的发生和发展，且未显著影响果实的品质。

由于果蔬中真菌及真菌毒素的污染是不可避免的，那么降低病害的发生是控制真菌毒素污染的最有效途径。热处理作为替代化学杀菌剂的果蔬采后处理方法，具有安全、无污染、无残留及便于操作等特点。同时热处理还可以和目前国际上公认较安全的拮抗菌剂及碳酸氢钠、氯化钙、气调贮藏、辐射处理、紫外线等结合应用，不但可以协同增效，还可以降低化学药物用量，减少热伤害和能源消耗，在保证绿色环保的同时增强其防腐保鲜的效果。热处理的效果受很多因素的影响，因此，针对不同果蔬筛选影响热处理效果的关键因素，探索热处理的机制，开发便于使用的热处理设备，进而提高其商业化应用进程。随着对热处理技术研究的深入和不断完善，热处理技术会在采后保鲜上发挥更大的作用。

第二节　电离辐射对果蔬中产毒真菌及病害的控制

电离辐射是经过一定剂量的电离射线的辐照，以达到食品的贮藏保鲜目的的一种物理方法，是一种有效的非热杀菌技术。该技术主要利用钴 60（^{60}Co）、铯 137（^{137}Cs）等产生的伽马（γ）射线、5MeV 以下的 X 射线和电子加速器生成的 10MeV 以下电子束（图 8.1）。目前以^{60}Co 作为辐射源的 γ 射线照射应用最广，其原因在于^{60}Co 制备相对容易，释放出的 γ 射线能力大，穿透力强，半衰期较适中。电离辐照技术不仅具有穿透食品包装消除病原真菌的广谱性和高效性，还具有防止发芽、改善品质及延长货架期等作用，因而被广泛应用于果蔬的防腐保鲜。

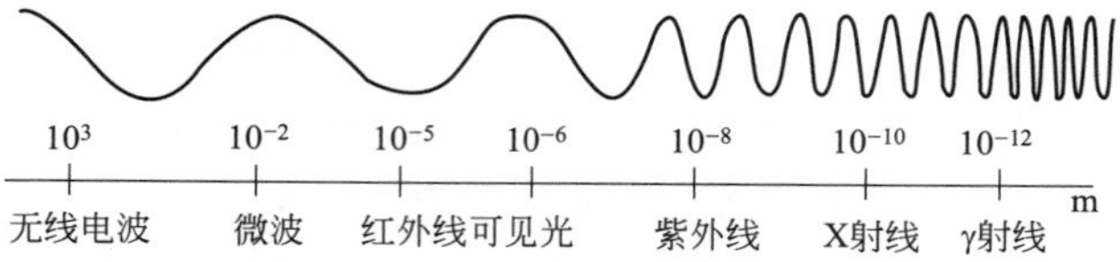

图 8.1　电磁波谱（Calado 等）[51]

一、电离辐射处理果蔬的安全性

电离辐射（辐照）是人类利用核技术开发出来的一项新型果蔬保鲜技术。它采用的是封闭放射源，放射性物质保存在两层密封不锈钢外壳内，射线透过不锈钢管壁照射到果蔬上，果蔬接收到的是射线的能量，而不是放射性物质。早在 1964 年，国际组织就开展关于辐照食品安全性论证和试验。经过长期的动物试验和人体试验证明，在一定剂量照射下的农产品及其制品不产生放射性和有毒物质。1981 年联合国粮农组织（FAO）、国际原子能机构（IAEA）和世界卫生组织（WHO）联合发表调查结论：任何食品经 10kGy 以下剂量辐照处理是安全的，用此剂量辐照的食品不再要求做毒理学实验，同时在营养学和微生物学上也是安全的。随后，FAO 和 WHO 的食品法典委员会（CAC）正式颁发了《辐照食品通用法规》和《食品辐照加工操作规范》[45,46]，从而推动了世界范围内辐照食品商业化的快速发展。但受时代认知和应用上的局限性影响，对辐照食品慢性毒性的顾虑和其它风险的担忧曾一度笼罩食品行业内外。特别是欧盟，对辐照食品的法规及其应用范围有更严格的规定，仅香料、调味品和蔬菜调味料允许辐照，且辐照剂量不能超过 10kGy，同时要求辐照食品实行强制标签的政策[47,48]。2005 年，欧盟的辐照食品仅占世界辐照食品总量的 4%。2009 年以来，7 个欧盟成员国扩大了辐照处理食品的范围，如果蔬，包括块茎类、谷物、畜产品等[49]。据 2011 年的统计，全球已有 70 个国家和地区批准了 548 种食品和调味品可用辐照处理。目前我国已制定了多种果蔬及其制品的辐照技术标准等，包括大蒜、马铃薯、洋葱、苹果、番茄、荔枝、干果、果脯、香辛料、新鲜水果、新鲜蔬菜等。

二、电离辐射对病原真菌的抑制作用

经过一定剂量的 γ 射线、高能电子束或由其转化的 X 射线辐照后，通过射线直接作用破坏活体生物细胞内DNA或通过间接作用使细胞中的水辐解，产生羟自由基、过氧化氢等活性氧自由基，再与细胞内其它物质起作用引起化学键破裂，使物质内部结构发生变化，导致与生物生命现象有关的物质发生各种变化，使生物细胞的生理机能受到破坏，导致细胞死亡，从而起到杀菌作用[50]。病原真菌对辐照的响应受多种因素的影响，不同真菌的抗辐照能力差异较大。通常，真菌的抗辐照能力要强于昆虫和寄生虫，而病毒的抗辐照能力要比真菌强[51]。不同病原真菌抗辐照能力也存在显著差异。有研究表明多细胞的交链孢的孢子比单细胞的孢子更抗γ射线[52]。2.5kGy的γ射线能有效抑制互隔交链孢（*Alternaria alternara*）菌丝体的生长，而γ射线剂量达到3.0kGy，才能抑制黄曲霉（*Aspergillus flavus*）菌丝体的生长[53]。此外，鲜绿青霉（*Penicillium viridicatum*）的抗辐照能力也比黄曲霉弱，完全抑制青霉菌丝体生长的辐射剂量为2.0kGy[54]。但交链孢属比青霉属更耐辐照[55]。

辐照处理对病原真菌的抑制作用因剂量不同而效果不同。一般辐照剂量为0.1～1.0kGy，即可抑制微生物的生长和繁殖；辐照剂量在5～10kGy时，可杀灭一些非芽孢致病菌（如沙门氏菌、大肠杆菌和葡萄球菌等）；而高辐照剂量10～50kGy主要用于某些特定产品的无菌要求[51]。有研究表明辐照扩展青霉的菌丝体时，0.5kGy的低剂量辐照表现出对生长的刺激作用，而超过1.0kGy的辐照剂量，则表现出抑制作用[56]。一般而言，辐照处理对病原真菌的抑制作用随剂量的增加而增强[57]。辐照剂量4～6kGy可以完全抑制食品中病原真菌的生长[58]。

电离辐射对病原真菌的菌落生长、孢子萌发、芽管生长和产孢能力都有影响，经辐照处理的互隔交链孢、黄曲霉等致病菌表现出菌落生长缓慢、芽管的长度和直径变小，甚至在某些情况下会形成多芽管[53]。Ribeiro等[58]研究了2kGy的γ射线对黄曲霉和赭曲霉（*A. ochraceus*）的影响，结果表明：经辐照后菌丝颜色会发生改变，同时分生孢子梗的大小、形态等也会发生改变。Paster等[59]研究发现：低剂量的辐照（1.5kGy或2.0kGy）能抑制赭曲霉的菌丝生长，而辐照剂量达到3.0kGy，才能完全抑制赭曲霉。一般孢子比菌丝体更耐辐照，这是由于真菌的孢子所含的DNA量较少[51]；且经过辐照的孢子在适宜的温度湿度条件下还能复活，但复活后的孢子对辐照更为敏感。在研究γ射线对黄曲霉孢子辐照效应中，发现辐照不仅能杀灭霉菌孢子，也能抑制霉菌毒素产生；但也有一些学者认为，经辐照后的病原真菌产毒能力增强[58]。这可能是由于不适宜的辐照处理导致病原真菌发生突变，并产生新的抗性菌株，进而使其产毒能力发生改变。通常情况下，与其它技术相比，耐辐照菌株产生的可能性是最小的。

三、电离辐射对果蔬病害及真菌毒素的控制

果蔬采后贮藏时易受微生物侵染而导致腐败变质，辐照处理不仅能杀死伤口中的病原微生物，也能抑制果蔬内部潜伏侵染的病原真菌，即病原真菌开始侵染后辐照处理仍能降低果蔬的采后腐烂率；但辐照对果蔬病原真菌的抑制效果与病原真菌对果蔬的侵染程度有关。果蔬组织病原真菌接种与辐照处理的间隔时间越长，抑制病原真菌扩展所需的辐照剂量越大。大多数采后病原真菌都可通过采收时造成的伤口进入组织，采后若不及时处理，病原真菌就会在果蔬体内进一步扩展，进而增加辐照控制的难度。因此，辐照处理应在果蔬采收后立即进行。

由于不同果蔬对辐照的敏感性存在差异，故辐照处理的剂量主要取决于产品对辐照

强度的耐受性，而非取决于抑制病原真菌所需的剂量。大多数果蔬对致死病原真菌的辐照剂量都较为敏感，低剂量的辐照（1.0～5.0kGy）可大大减少霉变微生物的数量，故通常采用亚致死剂量处理果蔬来达到延长货架期的目的。如采用较低剂量 1.0～2.0kGy 辐照草莓、芒果、桃子等水果，可以有效地控制霉菌生长，减少这些水果在运输销售期间的损失，使保藏期得到延长[60,61]。在 0.3～0.6kGy 辐照剂量下，结合低温贮藏（1℃）能显著降低贮藏 9 个月苹果青霉病的发生，且 0.6kGy 的辐照能完全抑制苹果上扩展青霉孢子萌发[62]。1.5kGy 的 γ 射线辐照处理能有效控制 "Nagpur" 柑橘果实的青霉病和黑斑病的发生[63]。2～3kGy 辐照能使贮藏 8℃ 的草莓，货架期延长 4～8d[64]。Salunkhe 和 Desai[65] 利用 1～5kGy 的 γ 射线对无核白葡萄进行辐照，于 4.4℃ 下贮藏 1 个月，结果表明，不同强度的辐照都会降低葡萄的腐烂率，低剂量（1～2kGy）的辐照处理效果最好，而 3～4kGy 处理会造成果粒褐变。

辐照处理还能降低干果中霉菌的污染水平，但对其品质会产生轻微影响。如 5kGy 剂量的 γ 射线辐照处理核桃能显著减少霉菌污染的数量，同时未明显改变核桃中脂类物质的含量，但会导致其过氧化值的轻微上升[66]。3kGy 的 γ 射线辐照处理大枣比甲基溴处理能更有效地抑制病原真菌的生长，但辐照处理能导致果实失重率明显增加[67]。

γ 射线辐照与热水浸泡结合可控制果蔬多种采后病害。在辐照处理前进行热处理效果会更好，因为高温能增加孢子对辐照的敏感性[68]。47℃ 热水结合 0.5kGy 低剂量的辐照 7min 处理能完全抑制梨果实的青霉病，并延缓交链孢引起的黑斑病的发生[69]。热水（50℃，2min）结合辐照（1.0kGy）处理能完全控制番茄果实的黑斑病[70]。

电离辐射技术在果蔬贮藏保鲜方面，具有方便快捷、安全性高、不存在化学残留和环境污染等特点，有着其它方法难以比拟的优越性。它将电离辐射对物质作用的物理效应、化学效应和生物效应用于果蔬贮藏，是一种冷处理技术。辐照处理过程中不会引起被处理果蔬的温度大幅升高，进而有利于保持果蔬特有的香味和外观品质；在安全剂量范围内也不会有感生放射性，能避免环境污染；辐照还可以对已包装的果蔬进行处理，避免采后处理过程中可能出现的交叉污染。然而，辐照处理的效果不仅受果蔬种类及品种、成熟度及含水量等内部因素的影响，也受辐照剂量、病原真菌种类及侵染程度、贮藏温度等外部因素的影响。因此，应根据各种果蔬的特点对辐照处理进行系统深入的研究，以期最大程度保持果蔬的品质。但目前由于消费者对辐照食品的认识不同，认可和接受程度有限，加之国内外对辐照降解真菌毒素机理、降解产物及其毒性的研究较少，进而限制辐照技术在食品领域的应用。随着研究的深入和科技知识的普及，人们对果蔬辐照保鲜技术的认同感会逐渐加大，也必将促使辐照技术在果蔬贮藏保鲜中得到大力应用。

第三节　紫外线照射对果蔬中产毒真菌及病害的控制

紫外线是一种非电离辐射的杀菌消毒方法。根据紫外线自身波长的不同，可将紫外线分为短波紫外线（UV-C，波长 200～280nm）、中波紫外线（UV-B，波长 280～320nm）、长波紫外线（UV-A，波长 320～400nm）和真空紫外线（波长 100～200nm）。真空紫外线（100～200nm）可以吸收所有的物质，但只能在真空里传播。2002 年，美国食品药品监督管理局（FDA）批准了短波紫外线（240～260nm）可以作为一种杀菌消毒技术用于食品的表面处理。近年来，有学者发现某些果蔬经短波紫外线照射处理后，不仅降低了腐烂率，其贮藏品质也得到一定程度地改善。与γ射线相比，短波紫外线容易获得（只需紫外线灯即可），无离子辐射源安全隐患，设备便宜，操作简单，运行成本低，因此近年来短波紫外线在果蔬保鲜中的应用越来越受到人们的关注。

一、紫外线对病原真菌及其产毒的抑制作用

波长为250～260nm的短波紫外线（UV-C）能杀灭大多数微生物，包括食源性微生物、真菌、病毒等，这主要是由于低剂量（0.25～8.0kJ/m^2）的UV-C能破坏微生物的DNA结构，在DNA分子中产生嘧啶二聚体，引发突变，使细胞遗传物质的活性丧失，导致微生物失去繁殖能力或死亡。如1kJ/cm^2的UV-C照射可显著抑制互隔交链孢的生长，而5kJ/cm^2剂量则可完全灭活交链孢[71]。长波紫外线（UV-A）和中波紫外线（UV-B）也会影响真菌的生长。有研究表明：低剂量的UV-A可刺激茄交链孢（*Alternaria solani*）、青霉菌等真菌孢子的萌发，而高剂量的UV-A照射对茄交链孢孢子有抑制作用，但对菌丝干重无显著影响；UV-B照射处理不仅可显著抑制孢子的萌发，还可抑制菌丝的生长[72,73]。但最新研究结果表明：UV-A和UV-B都可显著抑制炭黑曲霉和寄生曲霉菌落（直径、物质干重和菌落密度）的生长，且UV-B的抑菌能力要强于UV-A，进而推测UV-A可能导致真菌发生突变，而UV-B会导致真菌的生长和代谢停滞[74]。在UV-B照射下的菌落颜色也会发生改变。同时紫外线的影响程度在不同菌种间有所差异，其中炭黑曲霉对紫外线的抗性要强于寄生曲霉[74]。

通常情况下，随着紫外线照射时间的延长，真菌孢子的萌发和菌丝的生长都被显著抑制。如240nm的短波紫外线和365nm的长波紫外线照射30min后，黄曲霉的菌丝生长分别减缓84.7%和81.5%；照射时间延长到60min，菌丝生长的抑制率分别增加4.4%和15.9%[75]。但孢子比菌丝体更耐紫外线照射。紫外线对孢子萌发和菌丝生长的抑制效果与接种时间有关。有研究显示：接种后立即进行紫外线照射对孢子萌发的抑制效果最好，而接种24h后进行紫外线照射，最有利于抑制菌丝的生长[76]。

不同真菌抗紫外线的能力不同，含黑色素的孢子更耐紫外照射。如互隔交链孢的抗紫外线照射能力要强于灰葡萄孢[77]；而黑色素产生能力较强的炭黑曲霉的抗紫外线照射能力也要强于青霉菌和黄曲霉[78,79]。这可能是由于色素可淬灭由光敏物质产生的单线态氧。此外，有研究表明：马铃薯培养基表面的真菌孢子比溶液中的孢子更易被紫外线灭活。对于炭黑曲霉而言，4.6kJ/m^2的254nm短波紫外线照射30～60s，可使培养基表面的病原真菌孢子降低2个数量级；而在吐温-80的溶液中降低同样数量级的孢子需要120～180s[79]。对黄曲霉的照射也发现类似的现象。4.6kJ/m^2的短波紫外线照射60s后，固体培养基中黄曲霉孢子降低了3个数量级，而溶液中的孢子仅降低1个数量级[79]。而3.5kJ/m^2的短波紫外线可导致固体培养基表面90%的黄曲霉被灭活[80]。

二、紫外线对果蔬病害的控制作用

UV-C的穿透能力较弱，仅能穿透寄主表面50～300nm厚的数层细胞[81]，最早被用于

杀灭果蔬表面的病原真菌引起的腐烂，从而延长其贮藏保鲜期。UV-C 的辐照源采用普通低压汞蒸气紫外线放电杀菌灯，灯管直径 2.5cm，长 88cm，输出功率 30W，电流强度 0～36A，灯管最大垂直辐照强度为 2.66mW/（cm^2·s），约 95%的紫外线能在 254nm 波长处发射能量。将待处理的果蔬置于紫外灯下方约 10cm 处，用数字辐照计可测得此距离的紫外场强度[37]。用 254nm 的 UV-C 处理马铃薯，能减少贮藏过程中硫色镰刀菌（*Fusarium solani*）引起的干腐病，而且不影响马铃薯中淀粉的含量和成分[82]。

UV-C 处理已在苹果、梨、番茄、甘薯和辣椒等多种果蔬采后病害的控制中发挥了良好的控制效果[83～86]。很多研究表明，低剂量的紫外线 UV-C 照射可以控制果蔬腐烂，延缓贮藏过程中果蔬的成熟衰老[17,87]。如梨果实用 1.7kJ/m^2 的 UV-C 照射处理后，扩展青霉减少了 2.8 个数量级[84]。低剂量的 UV-C 照射处理能够有效减少鲜切菠菜的致病菌和腐败菌，而且不影响产品的感官品质[88]。

紫外线处理的效果受所处理的果蔬种类和品种、采收成熟度、加工程度、微生物种类及初始侵染程度、不同紫外线处理系统以及果蔬表面照射面积大小等因素的影响。值得注意的是，辐照剂量的大小与果蔬腐烂率的高低无线性关系[37]。

控制采后病害的 UV-C 照射剂量因果蔬种类的不同而存在差异。Syamaladevi 等[89] 比较了 UV-C 照射处理对不同水果扩展青霉的控制效果，结果表明：减少苹果、樱桃、草莓和覆盆子果实表面 2 个数量级的扩展青霉所需 UV-C 的剂量分别为 1.03kJ/m^2、1.28kJ/m^2、1.39kJ/m^2 和 1.61kJ/m^2，覆盆子和草莓所需更多的 UV-C 照射。

在同一果蔬样品的不同品种中也存在效果差异。如“Gorgia Jet”甘薯经 3.6kJ/m^2 处理后腐烂率最低，而“Jewel”甘薯则需经 4.8kJ/m^2 处理后才能达到最佳防腐效果[82]。此外，抗性强的果蔬品种往往表现出对 UV-C 照射的良好反应，而抗病性弱的品种照射后效果一般。

虽然紫外线能杀死果蔬表面的微生物，但单独使用杀菌力有限，因此与其它处理结合使用可以取得更好的协同效果。紫外结合热处理能显著降低果蔬采后病害的发生。如草莓用 4.1kJ/m^2 UV-C 照射处理后，再用 45℃烘箱加热 3h，能够保持果实的硬度，减轻真菌污染，改善贮藏品质，且联合处理的效果优于 UV-C 单独处理[90]。采前壳聚糖处理结合采后 UV-C 照射可显著降低葡萄的灰霉病[91]。采后 50mg/L 二氧化氯清洗结合 5kJ/m^2 UV-C 照射处理草莓，能够将果实表面的霉菌总数分别减少 2 个数量级；经复合处理的草莓在贮藏过程中的感官品质都优于不处理样品[92]。UV-C 结合酵母菌处理，可有效控制梨果实的青霉病及冬枣的黑斑病，且复合处理的效果优于紫外或拮抗微生物单独处理[71,93]。

三、紫外线照射的不良反应

直接暴露于紫外线下对人体会造成伤害。长波紫外线是导致人体皮肤晒黑的紫外线，中波紫外线对皮肤伤害大，甚至导致皮肤癌，过长时间暴露于短波紫外线下会伤害眼睛、皮肤和免疫系统，甚至会导致致命后果。因此，在对短波紫外线的实验研究或者商业化应用中要重视安全防护措施，避免直接暴露于短波紫外线的照射中。

虽然迄今为止，还未发现合适剂量的紫外线照射对果蔬外观和品质有任何显著副作用，但高剂量的紫外线照射会造成果蔬外观或品质变差，如草莓、葡萄、葡萄柚果皮的褐变和组织坏死、芒果的早熟等[94]。对番茄果实来说，高剂量的短波紫外线照射会影响果实成熟，且造成果实表面褐变，出现烫伤状病害[95]。延长番茄果实的短波紫外线照射时间还会加速番茄果实成熟和衰老[83]。但紫外线照射果蔬引起的褐变具有光恢复特性。

紫外线照射对果蔬的营养品质没有副作用，而且不会产生有毒物质[94]。经紫外线照射能够增加柑橘中的滨蒿内酯、胡萝卜中的6-甲氧基蜂蜜曲菌素、葡萄中的白藜芦醇、草莓中的类黄酮和花色素苷、番茄中的番茄红素、洋葱中的槲皮黄素等抗病物质或者功能物质的含量[16,96]。

低剂量的紫外线照射是一种无化学污染的物理处理方法，通过照射可以直接杀死致病菌，更重要的是它可诱导果蔬自身抗病性提高，可减少化学保鲜剂的使用，减轻采后腐烂损失，是一条绿色环保的贮藏保鲜途径。然而，紫外线照射为非电离辐射，它只能穿透果蔬的表面组织，对侵染到果实内部的病菌起不到杀灭作用。且不同果蔬因组织结构、营养成分不同，对紫外照射的反应也不一样。剂量过高会导致果蔬表面组织受到伤害，剂量过低则达不到诱导抗病或抑制微生物生长的效果。因此，应明确不同果蔬产品紫外处理的最佳剂量和限制，深入探讨紫外处理减轻病害的机制，明确其对病原真菌生长抑制机理。同其它采后处理方法相比，紫外照射具有简单易操作等特点，在目前重视流通、食品营养与安全的发展趋势下，紫外线照射处理将有可能成为减少采后腐烂、延长采后寿命的一项新技术。

四、其它物理方法对果蔬病原真菌的控制

通过调控水果及其制品的贮藏条件（低温贮藏、气调贮藏等），可抑制真菌侵染及毒素的生成。已有研究表明：在3% O_2 和2% CO_2 的气调条件下，可显著降低苹果上由扩展青霉侵染引起的青霉病[97]。但此气调技术对设备条件要求较高，自发气调薄膜包装（如聚乙烯袋和聚丙烯袋等）贮藏保鲜方法既简单又实用，受到越来越多人的青睐。Moodley等[98]研究了自发气调包装对苹果中产生PAT的病原真菌情况的影响，结果表明：聚丙烯袋在58% CO_2、42% N_2 的气调条件下可以抑制产PAT的青霉菌的生成；而聚乙烯袋在任何气调条件下都可以有效抑制真菌的生长，是一种很好的包装材料。

参考文献

[1] Hawkins LA. Sterilization of citrus fruit by heat. Citriculture，1932，9：21-22.

[2] Lurie S. Postharvest heat treatments. Postharvest Biology and Technology，1998，14：257-269.

[3] Lydakis D，et al. Vapour heat treatment of Sultanina table grapes. I：control of *Botrytis cinerea*. Postharvest Biology and Technology，2003，27：109-116.

[4] Plaza P，et al. The use of sodium carbonate to improve curing treatments against green and blue moulds on citrus fruits. Pest Management Science，2004，60：815-821.

[5] Leverentz B，et al. Combining yeasts or a bacterial biocontrol agent and heat treatment to reduce postharvest decay of "Gala" apples. Postharvest Biology and Technology，2000，21：87-94.

[6] Zhang H，et al. Effect of yeast antagonist in combination with heat treatment on postharvest blue mold decay and Rhizopus decay of peaches. International Journal of Food Microbiology，2007，115：53-58.

[7] Amer MA，et al. Enzyme activity and effect of heat treatment on some fungal diseases of postharvest tomato fruits. Communications in Agricultural and Applied Biological Sciences，2013，78：585-598.

[8] Zhao Y，et al. A combination of heat treatment and *Pichia guilliermondii* prevents cherry tomato spoilage by fungi. International Journal of Food Microbiology，2010，137：106-110.

[9] Mansour FS, et al. Effect of fruit heat treatment in three mango varieties on incidence of postharvest fungal disease. Journal of Plant Pathology, 2006, 88: 141-148.

[10] Wang L, et al. Hot air treatment induces resistance against blue mold decay caused by *Penicillium expansum* in sweet cherry (*Prunus cerasus* L.) fruit. Scientia Horticulturae, 2015, 189: 74-80.

[11] Porat R, et al. Reduction of postharvest decay in organic citrus fruit by a short hot water brushing treatment. Postharvest Biology and Technology, 2000, 18 (2): 151-157.

[12] Sivakumar D, et al. Influence of heat treatments on quality retention of fresh and fresh-cut produce. Food Reviews International, 2013, 29: 294-320.

[13] Fallik E, et al. A unique rapid hot water treatment to improve storage quality of sweet pepper. Postharvest Biology and Technology, 1999, 15: 25-32.

[14] Alvindia D, et al. Revisiting the efficacy of hot water treatment in managing anthracnose and stem-end rot disease of mango cv. "Carabao". Crop Protection, 2015, 67: 96-101.

[15] Maxin P, et al. Hot-water dipping of apples to control Penicillium expansum, Neonectria galligena and Botrytis cinerea: effects of temperature on spore germination and fruit rots. European Journal of Horticultural Science, 2012, 77: S1-S9.

[16] Usall J, et al. Physical treatments to control postharvest diseases of fresh fruits and vegetables. Postharvest Biology and Technology, 2016, 122: 30-40.

[17] Karabulut OA, et al. Control of brown rot and blue mold of peach and nectarine by short hot water brushing and yeast antagonists. Postharvest Biology and Technology, 2002, 24: 103-111.

[18] Vigneault C, et al. Invited review: engineering aspects of physical treatments to increase fruit and vegetable phytochemical content. Canadian Journal of Plant Science, 2012, 92: 373-397.

[19] Barkai-Golan R. Postharvest heat treatment to control *Alternaria tenuis* Auct. Rot in tomato. Phytopathologia Mediterranea, 1973, 12: 108-111.

[20] Sui Y, et al. Recent advances and current status of the use of heat treatments in postharvest disease management systems: Is it time to turn up the heat? Trends in Food Science and Technology, 2016, 51: 34-40.

[21] Yuan L, et al. Postharvest hot water dipping reduces decay by inducing disease resistance and maintaining firmness in muskmelon (*Cucumis melo* L.) fruit. Scientia Horticulturae, 2013, 161: 101-110.

[22] Porat R, et al. Reduction of postharvest decay in organic citrus fruit by a short hot water brushing treatment. Postharvest Biology and Technology, 2000, 18 (2): 151-157.

[23] Ajithkumar K, et al. Detection of aflatoxin producing Aspergillus flavus isolates from chilli and their management by post-harvest treatments. Journal of Food Science and Technology, 2006, 43: 200-204.

[24] Spadoni A, et al. Transcriptional profiling of apple fruit in response to heat treatment: involvement of a defense response during *Penicillium expansum*. Postharvest Biology and Technology, 2015, 101: 37-48.

[25] Fallik E, et al. Reduction of postharvest losses of Galia melon by a short hot-water rinse. Plant Pathology, 2000, 49 (3): 333-338.

[26] Sui Y, Droby S, Zhang D, et al. Reduction of *Fusarium* rot and maintenance of fruit quality in melon using eco-friendly hot water treatment. Environmental Science and Pollution Research, 2014, 21: 13956-13963.

[27] Zhang H, et al. Integrated control of postharvest blue mold decay of pears with hot water treatment and Rhodotorula glutinis. Postharvest Biology and Technology, 2008, 49: 308-313.

[28] Lichter A, et al. Hot water brushing: an alternative method to SO_2 fumigation for color retention of litchi fruits. Postharvest Biology and Technology, 2000, 18: 235-244.

[29] Karabulut OA, et al. Control of postharvest diseases of sweet cherry with ethanol and hot water. Journal of Phytopathology, 2004, 152: 298-303.

[30] Karabulut OA, et al. Integrated control of postharvest diseases of peaches with a yeast antagonist, hot water and modified atmosphere packaging. Crop Protection, 2004, 23: 431-435.

[31] Karabulut OA, et al. Control of brown rot and blue mold of peach and nectarine by short hot water brushing and yeast antagonists. Postharvest Biology and Technology, 2002, 24: 103-111.

[32] Prusky D, et al. Effect of hot water brushing, prochloraz treatment and waxing on the incidence of black spot decay caused by *Alternaria alternata* in mango fruit. Postharvest Biology and Technology, 1999, 15 (2): 165-174.

[33] Mohsan M, et al. Chemotheraptic management of *Alternaria* black spot (*Alternaria alternata*) in mango fruits. Journal of Agricultural Research, 2011, 49 (4): 499-506.

[34] Luria N, et al. De-novo assembly of mango fruit peel transcriptome reveals mechanisms of mango response to hot water treatment. BMC Genomics, 2014, 15 (1): 1-15.

[35] Mansour FS, et al. Effect of fruit heat treatment in three mango varieties on incidence of postharvest fungal disease. Journal of Plant Pathology, 2006, 88: 141-148.

[36] Ranganna B, et al. Hot water dipping to enhance storability of potatoes. Postharvest Biology and Technology, 1998, 13: 215-223.

[37] 毕阳. 果蔬采后病害原理与控制. 科学出版社, 2016.

[38] 程瑜等. 柑橘采后热处理技术研究进展. 天津农业科学, 2016, 22 (3): 86-91.

[39] Rodov V, et al. Effect of combined application of heat treatments and plastic packaging on keeping quality of "Oroblanco" fruit (*citrus grandis* L. × C. *paradisi* Macf.). Postharvest Biology and Technology, 2000, 20: 287-294.

[40] Smilanick JK, et al. Evaluation of heated solutions of sulfur dioxide, ethanol, and hydrogen peroxide to control postharvest green mold of lemons. Plant Disease, 1995, 79: 742-747.

[41] Karabulut OA, et al. Control of brown rot of stone fruit by brief heated water immersion treatments. Crop Protection, 2010, 29: 903-906.

[42] Conway WS, et al. Additive effects of postharvest calcium and heat treatment on reducing decay and maintaining quality apples. Journal of the American Society for Horticultural Science, 1994, 119 (1): 49-53.

[43] Conway WS, et al. Improving biocontrol using antagonist mixtures with heat and/or sodium bicarbonate to control postharvest decay of apple fruit. Postharvest Biology and Technology, 2005, 36: 235-244.

[44] 静玮等. 热水喷淋处理和拮抗酵母菌处理的复合处理对樱桃果实腐烂和品质的影响. 果树学报, 2008, 25 (3): 367-372.

[45] Codex. Codex Alimentarius code of practice for radiation processing of food (CAC/RCP 19-1979, Rev. 2-2003. Editorial correction 2011) [S]. 2003a. CODEX Alimentarius Commission/ FAO/WHO, Rome, Italy.

[46] Codex. Codex Alimentarius general standard for irradiated foods (Codex Standard 106-1983, Rev. 1-2003) [S]. 2003b. CODEX Alimentarius Commission/FAO/WHO, Rome, Italy.

[47] EU. Directive 1999/2/EC of the European Parliament and of the Council of 22 February 1999 on the approximation of the laws of the Member States concerning foods and food ingredients treated with ionising radiation. Official Journal of the European Communities, 1999a, 66: 16-22.

[48] EU. Directive 1999/3/EC of the European Parliament and of the Council of 22 February 1999 on the establishment of a Community list of foods and food ingredients treated with ionising radiation. Official Journal of the European Communities, 1999b, 66: 24-25.

[49] EU. List of Member States' authorisations of food and food ingredients which may be treated with ionising radiation. Official Journal of the European Communities, 2009, 283-285.

[50] Farkas J. Irradiation for better foods. Trends in Food Science and Technology, 2006, 17: 148-152.

[51] Calado T, et al. Irradiation for mold and mycotoxin control: a review. Comprehensive Reviews in Food Science and Food Safety, 2014, 13 (5): 1049-1061.

[52] Maxie EC, et al. Effect of gamma radiation on citrus. Proceeding of the First International Citrus Symposium, 1969, 3: 1375-1387.

[53] Maity JP, et al. Effects of gamma radiation on fungi-infected rice (*in vitro*). International Journal of Radiation Biology, 2011, 87: 1097-1102.

[54] Malla DS, et al. *In vitro* susceptibility of strains of *Penicillium viridicatum* and *Aspergillus flavus* to γ-irradiation. Experientia, 1967, 23: 492-493.

[55] Geweely NSI, et al. Sensitivity to gamma irradiation of post-harvest pathogens of pear. International Journal of Agriculture and Biology, 2006, 8: 710-716.

[56] 王传耀等．几种常见病原真菌辐照效应的研究．核农学通报，1994，5：210-214.

[57] Aziz NH，et al. Reduction of fungi and mycotoxins formation in seeds by gamma-radiation. Journal of Food Safety，2004，24：109-127.

[58] Ribeiro J，et al. Effect of gamma radiation on *Aspergillus flavus* and *Aspergillus ochraceus* ultrastructure and mycotoxin production. Radiation Physics and Chemistry，2011，80：658-663.

[59] Paster N，et al. Effect of gamma radiation on ochratoxin production by the fungus *Aspergillus ochraceus*. Journal of the Science of Food and Agriculture，1985，6（6）：445-449.

[60] Kim KH，et al. Inactivation of contaminated fungi and antioxidant effects of peach（*Prunus persica* L. Batsch cv Dangeumdo）by 0.5-2 kGy gamma irradiation. Radiation Physics and Chemistry，2010a，79：495-501.

[61] 赵晓南等．果蔬辐照保鲜技术应用．黑龙江农业科学，2011，8：151-153.

[62] Mostafavi HA，et al. Gamma radiation effects on physico- chemical parameters of apple fruit during commercial postharvest preservation. Radiation Physics and Chemistry，2012，81：666-671.

[63] Ladaniya MS，et al. Response of "Nagpur" mandarin，"Mosambi" sweet orange and "Kagzi" acid lime to gamma radiation. Radiation Physics and Chemistry，2003，67：665-675.

[64] Shibaba S，et al. Effect of gamma irradiation on strawberries as a means of extending its shelf-life and lethal dose of *Botrytis cinerea*. Agricultural and Biological Chemistry，1967，31：930-934.

[65] Salunkhe DK，et al. Postharvest biotechnology of fruits. CRC Press，Boca Raton Florida，1984.

[66] Wilson-Kakashita G，et al. The effect of gamma irradiation on the quality of English walnuts（*Juglans regia*）. LWT-Food Science and Technology，1995，28：17-20.

[67] Emam OA，et al. Comparative studies between fumigation and irradiation of semidry date fruits. Nahrung，1994，38：612-620.

[68] Sommer NF，et al. Radiation-heat synergism for inactivation of market disease fungi of stone fruit. Phytopathology，1967，57：428-433.

[69] Ben-Arie R，et al. Combined heat-radiation treatments to control storage rots of spadona pears. The International Journal of Applied Radiation and Isotopes，1969，20（10）：687-690.

[70] Barkai-Golan R，et al. Combined hot water and radiation treatments to control decay of tomato fruits. Scientia Horticulturae，1993，56：101-105.

[71] Guo DQ，et al. Combination of UV-C treatment and *metschnikowia pulcherrimas* for controlling *Alternaria* rot in postharvest winter jujube fruit. Journal of Food Science，2015，80：137-141.

[72] Fourtouni A，et al. Effects of UV-B radiation on growth，pigmentation，and spore production in the phytopathogenic fungus *Alternaria solani*. Canadian Journal of Botany，1998，76：2093-2099.

[73] Moody SA，et al. Variation in the responses of litter and phylloplane fungi to UV-B radiation（290-315 nm）. Mycological Research，1999，103：1469-1477.

[74] García-Cela E，et al. Effect of ultraviolet radiation A and B on growth and mycotoxin production by *Aspergillus carbonarius* and *Aspergillus parasiticus* in grape and pistachio media. Fungal Biology，2015，119（1）：67-78.

[75] Hussein HZ，et al. Study the effect of ozone gas and ultraviolet radiation and microwave on the degradation of aflatoxin B_1 produce by *Aspergillus flavus* on stored maize grains. IOSR Journal of Agriculture and Veterinary Science，2015，5（8）：5-12.

[76] Willocquet L，et al. Effects of radiation，especially ultraviolet B，on conidial germination and mycelial growth of grape powdery mildew. European Journal of Plant Pathology，1996，102（5）：441-449.

[77] Boyd-Wilson KSH，et al. Persistence and survival of saprophytic fungi antagonistic to *Botrytis cinerea* on kiwifruit leaves. Proceedings of the 51st conference of the New Zealand Plant Protection Society Inc.，1998，96-101.

[78] Valero A，et al. Fungi isolated from grapes and raisins as affected by germicidal UVC light. Letters in Applied Microbiology，2007，45：238-243.

[79] Begum Mariam，et al. Inactivation of food spoilage fungi by ultra violet（UVC）irradiation. International Journal of Food Microbiology，2009，129（1）：74-77.

[80] Green CF，et al. Disinfection of selected *Aspergillus* spp. using ultraviolet germicidal irradiation. Canadian Journal of

Microbiology, 2004, 50: 221-224.
[81] Jagger J. Photoprotection from far ultraviolet effects in cells. In: Duchesne, J. (Ed.), Advances in Chemical Physics, vol. VII, The Structure and Properties of Biomolecules in Biological Systems. Interscience, New York, 1965, 548.
[82] Stevens C, et al. The effect of ultraviolet radiation on mold rots and nutrients of stored sweet potatoes. Journal of Food Protection, 1990, 53 (3): 223-226.
[83] de Capdeville G, et al. Alternative disease control agents induce resistance to blue mold in harvested "red delicious" apple fruit. Phytopathology, 2002, 92: 900-908.
[84] Syamaladevi RM, et al. UV-C light inactivation kinetics of *Penicillium expansum* on pear surfaces: Influence on physicochemical and sensory quality during storage. Postharvest Biology and Technology, 2014, 87: 27-32.
[85] Liu J, et al. Application of ultraviolet-C light on storage rots and ripening of tomatoes. Journal of Food Protection, 1993, 56: 868-872.
[86] Vicent AR, et al. UV-C treatments reduce decay, retain quality and alleviate chilling injury in pepper. Postharvest Biology and Technology, 2005, 35: 69-78.
[87] Ribeiro C, et al. Prospects of UV radiation for application in postharvest technology. Emirates Journal of Food and Agriculture, 2012, 24 (6): 586-597.
[88] Escalona VH, et al. UV-C doses to reduce pathogen and spoilage bacterial growth in vitro and in baby spinach. Postharvest Biology and Technology, 2010, 56: 223-231.
[89] Syamaladevi RM, et al. Ultraviolet-C light inactivation of *Penicillium expansum* on fruit surfaces. Food Control, 2015, 50: 297-303.
[90] Pan J, et al. Combined use of UV-C irradiation and heat treatment to improve postharvest life of strawberry fruit. Journal of the Science of Food and Agriculture, 2004, 84: 1831-1838.
[91] Romanazzi G, et al. Preharvest chitosan and postharvest UV irradiation treatments suppress gray mold of table grapes. Plant Disease, 2006, 90 (4): 445-450.
[92] Kim JY, et al. The effects of aqueous chlorine dioxide or fumaric acid treatment combined with UV-C on postharvest quality of "Maehyang" strawberries. Postharvest Biology and Technology, 2010b, 56 (3): 254-256.
[93] Xu LF, et al. Effects of yeast antagonist in combination with UV-C treatment on postharvest diseases of pear fruit. BioControl, 2012, 57: 451-461.
[94] Shama G, et al. UV hormesis in fruits: a concept ripe for commercialization. Trends in Food Science and Technology, 2005, 16: 128-136.
[95] Maharaj R, et al. Effect of photochemical treatment in the preservation of fresh tomato (*Lycopersicon esculentum* cv. Capello) by delaying senescence. Postharvest Biology and Technology, 1999, 15 (1): 13-23.
[96] 阎瑞香等．短波紫外线在果蔬采后保鲜中的应用研究进展．保鲜与加工，2011，11 (5): 1-5.
[97] Sams CE, et al. Additive effects of controlled-atmosphere storage and calcium chloride on decay firmness retention, and ethylene production in apples. Plant Disease, 1987, 71: 1003-1005.
[98] Moodley RS, et al. The effect of modified atmospheres and packaging of patulin production in apples. Journal of Food Protection, 2002, 65 (5): 867-871.

第九章 果蔬中产毒真菌及病害的生物控制

果实采后腐烂不仅给世界水果生产带来了极大的损失，而且会在果蔬腐烂部位及其周围健康组织中积累大量的真菌毒素，进而对人类和动物健康造成潜在的威胁。目前在果蔬及其制品中都有不同程度的真菌毒素检出，主要包括：曲霉属（*Aspergillus* spp.）产生的赭曲霉素（ochratoxin）和黄曲霉毒素（aflatoxin）、青霉属（*Penicillium* spp.）产生的展青霉素（patulin）、交链孢属（*Alternaria* spp.）产生的交链孢毒素（*Alternaria* toxin）及镰刀菌属（*Fusarium* spp.）和粉红单端孢（*Trichothecium roseum*）产生的单端孢霉烯族毒素（Trichothecenes）。

热处理、辐射和紫外线照射是控制果蔬采后病害的最常用的物理方法。但由于辐射和热处理等技术在使用中受到诸多因素的限制，目前最常用的有效控制方法还是低温和药物处理[1]。低温冷藏是现代化水果贮藏的主要形式之一，它是采用高于水果组织冰点的适宜低温来实现水果的保鲜，可在气温较高的季节进行贮藏，以保证果品的全年供应。合成杀菌剂等化学物质进行处理，虽然防治病害效果明显，但产品中的防腐剂残留对人体健康的影响及环境的污染，一直是人们担心的问题。而且即便应用安全的杀菌剂，由于药物的连续作用，也会诱导病原真菌产生抗药性从而降低化学杀菌剂的防病效果[2~4]。为了达到防病的目的，只有加大化学杀菌剂的使用剂量，这就大大提高了保鲜的成本，且加重了化学残留量。

随着社会的发展，人们对果品质量的要求会不断提高，环保意识会不断加强，特别是加入世贸组织后，关税壁垒逐渐失去作用，代之而来的是“绿色壁垒”。要想使农产品打进并占领国内外市场，首先要解决无污染、安全食用的问题，即人们关注的化学杀菌剂的危险性。因此，迫切需要新的安全有效的方法来控制果蔬的采后病害。生物防治是利用拮抗性微生物处理植物，从而达到控制病害的目的。该法具有高效、绿色和环保的特征，近年来得到了人们的广泛关注。

第一节　生物防治在采后病害控制中的应用

一、采后病害的生物防治

生物防治是一种对环境友善、对人类健康无害的防病措施，其中利用微生物及其代谢产物就可以起到降低病菌数量或抑制其致病能力，从而减轻植物病害的作用。用微生物及其代谢产物防治病害的方法在许多植物病害的防治中已有应用，并收到了较好的防病效果。与大田农作物的生物防治相比，果蔬的采后生物防治起步较晚，发展缓慢。50 年代，Gutter 等发现枯草芽孢杆菌可有效控制柑橘、苹果等果实贮藏病害的发展。60 年代初，Bhatt 等又研究了能够防治草莓灰霉病的拮抗菌，但是都没有形成大的研究规模。直到 80 年代，人们从土壤分离到的芽孢杆菌，成功用于防治桃子的褐腐病，此外，从苹果上分离的细菌和酵母菌，它们产生的某些蛋白表现出对青霉菌和灰霉菌有显著性抑制效果[5]，才引起了人们对水果采后生物防治的重视。如 Mari 等[6] 筛选的短小芽孢杆菌（B. pumilus）可防治梨青霉病，Janisiewicz 等[7]（1988）获得的洋葱假单孢菌（Pseudomonas cepacia）也能抑制梨贮藏期的青霉病菌。Pusey[8,9] 等从土壤中分离到的枯草芽孢杆菌（*B. subtilis*）成功地用于防治桃褐腐病（*Monilinia fructicola*）。由于酵母菌的生活条件比较特殊，它能够在较干燥的果蔬表面生存，可以产生某些胞外多糖来加强自身的生存条件，还具有迅速利用营养进行繁殖的优点，故近年来备受青睐，对其研究也日益加深。如秦国政等从桃果实上分离到 3 种拮抗酵母菌，其中，丝孢酵母（*Trichosporon* sp.）和白色隐球酵母（*Cryptococcus albidus*）能有效地防治苹果青霉病[10,11]。Janisiewicz 等用罗伦隐球酵母处理苹果果实，可有效预防青霉病的发生[12]；梁学亮等[13] 研究了假丝酵母 Candida Sp CWW-4 对柑橘采后青霉病的防治效果。

柑橘青霉病是生物防治的重要对象之一。如范青等[14] 从土壤中分离了枯草芽孢杆菌 B-912 菌株，该菌株具有较理想的防治柑橘青霉病、绿霉病和桃褐腐病效果。梁文进等[15] 研究了枯草芽孢杆菌 B101，B41 菌株，假单胞菌（*Pseudomonas*. spp.）A45NC、A47NC 菌株，木霉菌（*Trichoderma* spp.）F25、T12、F30 菌株在防治柑橘青霉病与绿霉病中的作用，结果显示这些菌株都可明显地降低柑橘青霉病与绿霉病发病程度，其防治效果与合成杀菌剂噻菌灵相同。另外，枯草芽孢杆菌 B101 与木霉菌 F30 混合使用时防治效果更佳，表明两者具有协同增效作用。王永兴等[16] 从柑橘根系附生微生物中分离筛选出的拮抗菌 D67-2 对柑橘青绿霉病的防治效果较好，浓度为 5×10^8 个菌体/毫升的处理效果与 500ppm 多菌灵相当。另外，用拮抗菌 D67-2 处理，对果实营养成分含量和外观品质没有不良影响。有报道表明，绿色粘帚霉（*G. Virens*）T4 对柑橘青霉病、绿霉病有强烈的抑制作用，黄绿木霉（*T. aureoviride*）T58，橘绿木霉（*T. citrinoviride*）T83，用 T4 菌株、托布津、特克多处理柑橘果实（伤口接种青霉病菌）均有明显抑制病情发展的作用。T4 菌株的抑制作用与托布津基本相当，但略逊于特克多。采收前后用拮抗菌 T4，托布津，特克多处理的果实，贮藏 3 个月后，对柑橘青霉病、绿霉病和其它病害的防效仍达 92.6%以上。Liang 等[17] 研究指出一些木霉菌株对柑橘青霉病菌、绿霉病菌有拮抗作用，对伤口接种病原真菌的果实有明显的保护作用。孙萍等[18]也发现粘红酵母（*Rhodotorulaglutinis*）的细胞悬浮液对柑橘果实采后青霉病（*P. digitotum*）有很好的防治效果。耿鹏等从柑橘、梨、苹果的表面发现的酵母马克斯克鲁维酵母（*K. marxianus*），其对离体和活体的柑橘青霉病菌的发生表现出良好的抑制效果[19]。目前，拮抗酵母菌假丝酵母（*Cryptococcuoleop hila*），白色隐球菌（*C. albldus*）在美国和南非已实现了商品化，并广泛应用于果蔬采后的病害防治。

另外还有能防治苹果、梨、草莓、猕猴桃、葡萄的灰霉病、青霉病、软腐病和黑斑病等多种病害的胶粘红酵母（*R. glutinis*）和罗伦隐球酵母（*Crytococcuslaurenti*i）[20]等。Wilson 和 Wisniewski[21,22]研究发现，季氏毕赤氏酵母（*Pichia guilliermondii*）除了可防治柑橘青霉病外，还可防治柑橘绿霉病，酸腐菌及苹果灰霉病和软腐病等多种病害。Lima 等[23]在防治草莓灰霉病和软腐病的试验中，筛选了 2 种酵母菌，假丝酵母（*Candida oleophila*）和出芽短梗霉（*Aureobasidium pullulans*），防治时间可以在果实采后，也可以在草莓盛花期、落瓣末期、果实成熟前，都能较好地防治灰霉病和软腐病。毕赤酵母（*Pichia guilliermondii*）是国际上最早被报道能抑制果实病原真菌的生物防治酵母[24]，而假丝酵母分离菌（*Candida oleophilia isolate I*-182）已经于 1995 年作为生物杀菌剂在美国环境保护署（EPA）登记，并由美国 Ecogen 公司商业化[24]。此外，在南非一株采后拮抗酵母白隐球酵母（*Cryptococcus albidus*）也已经商业化，商品名为 Yield Plus[25]。

二、毒素污染的生物控制

近年来，很多研究都表明乳酸菌可以去除真菌毒素，包括黄曲霉毒素、赭曲霉素、单端孢霉烯毒素、伏马菌素和棒曲霉素等[26]。其中研究最多的为乳酸菌对黄曲霉毒素 AFB1 的去除作用，而乳酸菌对黄曲霉毒素 AFB1 的去除主要机制为乳酸菌细胞壁的吸附作用。El-Nezami 等[27]研究了 5 株乳酸菌对黄曲霉毒素 AFB1 的去除能力，结果发现，鼠李糖乳杆菌 GG（L. rhamnosus GG）和鼠李糖乳杆菌 LC-705（*L. rhamnosus* LC-705）能高效控制溶液中的黄曲霉毒素 AFB1 的积累，作者对这两株乳酸菌进行了酸致死和热致死后发现乳酸菌对黄曲霉毒素 AFB1 的去除能力显著提高。灭活菌株去除毒素能力的提高说明菌株对黄曲霉毒素 AFB1 的去除作用主要是细胞壁对毒素的结合作用。Haskard[28]为了进一步探究乳酸菌对 AFB1 的吸附机制，用链酶蛋白 E 和高碘酸处理热致死和酸致死乳酸菌，结果发现乳酸菌对黄曲霉毒素 AFB1 的去除能力显著降低，证明乳酸菌表面的糖类和蛋白质在吸附 AFB1 的过程中起到了重要作用，接着作者用抗疏水剂处理热致死和酸致死的乳酸菌后研究其对 AFB1 的吸附作用，结果发现菌株吸附 AFB1 的能力显著下降。表明了乳酸菌和黄曲霉毒素 AFB1 间的作用方式为疏水化学反应。因为酸和热可以导致蛋白质变性，蛋白质变性后使细胞壁表面暴露更多的疏水区，故当使用热和酸处理后乳酸菌对黄曲霉毒素的吸附能力显著上升，而用抗疏水剂处理后吸附能力又显著下降。但乳酸菌在和黄曲霉毒素 AFB1 结合的过程中，单价离子和双价离子以及 pH 值对结合过程并无明显影响，说明疏水结合并不是影响乳酸菌结合 AFB1 的唯一因素。Bueno 等[29]为了阐明乳酸菌去除黄曲霉毒素的作用机理，建立了数学模型，该模型表明黄曲霉毒素分子可以吸附在乳酸菌菌体表面，而且黄曲霉毒素经历了从乳酸菌表面结合位点结合和释放的过程，这个模型证明了乳酸菌吸附 AFB1 的能力与乳酸菌表面呈现的结合位点的数量成正比的关系，说明乳酸菌对黄曲霉毒素的结合作用为菌体表面吸附。Del 等[30]研究了 15 株分属于 5 个属的乳酸菌对赭曲霉素 A 的去除作用，发现这些菌株对赭曲霉素均有一定的去除能力，去除率在8%～28%之间，这些赭曲霉素被吸附于细菌表面，使用有机溶剂洗涤后可释放出31%～57%的赭曲霉素。乳酸菌除了可以通过表面吸附作用去除真菌毒素，还可以通过生物降解的方式降解真菌毒素，但是关于乳酸菌降解真菌毒素的报道较少，Megalla等[31]报道，在接种了乳酸乳球菌ATCC-11454的发酵乳中，乳中的黄曲霉毒素B1被转化成了无毒的B2a和毒性大大降低的R0两种形式，这是为数不多的乳酸菌降解真菌毒素的一项研究。相关动物实验和细胞实验也证明了乳酸菌对真菌毒素的毒性有降低的作用[32]。Gratz等[33]证明了鼠李糖乳杆菌GG可以调节老鼠对黄曲霉毒素B1的吸收作用，被该乳酸菌处理过的老鼠粪便中的黄曲霉毒素B1的含量升高。同时，也可以降低由黄曲霉毒素引起的体重降低和肝损伤。Mechoud等[34]使用外周血单核细胞（PBMC）模型分析了在体外两种益生杆菌罗伊是乳杆菌CRL1098（*L. reuteri* CRL 1098）和嗜酸乳杆菌CRL1014（*L. acidophilus* CRL 1014）对赭曲霉素（OTA）引起的免疫毒性的影响。发现*L. reuteri* CRL 1098可以部分（29%）逆转由OTA导致的抑制细胞因子TNF-α的产生，而*L. acidophilus* CRL 1014可以将TNF-α的产量提高到8倍以上。同时这两株菌均可以将PBMC的存活率提高32%，但两株菌对OTA引起的抑制PBMC产生细胞因子IL-10均无逆转作用，说明乳酸菌可以减少一些OTA对PBMC带来的一些负面影响。上述研究表明乳酸菌在缓解人体或动物因真菌毒素中毒的毒性方面具有巨大的潜力。

值得注意的是，一些拮抗酵母不仅能直接抑制病原真菌，还能分解真菌毒素。已有研究表明，酵母发酵能分解90%～99%的棒曲霉素，并使其含量降低到可检测水平以下[35]。Castoria等[36]报道采后生物防治酵母，包括黏红酵母（*R. glutinis*）和罗伦隐球酵母（*C. laurentii*）在体外培养情况下能分解棒曲霉素。近年来，国外一些学者将拮抗酵母应用于苹果等水果棒曲霉素的控制上，得到了令人振奋的结果。Morales等[37]报道清酒假丝酵母（*Candida sake*）在冷藏条件下（1℃）既能降低苹果上青霉病的发生率，又能防治棒曲霉素在苹果中的积累。Tolaini等[38]研究发现，在实验室及半商业贮藏情况下，香菇培养液能够增强罗伦隐球酵母（*C. laurentii*）防治苹果上扩展青霉的生长及棒曲霉素产生的作用。

Moss和Long[39]研究了果汁发酵过程中*Saccharomyces cerevisiae*对棒曲霉素的降解作用，发现棒曲霉素可以被*S. cerevisiae*降解产生两种代谢物。Castoria等[40]研究表明*R. glutinis* LS11能够在苹果发病组织中生长，其解毒机制可能是代谢棒曲霉素或者抑制棒曲霉素的合成。Coelho等[41]将223μg棒曲霉素与*Pichia ohmeri* 158细胞共培养，2天后棒曲霉素含量降低了83%，5天后，棒曲霉素含量降低了99%。Cao等[42]研究发现*P. caribbica*可以显著降低苹果中棒曲霉素的含量，并且在离体条件下*P. caribbica*对棒曲霉素有直接的降解作用。

近年来，生物消减AFs的研究报道也逐渐增多，目前有大量研究表明，许多微生物可吸附或降解AFs，其中包括酵母菌、乳酸菌、芽孢杆菌等[43,44]。如通过红平红球菌（Rhodococcuserythropolis）和枯草芽孢杆菌UTBSP1（*B. subtilis*）来消减AFs[45,46]。较之传统的物理和化学法，生物法安全性相对较高，处理条件也相对温和对产品的品质破坏较小。但是微生物容易受环境如温度和湿度的影响，降解过程也较缓慢，很难对固态物料中AFs消减，且原料中AFs消减后，微生物代谢产物毒性很难评估，目前生物消减AFs方法实际应用还较少。

第二节 生物防治的机理

一、拮抗菌对产毒真菌的防治机理

明确拮抗菌的作用机制是对拮抗菌进行定向培养和改造，有效开发生防制剂、明确使用方法、以及进行登记和商品化所必需的，同时也有利于确定高效拮抗酵母菌的筛选方法，提高靶菌株的筛选效率。生物防治拮抗作用自身的复杂性使得对拮抗机理的研究进展非常缓慢，拮抗菌、病原真菌和寄主三方在外部环境的影响下相互作用，每一种拮抗菌拮抗效果的产生往往是多重机理共同作用的结果。

（一）产生抗生素

产生抗生素是大部分生防细菌和霉菌的作用机制。假单孢菌能分泌抗生素氨基苯甲醛苯踪吡咯，抑制苹果、梨和马铃薯的多种腐烂病原体。但对于拮抗酵母菌，一般认为其不产生抗生物质。但 McCormack 等[47] 研究发现，分离自叶片的酵母菌 *R. glutinii* 和 *C. laurentii* 可产生抗细菌物质。因此，对于拮抗酵母菌是否产生抗生物质，尚需深入研究。

（二）营养与空间的竞争

营养或空间的竞争是酵母菌生防作用的主要机制。采后病害的发生大多是由病原微生物引起的，病原微生物进入果实的途径一般有两种，或是通过果实上的自然通道（皮孔、气孔等）侵入，或是由机械伤形成的伤口侵入。而后者为主要途径[48]。引起采后病害的病原真菌多为非专化性的死体营养菌，其孢子萌发及致病活动需要大量的外源营养。因此，通过与病原真菌竞争果实表面的营养及侵染位点，可有效降低病原真菌数量达到理想的防治效果。酵母菌对环境的适应性较强，在温度、湿度、pH 值或渗透压不利于病原真菌生长的情况下，酵母菌能有效地利用果蔬表面低营养物质存活。当果实有伤口时，在果皮表面的拮抗菌和病菌孢子开始同时抢占营养丰富的伤口，以营养与空间的竞争为拮抗机理的酵母菌能够在相当短的时间内利用伤口营养大量繁殖，尽可能快地消耗掉伤口营养、并占领全部空间，使得病原真菌得不到合适的营养与空间条件，不能繁衍生息，从而抑制病害的发生。Fan 和 Tian[49] 研究发现，相同浓度的拮抗菌细胞悬浮液比培养液具有更好的抑菌效果，可能是培养液中丰富的营养削弱了拮抗菌与病菌之间营养竞争力；季也蒙假丝酵母（*Candida Guilliermondii*）接种到桃果实伤口上，在有病原真菌存在的情况下，15℃培养 72h，酵母菌数增长 34.4 倍，而 25℃下培养 72h，增长 45.6 倍，这种高速繁殖活动反映出拮抗菌与病原真菌之间的竞争。

（三）寄生作用

许多酵母菌可以分泌胞外水解酶如几丁质酶和 β-1,3-葡聚糖酶，分解病原真菌的细胞壁或菌丝体；某些酵母菌还可以附着在病原真菌上，形成直接寄生作用。

Castoria 等[50] 在研究红酵母及隐球酵母对苹果采后病害的防治机制时发现，扩展青霉（*Penicilliumexpansum*）细胞壁可以诱导红酵母及隐球酵母产生胞外 β-1,3-葡聚糖酶。Castoria 还发现出芽短梗霉 *Aureobasidi pullulans*（LS-30）在“in vitro”和伤口上都有几丁酶和 β-1,3-葡聚糖酶的分泌，这两种酶可能与 LS-30 的拮抗活动有关[51]。在扫描电镜下观察，拮抗菌柠檬形克勒克酵母能够吸附在青霉（*P. italicum*）菌丝上，附着点处的菌丝严重扭曲、变形，拮抗菌与青霉菌产生寄生作用[52]。这些吸附现象虽然不能够完全证实在拮抗菌与病菌间存在寄生作用，但是经过热杀死的拮抗菌不再有吸附现象发生，这一点可以说明，这种现象是与拮抗菌的生理活动紧密联系的。

（四）诱导寄主抗性

诱导抗性也是果蔬采后病害生物防治的途径之一，许多非生物和生物因子都可以诱导果蔬采后的抗病反应。与前面两种拮抗机理不同，当病原真菌与寄主植物接触时，由于诱抗剂的作用可激发寄主植物发生许多生化变化。而这些生化变化可以导致植物多种防卫反应的发生，从而限制果蔬病害的发展。诱抗剂最初是用来表示能够诱导植物合成并积累植物保卫素的分子或其它刺激因子，但现在被普遍用于能够刺激防卫机制的分子。即诱导抗性也就是主要通过对寄主系统的诱导来提高对病害的拮抗作用，是一种相对复杂的作用方式，其复杂性表现在两个方面：首先，前面提到的两种机理都主要着眼于拮抗菌与病原真菌之间的作用，寄主只作为一个作用场所，在诱导抗性中，寄主成为拮抗菌与病原真菌之间的作用媒介的主动因素。当然，拮抗效果的产生应该是拮抗菌、病原真菌和寄主三方共同作用所决定的，因此增加了研究的复杂性；其次，寄主与拮抗菌、病原真菌之间的作用涉及从分子识别、信号传导到基因表达等一系列过程，如果想对诱导抗性有一个清楚的认识，必须在分子水平上深入了解植物产生诱导抗性时的生理生化变化和基因表达的调控。

拮抗菌对寄主的诱导主要产生三方面的效果：①抗病性次生代谢物质的大量产生，Arras[53] 发现拮抗菌 *Candida famata*，可以诱导柑橘产生植保素和 7-羟基-6-甲氧基香豆素（scopoletin）等抗性物质，这些物质的浓度与接种拮抗菌的时间相关，Rodov 等发现拮抗菌可以诱导橙类果实上篙属香豆素（scoparone）物质的积累；②细胞组织结构的变化，EI-Ghaouth 等[54] 发现假丝酵母（*C. saitoana*）在苹果伤口上可以诱导寄主细胞变形，产生乳突结构，抑制病原真菌的入侵；③诱导几丁质酶、葡聚糖酶及其它酶类，这些酶类可以分解果蔬病原真菌的细胞壁，从而抑制病原真菌的生长。Ippolito 等[55] 发现类酵母拮抗菌 *Aureobasidi pullulans* 在苹果上可以显著提高几丁质酶、β-1,3-葡聚糖酶和过氧化物酶的活性；Droby 等[56] 在研究假丝酵母（*C. oleophila*）对葡萄采后青霉菌的拮抗作用时发现，向葡萄果皮组织上添加假丝酵母细胞悬浮液可以增加乙烯的生物合成，诱导苯丙氨酸氨基裂解酶及植保素的积累，并能增加几丁质酶、β-1,3-内切葡聚糖酶的活性，从而诱导寄主产生抗性。

（五）其它物质对拮抗菌的强化作用

目前，单独应用拮抗菌来防治采后病害的效果还不及化学杀菌剂。将拮抗菌与一些其它特殊物质结合使用以改善拮抗菌的拮抗效果是一种简单而且行之有效的途径。研究发现，将拮抗酵母菌与其它物质结合[57,58] 或与非致病细菌混合使用[59] 可以提高酵母菌的拮抗效果。例如，酵母的悬浮液中加入 $CaCl_2$ 可显著地提高对苹果青霉病的抑制效果[60]；为了降低苹果采后青霉病的发生，提高拮抗菌的应用效果，Janisiewicz 等通过对 36 种碳水化合物以及 23 种氮化合物对病原真菌以及青霉的孢子萌发、芽管长度的影响以及对拮抗菌丁香假单胞菌（*Psuedomnassyringae*）的影响的研究，发现 L-天冬氨酸和 L-脯氨酸可以增加在果实上拮抗菌细胞的数量，增强了对苹果青霉的生物防治的效果[61]。含铁细胞红酵母对霉菌的抑制效果强于不含铁细胞的红酵母；将拮抗菌与化学杀菌剂或有抑菌效果的有机物结合使用可以大大降低其使用浓度[62]。添加 2-脱氧葡萄糖可抑制病原真菌的葡萄糖代谢，从而控制苹果的青霉病。

Janisiewicz[63] 发现 *C. oleophila* 结合 0.4%的尼生素（nisin）使用，苹果青霉病的发病率可降低到 4.7%，单独应用 *C. oleophila* 的发病率则为 33.4%[63]。通常抑菌有机物对病原真菌有一定的毒害作用，但是有时抑菌有机物也对拮抗菌产生了毒害作用[64]。因此，特定拮抗菌必须与对它本身不产生毒害的抑菌物质结合使用，才有可能提高拮抗效果。

采后病害生防菌的作用机制是比较复杂的，对于不同的拮抗菌株、不同的处理方法及不同的果实，其抑菌效果可能是几方面综合作用的结果；此外可能还存在其它未被发现和证实的对病原真菌及寄主的作用与影响。

二、拮抗菌对真菌产毒的控制

酵母清除毒素的机制有 2 种假说。第一种假说认为，真菌毒素含量的下降可能与酵母细胞壁上葡聚糖、甘露聚糖等细胞成分的吸附作用有关。Yue 等[65] 研究了 10 株灭活的酵母菌株对苹果汁中棒曲霉素含量的影响，结果显示处理 24h 后有 8 株无活性酵母对苹果汁中棒曲霉素的清除率超过 50%，最佳清除率为 72%。Topcu 等[66] 研究了肠道菌屎肠球菌对棒曲霉素的清除作用，体外试验培养 48h 菌株对棒曲霉素的清除率为 15.8%～41.6%。第二种假说认为，棒曲霉素的生物降解是酵母发酵过程中产生的诱导酶的酶促反应作用的结果。Coelho 等[67] 用奥默毕赤酵母体外降解棒曲霉素的试验中，培养 15d 后培养基的 pH 值从初始 4.0 降低至 3.3，因为棒曲霉素在这个 pH 值范围内性质稳定不容易分解，排除棒曲霉素分解的因素，可以认为棒曲霉素含量降低是奥默毕赤酵母代谢作用的结果，并非细胞壁的吸附作用所致。Sumbu 等[68] 报道酿酒酵母在棒曲霉素浓度为 50μg/mL 的培养基中培养 3h 后转接到棒曲霉素浓度超过 200μg/mL 的培养基中，与未经过预培养的酵母相比，预培养后的酵母对高浓度的棒曲霉素表现出耐受性，未经过预培养的酵母在高浓度棒曲霉素中降解棒曲霉素的能力被完全抑制，预培养后的酵母仍然具有较高的降解棒曲霉素的能力，这表明酿酒酵母在低棒曲霉素浓度培养基中预培养产生了诱导作用，提高了酿酒酵母对高浓度棒曲霉素的耐受性，使其在高浓度棒曲霉素中仍能降解棒曲霉素。环己酰亚胺是一种蛋白质生化合成抑制剂；Sumbu 等[68] 还发现，当在苹果汁中添加棒曲霉素和环己酰亚胺时，环己酰亚胺阻断了蛋白质的合成，棒曲霉素不能被降解。当添加棒曲霉素 3h 后再加入环己酰亚胺，与不添加环己酰亚胺组相比，酿酒酵母对棒曲霉素的降解速率降低，但降解作用并没有停止，棒曲霉素的含量不断下降，结果表明这 3h 内酿酒酵母合成的蛋白质具有酶催化活性，而不是合成了简单参与化学反应的反应底物。

Castoria 等[69] 验证了活酵母菌体和经高压蒸汽灭菌的失活菌体体外清除棒曲霉素的能力，结果显示灭活酵母菌不具备清除棒曲霉素的能力，表明能降低棒曲霉素含量的是活体酵母，而不是酵母壁的吸附作用。Harwig 等[70] 研究结果显示酵母发酵 14d 后棒曲霉素被完全降解了。用酵母在苹果汁中进行发酵，然后滤除菌体并在滤液中添加棒曲霉素，果汁中棒曲霉素水平没有明显降低，说明使棒曲霉素减少是因为活体酵母，而不是酵母发酵的代谢产物。Reddy 等[71] 用美极酵母菌株降解棒曲霉素，酵母细胞经超声波破碎处理后用乙酸乙酯提取，结果未检测出棒曲霉素，这表明美极酵母菌株对棒曲霉素的清除并非由于酵母细胞吸收棒曲霉素而是棒曲霉素被美极酵母彻底降解。

Moss 等研究了 3 株商业生产用的酿酒酵母菌株在无氧发酵过程中降解棒曲霉素的机制，棒曲霉素用^{14}C标记，经高效液相、薄层色谱和核磁共振光谱分析结果显示酿酒酵母降解棒曲霉素产生 2 个主要的产物：棒曲霉素生物合成的直接前体 E-ascladiol 及其异构体 Z-ascladiol[39]。Castoria 等[36] 用体外试验和体内模拟系统试验研究了胶红酵母对棒曲霉素的生物降解作用，薄层色谱分析结果显示，与对照组相比，胶红酵母降解棒曲霉素样品中出现了一些额外的点，经检测这些物质并不是 ascladiol。Castoria 等[36] 分析了红冬孢酵母菌株生物降解棒曲霉素的机制，同位素标记跟踪显示 Desoxypatulinic acid 来自于红冬孢酵母对棒曲霉素的生物降解，这表明红冬孢酵母对棒曲霉素的降解途径不同于胶红酵母对棒曲霉素的降解途径。

第三节 生防菌的应用前景及存在的问题

一、发展前景

拮抗微生物与化学农药相比，抑菌谱较窄是限制其商业化应用的原因之一。但是，许多研究者发现，生防真菌和生防细菌对化学杀菌剂的抗性较差，而生防酵母菌对其抗性较大，可以将拮抗菌与化学杀菌剂混用，减少杀菌剂的用量，把杀菌剂对人体的危害和对环境的污染降低到最低限度，以期逐步取代化学药剂。还可以将拮抗微生物混合使用、构建拮抗微生物工程菌株或与食品防腐剂混合作用来增强其活性。

为了使拮抗菌尽快应用于实际生产，今后还需要加强以下几方面的研究。

① 继续加强拮抗菌生防机理的研究，从分子水平揭示采后病原真菌与拮抗菌相互作用的机制，建立快速、有效的离体方法筛选更为有效的拮抗菌。

② 进一步分离和筛选能有效抑制采后病害的拮抗菌。

③ 加强拮抗菌作为保鲜剂在果蔬上使用方式的研究，特别是研究拮抗菌在采前使用对采后病害控制的效果。

④ 构建拮抗微生物工程菌株，将拮抗性能强的拮抗菌基因转移到另一种在果蔬表面更具适应性的拮抗菌中，从而提高生防效果。

采后果蔬的贮藏条件虽然可以人为调控，但产品的多样性造成了病害生物防治的复杂性，需要进一步明确各种采后处理间的互相影响，才能提供理想的防病措施。理想的拮抗菌应该具备如下特点：①遗传稳定；②低浓度使用有效；③对营养物质要求不苛刻；④逆境下包括贮藏环境具备良好的生存能力；⑤具广谱抑菌能力；⑥能在廉价发酵罐培养物上生长；⑦成品可有效贮藏和分配；⑧不产生有害的次生代谢物质；⑨耐杀虫剂；⑩对寄主无致病性。随着生物防治研究的不断深入，应用拮抗菌防治果蔬采后病害的技术将日臻完善，最终将逐步取代化学药剂的使用。

二、存在的问题

虽然许多种已被微生物证实对果蔬病原真菌具有拮抗作用，且拮抗菌应用于果蔬采后病害的生物防治有很多优势，但到目前为止，国外已进行商业化生产应用的拮抗菌却为数不多，包括嗜油假丝酵母 *C. oleophila*，枯草芽孢杆菌（*B. subtilis*），季也蒙假丝酵母

C. guilliermondi、季也蒙毕赤氏酵母 *P. guilliermondi* 和阿比达斯隐球酵母 *C. albidus*。我国研究者从 20 世纪 90 年代开始研究应用拮抗菌防治采后病害，到目前为止虽然获得了一些对病害有明显抑制效果的菌株，但是在生防菌商业化生产方面却是一片空白，迄今为止还未见能替代化学杀菌剂的拮抗菌保鲜产品问世。其原因如下所述：一是研究历史较短，文献报道的拮抗菌大多用来防治果蔬伤口处的病原真菌，而很少直接用在果蔬表面防治正常果蔬的贮藏期病害；二是在商业生产条件下，由于环境条件的不确定性，其防效不稳定；三是从事生防菌研究多为植物和食品学科的研究人员，对菌株发酵生产工艺研究的欠缺，导致从菌株到产品还有一定距离；另外，拮抗菌作为保鲜剂，其使用方式不及化学杀菌剂等方便，这些因素都影响了拮抗菌作为果蔬防腐保鲜剂在生产中的应用。

参考文献

[1] 张维一，毕阳．果蔬采后病害与控制．北京．中国农业出版社，1994，10-23.

[2] Dekker J，Georgopoulos S G. Fungicide agricultural publishing and documentation，resistance in crop protection. Center for Washington. 1982，265.

[3] Spotts R A，Cervantes L A. Population pathogencity and benomyl resistance of *Botrytis* spp.，*Penicillium* spp. and Mucor piriformis in packinghouses. Plant Diseases. 1986，70：106-108.

[4] Latorre B A，Spadaro I，Rioja M E. Occurrence of resistant strains of Botrytis cinerea to anilinopyrimidine fungicides in table grapes in Chile. Crop Protection. 2002，21：957-961.

[5] 刘海波，田世平．水果采后生物防治拮抗机理的研究进展［J］．植物学通报，2001，12：56～59.

[6] Mari M，Guizzardi M and Pratella G C. Biological control of gray mold in Pears by antagonistic bacteria［J］. Biological Control，1996，7：30-37.

[7] Janisiewicz W J，Roitman J. Biological control of blue and gray mold on apple and pear with Pseudomonas cepacia［J］. Phytopathology，1988，78：1697-1700.

[8] Pusey，P. L. and Wilson，C. L. Postharvest biological control of stone fruit brown rot by *Bacillus subtili*. Plant Dis.，1984，68：753-7569.

[9] Pusey，P. L.，Hotchkiss，M. W.，Dutmage，H. I.，Baumgardner，R. A.，Zehr，E L. Reilly，C. C. and Wilson，C. L. Pilot tests for commercial production and application of Bacillus subtilis（B-3）for postharvest control of peach brown rot. Plant. Dis.，1988，72：622-626.

[10] 范青，田世平，徐勇．丝孢酵母对苹果采后灰霉病和青霉病抑制效果的影响．中国农业科学，2001，34（2）：163-168.

[11] 秦国政，田世平，刘海波等．三种拮抗酵母菌对苹果采后青霉病的抑制效果（英文）．植物病理学报，Acta Botanica Simica，2003，45（4）：417-421.

[12] Janisiewicz W J，Saftner R A，William S，et al . Control of blue mold decay of apple during commercial controlled atmosphere storage with yeast antagonists and sodium bicarbonate［J］. Postharvest Biology and Technology，2008，49（3）：374～378.

[13] 梁学亮，郭小密．假丝酵母对柑橘采后绿霉病的抑制效果［J］．华中农业大学学报，2006，25（1）：26～30.

[14] 范青，田世平，李用兴等．枯草芽孢杆菌（*Bacillus subtilis*）B-912 对采后柑桔果实青、绿霉病的抑制效果［J］．植物病理学报，2000，30（4）：343-348.

[15] 梁文进，刘显达．利用拮抗微生物防治柑桔绿霉病及青霉病［J］．植保会刊，31：263-275.

[16] 王永兴，陈秀伟，李效静等．拮抗菌 D67-2 防治柑桔青绿霉病的效果［J］．中国柑桔，1992，21（3）：9-12.

[17] Liang，W-j，et al. The use of antagonistic microorganisms to control green and blue diseases of citrus［J］. Plant protection，Bulletin，1989，3：263-275.

[18] 孙萍，郑晓冬，张红印等．粘红酵母与金属离子结合使用对柑橘采后青霉病的抑制效果［J］．果树科学，2003，20（2）：169-172.

[19] 耿鹏，张彦博．柑橘采后青霉病生防酵母的筛选鉴定及其生防效果研究［J］．西北农林科技大学学报，2011，39（6）：192～195.

[20] Lima，G.，De Curtis，E，Castoria，R. and De. Cicco，V. Activity of the yeasts Crytococcus laurentii and Rhodotorula glulinis against postharvest rots on different fruits［J］. Biocontrol Science and Technology，1998，8：257-267.

[21] Wilson C L，Wisniewski M. Biological control of postharvest diseases［J］. Annu. Rev. Phytopathol，1989，27：425-441.

[22] Wisniewski M，Biles C，Droby S，Mclaughlin R，Wilson C，Chalutz E. Mode of action of the postharvest biocontrol yeast，Pichia guilliernondii. Ⅰ. Characterization of attachment to Botrytis cinerea［J］. Physiol Mol Plant Pathol，1991，39：245-258.

[23] Lima，G.，Ippolito，A.，Nigro，F. and Salerno，M. Effectiveness of Aureobasidium pullulans and Candida oleophila against postharvest strawberry rots［J］. Postharvest Biology and Technology，1997，10：169-178.

[24] FRAVEL D R. Commercialization and implementation of biocontrol［J］. Annual Review of Plant Biology，2005，43（7）：337-359.

[25] JANISIEWICZ W J，KORSTEN L. Biological control of postharvest diseases of fruits［J］. Annual Review of Phytopathology，2002，40（20）：411-441.

[26] DaliéD K D，Deschamps A M，Richard-Forget F. Lactic acid bacteria – Potential for control of mould growth and mycotoxins：A review［J］. Food Control，2010，21（4）：370-380.

[27] El-Nezami H，KankaanpääP，Salminen S，et al. Physicochemical alterations enhance the ability of dairy strains of lactic acid bacteria to remove aflatoxin from contaminated media［J］. Journal of Food Protection®，1998，61（4）：466-468.

[28] Haskard C，Binnion C，Ahokas J. Factors affecting the sequestration of aflatoxin by Lactobacillus rhamnosus strain GG［J］. Chemico-Biological Interactions，2000，128（1）：39-49.

[29] Bueno D J，Casale C H，Pizzolitto R P，et al. Physical adsorption of aflatoxin B1 by Lactic Acid Bacteria and S accharomyces cerevisiae：a theoretical model［J］. Journal of Food Protection®，2007，70（9）：2148-2154.

[30] Del P V，Rodriguez H，Carrascosa A V，et al. In vitro removal of ochratoxin A by wine lactic acidbacteria［J］. Journal of Food Protection®，2007，70（9）：2155-2160.

[31] Megalla S E，Mohran M A. Fate of aflatoxin B-1 in fermented dairy products［J］. Mycopathologia，1984，88（1）：27-29.

[32] Hathout A S，Mohamed S R，El-Nekeety A A，et al. Ability of Lactobacillus casei and Lactobacillus reuteri to protect against oxidative stress in rats fed aflatoxins-contaminated diet［J］. Toxicon，2011，58（2）：179-186.

[33] Gratz S，Täubel M，Juvonen R，et al. Lactobacillus rhamnosus strain GG modulates intestinal absorption，fecal excretion，and toxicity of aflatoxin B1 in rats［J］. Applied and Environmental Microbiology，2006，72（11）：7398-7400.

[34] Mechoud M A，Juarez G E，Valdez G F，et al. Lactobacillus reuteri CRL 1098 and Lactobacillus acidophilus CRL 1014 differently reduce in vitro immunotoxic effect induced by Ochratoxin A［J］. Food and Chemical Toxicology，2012，50（12）：4310-4315.

[35] Burroughs L F. Stability of patulin to sulfur dioxide and to yeast fermentation［J］. Journal-Association of Official Analytical Chemists，1977，60（1）：100-103.

[36] Castoria R，Morena V，Caputo L，et al. Effect of the biocontrol yeast Rhodotorula glutinis Strain LS11 on patulin accumulation in stored apples［J］. Phytopathology，2005，95（11）：1271-1278.

[37] Morales H，Sanchis V，Usall J，et al. Effect of biocontrol agents Candida sake and Pantoea agglomerans on Penicillium expansum growth and patulin accumulation in apples［J］. International Journal of Food Microbiology，2008，122（1-2）：61-67.

[38] Tolaini V，Zjalic S，Reverberi M，et al. Lentinula edodes enhances the biocontrol activity of Cryptococcus laurentii against Penicillium expansum contamination and patulin production in apple fruits［J］. International Journal of Food Microbiology，2010，138（3）：243-249.

[39] Moss M O, Long M T. Fate of patulin in the presence of the yeast Saccharomyces cerevisiae. Food Addit. Contam. 2002, 19: 387-399.

[40] Castoria R, Morena V, Caputo L, Panfili G, De Curtis F, De Cicco V. Effect of the biocontrol yeast Rhodotorula glutinis strain LS11 on patulin accumulation in stored apples. Phytopathology, 2005, 95: 1271-1278.

[41] Coelho A R, Celli MG, Ono EYS, Wosiacki G, Hoffmann FL, Pagnocca FC, Hirooka EY. Penicillium expansum versus antagonist yeasts and patulin degradation in vitro. Braz. Arch. Biol. Techn. 2007, 50: 725-733.

[42] Cao J, Zhang H, Yang Q, Ren R. Efficacy of Pichia caribbica in controlling blue mold rot and patulin degradation in apples. Int. J. Food Microbiol. 2013, 162: 167-173.

[43] Oluwafemi F, Kumar M, Bandyopadhyay R, et al. Bio-detoxification of aflatoxin B1 in artificially contaminated maize grains using lactic acid bacteria [J]. Toxin Reviews, 2010, 29 (3-4): 115-122.

[44] Sezer C, Guven A, Bilge Oral N, et al. Detoxification of aflatoxin B1 by bacteriocins and bacteriocinogenic lactic acid bacteria [J]. Turkish Journal of Veterinary & Animal Sciences, 2013, 37 (5): 594-601.

[45] Farzaneh M, Shi Z Q, Ghassempour A, et al. Aflatoxin B1 degradation by Bacillus subtilis UTBSP1 isolated from pistachio nuts of Iran [J]. Food Control, 2012, 23 (1): 100-106.

[46] Alberts J F, Engelbrecht Y, Steyn P S, et al. Biological degradation of aflatoxin B1 by Rhodococcus erythropolis cultures [J]. International Journal of Food Microbiology, 2006, 109 (1-2): 121-126.

[47] McCormack P J, Wildman H G, Jeffries P. Production of antibacterial compounds by phylloplane inhabiting yeasts and yeastlike fungi. Applied and Environmental Microbiology. 1994, 60: 927-931.

[48] Wilson C L, Wisniewski M E (Eds), Biological control of postharvest disease of fruits and vegetables-Theory and Practice. BocaRa-ton, Florida. CRC Press, 1994, 63-75.

[49] Fan Q, Tian S P, Postharvest biological control of rhizopus rot on nectarine fruits by Pichia membranefaciens Hansen. Plant Disease. 2000, 84: 1212-1216.

[50] Castoria R, Curtis F D, Lima C. β-1, 3-glucanase activity of two saprophytic yeasts and possible mode of action as biocontrol agents against postharvest diseases. Postharvest Biology and Technology, 1997, 12: 293-300.

[51] Castoria R, Curtis F D, Lima G, Caputo L, Pacifico S, Cicco V D. Aureobasidium pullulans (LS-30) an antagonist of postharvest pathogens of fruits, study on its modes of action. Postharvest Biology and Technology. 2001, 22: 7-17.

[52] 超安，邓伯勋，何秀娟．柑橘青、绿霉病高效拮抗菌 34-9 的筛选及其特性研究．中国农业科学，2005. 38 (12): 2434-2439.

[53] Arras G. Mode of action of an isolate of Candida famata in biological control of Penicillium digitatum in orange fruits. Postharvest Biology and Technology. 1996, 8: 191-198.

[54] EI-Ghaouth A, Wilson C L, Wisniewski M. Ultrastructural and cytochernical aspects of the biological control of *Botrytis cinerea* by Candida saitoana in apple fruit. Biological Control. 1998, 88: 283-291.

[55] Ippolito A, EI-Ghaouth A. Control of postharvest decay of apple fruit by Aureobasidium pullulans and induction of defense responses . Postharvest Biological and Technology. 2000, 19: 265-272.

[56] Droby S, Vinokur V, Weiss B. Induction of resistance to Penicillium digitatum in gape fruit by the yeast biocontrol agent Candida oteophila. Phytopathology. 2002, 92: 393-399.

[57] EI-Ghaouth A, Smilanick J L, Wilson C L. Enhancement of the performance of Candida saitoana by the addition of glycolchitosan for the control of postharvest decay of apple and citrus fruit. Postharvest Biology and Technology. 2000, 19: 103-110.

[58] Conway W S, L, everentz B, Janisiewicz W J , Blodgett A B, Saftner R A , Camp M J. Integrating heat treatment, biocontrol and sodium bicarbonate to reduce postharvest decay of apple caused by Colletotrichum acutatum and Penicillium expansum. Postharvest Biology and Technology. 2004, 34: 11-20.

[59] Janisiewicz W J, Bors B. Development of a Microbial Community of Bacterial and Yeast Antagonists To Control Wound-Invading Postharvest Pathogens of Fruits. Applied and Environmental Microbiology. 1995, 61: 3261-3267.

[60] Tian S P, Fan Q, Xu Y, Jiang A L. Effects of calcium on biocontrol activity of yeast antagonists against the postharvest fungal pathogen Rhizopus stolonife. Plant Pathology. 2002, 51: 352-358.

[61] Janisiewicz W J, Usall J, et al. Nutritional enhancement of biocontrol of blue mold on apples [J]. Phytopathology, 1992, 82: 1364～1370
[62] Fan Q, Tian S P, Postharvest biological control of rhizopus rot on nectarine fruits by Pichia membranefaciens Hansen. Plant Disease. 2000, 84: 1212-1216.
[63] Janisiewicz W J. Enhancement of biocontrol of blue mold with the nutrient analog 2-deoxy-D-glucose on apples and pears. Applied and Environmental Microbiology. 1994, 60: 2671-2676.
[64] El-Ghaouth A, Smilanick J L, Wisniewski M, Wilson C L. Improved control of apple and citrus fruit decay with a combination of Candida saitoana and 2-Deoxy-D-glucose. Plant diseases. 2000, 84: 249-253.
[65] Yue T, Dong Q, Guo C, et al. Reducing patulin contamination in apple juice by using inactive yeast [J]. Journal of Food Protection, 2011, 74 (1): 149-153.
[66] Topcu A, Bulat T, Wishah R, et al. Detoxification of aflatoxin B1 and patulin by Enterococcus faecium strains [J]. International Journal of Food Microbiology, 2010, 139 (3): 202-205.
[67] Coelho AR, Celli MG, Ono EYS, Wosiacki G, Hoffmann FL, Pagnocca FC, Hirooka EY. Penicillium expansum versus antagonist yeasts and patulin degradation in vitro. Braz. Arch. Biol. Techn. 2007, 50, 725-733.
[68] Sumbu Z L, Thonart P. Bechet J. Action of patulin on a yeast. [J]. Applied & Environmental Microbiology, 1983, 45 (1): 110.
[69] Castoria R, Mannina L, Duránpatrón R, et al. Conversion of the Mycotoxin Patulin to the Less Toxic Desoxypatulinic Acid by the Biocontrol Yeast Rhodosporidium kratochvilovae Strain LS11 [J]. Journal of Agricultural & Food Chemistry, 2011, 59 (21): 11571-11578.
[70] Harwig J, Scott P M, Kennedy B P C, et al. Disappear ance of Patulin from apple juice fermented by Saccharomyces spp. [J]. Canadian Institute of Food Science & Technology Journ al, 1973, 6 (1): 45-46.
[71] Reddy K R, Spadaro D, Gullino M L, et al. Potential of two Metschnikowia pulcherrima (yeast) strains for in vitro biodegradation of patulin [J]. Journal of food protection, 2011, 74 (1): 154-156.

第十章 果蔬中真菌毒素的削减与脱除

果蔬及其制品中都存在不同程度真菌毒素的污染，主要包括：青霉属（*Penicillium* spp.）产生的棒曲霉素（patulin）；曲霉属（*Aspergillus* spp.）产生的赭曲霉素（ochratoxin）和黄曲霉毒素（aflatoxin），交链孢属（*Alternaria* spp.）产生的交链孢毒素（Alternaria toxin）和镰刀菌属（*Fusarium* spp.）产生的单端孢霉烯族毒素（Trichothecenes）等。重要的是，这些真菌毒素会从果蔬腐烂部位扩散至健康组织，从而对人类的健康造成潜在的威胁。目前，人类已对果蔬中真菌毒素问题引起了广泛关注。而如何通过安全、有效的方法去除真菌毒素的污染，以免除真菌毒素的危害和保障人畜的健康，已成为目前真菌毒素研究的热点。

目前，真菌毒素的消解和脱除技术主要包括物理降解、化学脱毒和生物脱毒三大类，同时，不同种类真菌毒素，不同特性污染物，消解和脱除方法不同，本章就不同种类真菌毒素削减和脱除方法详细讨论。

第一节 果蔬中真菌毒素的物理降解

真菌毒素的物理降解就是通过物理的方法，如：高温加热、辐射照射、吸附剂吸附等物理方法对果蔬中真菌毒素进行吸附或破坏，从而使毒素失活或发生降解，最终达到去毒的目的。

一、高温加热

由于真菌毒素具有热稳定性，因此通过沸水和高压灭菌等热处理措施无法完全将其破坏。增大温度和压力可加速棒曲霉素的降解，如将苹果汁在 90℃ 加热 2min，然后再放入封闭的沸水容器中加热 5min，可将棒曲霉素的含量由原来的 1500μg/L 降低至 60μg/L，棒曲霉素含量降低率达 60%[1]。黄曲霉毒素是目前已发现的真菌毒素中最稳定的一种，因其含有稳定的共轭体系，在通常的加热条件下不易被破坏。所以通常情况下 AFT 分解温度需 268℃ 以上，而且加热仅可部分破坏 AFT。有研究表明，原料湿度较高，越有助于 AFT 的分解，这主要是由于水的存在有利于 AFT 中内酯环的破坏。Levi 等[2] 报道，当加热温度为 200～250℃ 时，绿咖啡中 80% 的 OTA 可被降解。但也有报道表明，热处理对 OTA 的脱毒无明显的效果。单端孢霉烯族毒素类物质在 120℃ 时很稳定，当温度高于 200℃ 时部分分解，Bullerman 等[3] 在 210℃ 处理 30～40min，可将其毒性结构破坏，如焙烤类食品中，单端孢霉烯族毒素的含量会降低 24%～71%。

总体而言，高温加热法能耗相对较高，对原料中的营养成分破坏很大，实际应用较少，很难有效脱除果蔬中的真菌毒素。

二、辐照处理

辐照法可分为离子（X 射线、γ 射线和紫外线）和非离子型（无线电波、微波、红外和可见光）两种方式。离子辐照中，受辐照物体在温度较低或未发生明显改变时，真菌毒素分子结构就可能已发生改变，这些改变对于暴露于离子辐照下的活有机体是有较大危害的。而非离子辐照到一定强度后，物料温度升高，导致分子结构发生改变，这种变化对人类无害或危害较小。有研究表明，真菌毒素经过辐照后，可降解成无毒或毒性较小的中间产物。辐照法对液态食品效果较好，而对固态物料穿透性较弱，消减效果相对较差。

（一）γ 射线处理

γ 射线对真菌毒素的辐射降解因其高效、快速和无二次污染等优点，目前被广泛应用，且辐照技术已经相当成熟。

γ 射线照射可有效降解果汁中棒曲霉素。Zegota 等[4] 用 0.35kGy 的 γ 射线照射果汁，使其棒曲霉素含量在 4℃ 贮藏数周后降低至起始含量的 50%，但同时也致使果汁中可滴定酸微量增加、羰基化合物及抗坏血酸减少。棒曲霉素含量为 2mg/kg 的果汁经 ^{60}Co-γ 射线辐照，当剂量较低时棒曲霉素含量的降低程度与辐射剂量成正比；当剂量大于 2.5kGy 时，可完全消除果汁中的棒曲霉素；当辐照剂量在2.5～5.0kGy时，辐照对果汁中可滴定酸、还原糖及氨基酸组分等物质的含量无影响，同时可进一步提高果汁的色泽和澄清度，但抗坏血酸的含量有轻微降低[4]。^{60}Co-γ射线辐照处理对澄清苹果汁中Pat（初始浓度1.631mg/L）具有有效的降解作用，4kGy剂量辐照处理能使果汁中96.57%的Pat发生降解，8kGy剂量辐照处理能使果汁中Pat全部降解。但同等剂量的^{60}Co-γ射线辐照处理对苹果汁中Pat的降解能力明显弱于对乙酸酸化水中Pat的降解能力，0.5kGy的^{60}Co-γ射线照射对果汁中Pat的降解率仅为3.60%。^{60}Co-γ射线辐照能够对澄清苹果汁的主要理化指标及营养成分产生一定影响[5]。

Refai等[6]报道，γ射线辐照可以有效地去除食品OTA的污染，当辐照剂量为2kGy时，OTA的含量由60×10^{-9}g/g降低到1.9×10^{-9}g/g；随着辐照剂量的增加，处理效果在增强；当剂量为4kGy时，食品中OTA的积累受到抑制；当剂量增加到20kGy时，OTA可被完全破坏。Aziz等[7]表明γ射线辐照可以破坏OTA的结构，当剂量为6kGy时，脱除效果可达96.2%。Matter等[8]报道，辐照剂量为10kGy时，饲料中的OTA的脱除率为68.8%～78.5%；当剂量为15kGy时，90%～95%的OTA可降解。然而该研究只注重于OTA的降解，未对降解产物及毒性进行关注。

（二）紫外线处理

紫外照射技术作为一种去除真菌毒素的有效方法，以其二次污染小、对降解体系影响小等优点广泛应用于食品中有害光敏物质的降解与去除。

紫外光辐照对棒曲霉素具有明显的降解效果。在222nm、254nm和282nm的紫外照射下，降解90%的棒曲霉素的所需剂量不同，分别为19.6mJ/cm^2、84.3mJ/cm^{2}和55.0mJ/cm^2，222nm的短波紫外线照射下，棒曲霉素获得最大的降解效率[9]。此外，棒曲霉素的降解率随着温度和pH值的升高而不断减小。如在pH值为7.0，初始浓度为500μg/L的棒曲霉素溶液，在255nm的UV-C、25℃下照射90min后，棒曲霉素去除率为94%；升高温度到65℃，需照射75min即可达到相同的降解率；而对于pH值为4的酸性环境，仅需照射40min棒曲霉素完全降解[10]。

赭曲霉素的紫外吸收波长为216nm和330nm。研究发现，紫外线波长会影响OTA的降解效果。UV-A照射14d时，OTA含量大大减低，而UV-B照射同样时间后，其降解程度弱于UV-A[11]。因此，UV-A比UV-B更有利于OTA的降解；这可能与OTA在UV-A（330nm）下有紫外吸收有关。Cheong等[12]研究也发现UV-A（366nm）和短波蓝光（445nm）照射能显著降解OTA。研究还发现OTA的降低程度随着照射时间的延长而增加[11]。紫外线对OTA的降解与环境温度、pH值有关。温度越高，相同条件下OTA的降解速率越快。如255nm的短波紫外线在15℃下照射12min后，可使83%的OTA降解；而在45℃下照射6.5min后，就可获得相同的降解效果[13]。在中性环境比酸性环境中更有利于OTA的降解[13]。目前尚未见紫外线对OTA的降解产物相关毒性的研究。

紫外光辐照对单端孢霉烯族毒素也具有明显的脱除作用。Murata等[14]用中等强度（0.1mW/cm^2）和高强度（24mW/cm^2）的254nm紫外光对样品进行照射，结果发现，在中等强度的紫外光照射下，DON的浓度随着时间的推移逐渐降低，60min后便检测不到DON；在高强度的紫外光条件下，DON含量降低的效果更好。邹忠义等[15,16]研究也表明：在相同紫外灯功率下，DON和T-2毒素去除效果受到辐照时间、辐照距离、毒素溶液pH值的影响。DON和T-2毒素的降解率随着辐照时间的延长而不断增加，随着辐照距离的增加而不断减小，随着毒素溶液pH值的增加而不断减小。pH值为7.0，初始浓度为1.0μg/mL的DON和T-2毒素溶液，在紫外灯功率20 W、辐照距离15cm条件下辐照60min后，DON和T-2毒素去除率分别为（84.90±2.52）%、（74.60±2.74）%。经紫外线辐照后，毒素溶液中不含有已知的毒素衍生物，可能被转化成新的未知产物[15]。

黄曲霉毒素对紫外光特别敏感，AFB1的紫外吸收波长在222nm、254nm和365nm，最大吸收在365nm。早在1962年，就有学者发现黄曲霉毒素在紫外光照射下会逐渐消失[17]。此后，相继出现很多紫外降解黄曲霉毒素的报道。由于AFB1的毒性比砒霜还强，已有较多的研究表明紫外线可显著降解AFB1。在不同波长的紫外照射下，AFB1的去除效果不同。通过比较254nm、365nm和420nm三种不同波长的紫外灯对AFB1的去除效果，结果表明，在AFB1的最大吸收波长365nm的紫外灯照射下，毒素的去除效果最佳，降解率为96.4%[18]。紫外线对AFB1的降解与它的初始浓度无关，但照射光强度越大，毒素的降解速率越快[18~20]。此外，pH值可显著影响紫外线降解黄曲霉毒素的效率。当pH值小于3或者大于10时，AFB1对紫外线异常敏感[21]。

紫外光对AFB1的降解效果存在介质间的差异。通过研究紫外光对不同介质中AFB1的降解速率时发现，花生油中降解速率最快，在30min内已彻底降解，而水溶液需要100min方可完全降解，在乙腈体系中降解最慢。在三种不同介质中毒素降解速率的差异表明其降解过程可能是由光化学反应产生的游离基引发的链式反应。花生油中成分复杂，易氧化产生大量自由电子，自由基越多反应越剧烈，因此降解速率越快；水中只有H^+和OH^-两种自由电子，因此反应速率和剧烈程度大幅度下降；而乙腈作为一种较为稳定的分析溶剂，不产生自由电子，因此在其中反应最为缓慢[16,17]。并推测了紫外降解乙腈和水中AFB1可能的途径（图10.1和图10.2）。

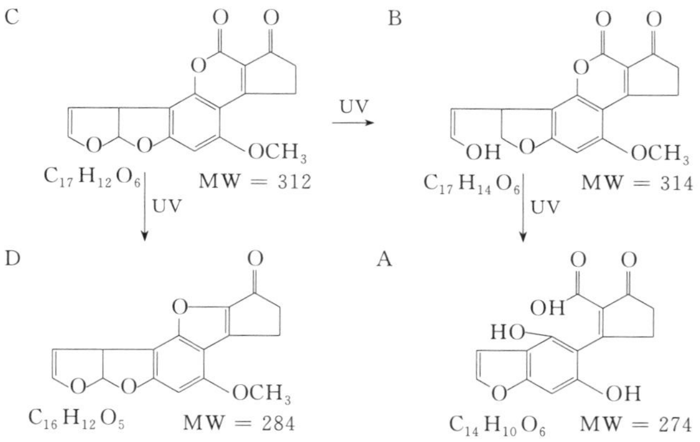

图10.1　紫外光降解乙腈中AFB1的可能途径（Liu等）[19]

水和乙腈中AFB1的紫外线降解产物都有3种，通过对降解途径的分析发现在不同体系中AFB1的降解产物也不相同。紫外照射后水中紫外光降解产物与AFB1本身相比毒性大幅度减小，但毒性活性位点之一呋喃环仍然残存，其毒性并没有完全消失。沙门氏菌试验和$HepG_2$细胞试验证明AFB1水溶液经紫外照射处理后，其致变性降低，细胞毒性作用也减少了约40%[22]。因此，水中紫外光降解产物仍然保留部分毒性。但在花生油体系中毒素经紫外照射后，其降解产物已失去与AFB1相似的结构，毒性和致癌性也随之消失；同时对花生油的品质及营养功能也无影响[23]。

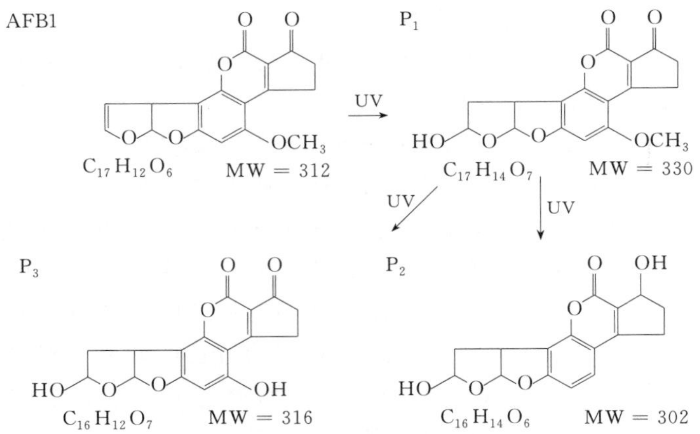

图 10.2 紫外光降解水中 AFB1 的可能途径（Liu 等）[20]

三、吸附作用

吸附处理主要是依据吸附剂具有巨大的吸附比表面积，它是真菌毒素物理脱除中广泛采用的一种降解毒素的方法。常用的吸附剂包括：活性炭、大孔吸附树脂、硅藻土等。

大量研究结果证明，用活性炭对果汁进行吸附澄清处理，可有效去除果汁中棒曲霉素，其处理效果取决于活性炭的用量和形态[24,25]。相对而言，粉末状活性炭比颗粒状活性炭对棒曲霉素去除效果更好，且有利于保持和提高果汁品质[26]。Kadakal 等[27,28] 认为用活性炭吸附去除棒曲霉素的最佳使用条件是加入 3.0～5.0g/L 活性炭，搅拌处理 5min，这种处理方法不会对果汁的糖度和 pH 值产生显著影响，但可以使果汁中棒曲霉素和富马酸含量大幅度下降，且果汁的色泽和澄清度有很大提高[27,28]。张昕等[29] 研究表明，棒曲霉素去除率随活性炭用量的增大而增大，随处理时间的延长先增后减，随处理温度的升高先增后减，随棒曲霉素初始浓度的减小而降低，3g/L 活性炭在 60℃下处理 5min，可以去除苹果汁中 69%的棒曲霉素（初始浓度为 1700μg/L），果汁中的可溶性固形物、还原糖、总酸等成分在整个处理过程中的变化很小。若将极为细小的活性炭颗粒吸附在石英砂颗粒上，制成合成炭吸附剂（composite carbon-adsorbent，CCA），再将其装在固定床式吸附柱中，从而获得一种表面积大、多孔性能优良、体积密度大的新型吸附剂，可极大地提高棒曲霉素去除率，但其对苹果汁的外观与风味影响较大。此外，多孔的化学物质也能达到与活性炭相同的效果。如用 0.5%聚乙烯聚吡咯烷酮（PVPP）或 0.5%β-环糊精（β-CD）处理苹果汁 24h，不仅可以降低苹果汁中的棒曲霉素含量，还可将果汁中的总酚类物质含量分别降低 63.9%和 87.93%[30]。

树脂吸附是近年来出现的一种减少棒曲霉素的新方法。研究结果表明，在用树脂处理果汁的开始阶段可以将果汁中的棒曲霉素全部除去，但随着处理时间的延长，果汁中棒曲霉素的去除效果在降低，如运行 12h 后，果汁中棒曲霉素的去除率降至 80%；24h 时的毒素去除率降为 60%，经树脂处理的果汁，其颜色和风味均无劣变[31,32]。刘华峰[33] 比较了 LSA-900B、XDA-600、LS-803、LS-806/LSF-500、HPD-850、DM-2、DM-3、LKS01 型树脂对苹果汁中棒曲霉素的脱除效果及吸附条件。结果表明：八种树脂对苹果汁中棒曲霉素均有极显著（$P<0.01$）的吸附效果，LSA-900B、LS-803 和 XDA-600 三种型号树脂在 50℃条件下对苹果汁中 Pat 的静态吸附率分别达到 92.55%、90.67%和 89.01%。且乙酸乙酯对这三种

树脂所吸附棒曲霉素的静态解吸附率分别达到75.91%、58.37%和75.67%。因此，这三种树脂均可作为企业脱除苹果汁中棒曲霉素的备选树脂。且树脂处理后对果汁品质如：浊度、吸光度、色值、透光率、酸度和糖度影响不大。周元炘等[32] 还研究了共存条件下苹果汁中甲胺磷、棒曲霉素和褐变成分在吸附树脂上的静态平衡吸附和吸附动力学特性，用Langmuir方程和Freundlich方程拟合了检测数据，探讨了吸附机理和影响吸附的外部因素。

活性炭还可吸附赭曲霉素和单端孢霉烯族毒素，Galvano等[34] 验证了活性炭吸附OTA和DON的能力，结果表明，活性炭可有效吸附这两种毒素，然而在吸附真菌毒素的同时，营养物质也被吸附。对于粉状和液态食品中污染的黄曲霉毒素，通常采用蒙脱土、活性炭、硅藻土等吸附剂或改性吸附剂吸附。近年来，硅铝酸盐类霉菌毒素吸附剂不断受到广大研究者的关注，同时，不少研究人员通过动物毒性试验证实了其实际吸附效果和安全性，显示出了良好的应用前景。但吸附剂不能完全消减黄曲霉毒素的毒性，它可能也吸附食品中的营养成分，从而降低了营养物质的利用率，而且已经吸附的毒素可能在动物胃肠道中重新释放。因此，虽然目前真菌毒素的吸附多使用这种方法，也有许多新型的吸附剂出现，但其应用效果及安全性还有待研究。

第二节　果蔬中真菌毒素的化学降解

化学降解是采用强氧化剂、强酸、强碱等化学物质对含有真菌毒素污染的食物或制品进行处理，使真菌毒素分解，从而达到破坏毒素结构的目的。

臭氧作为一种强氧化剂，对真菌毒素具有一定的氧化降解和解毒作用。Mckenzie等[35] 用2%，10%和20%质量浓度的臭氧对30μmol/L的棒曲霉素水溶液进行5min处理，HPLC分析表明，浓度为20%的臭氧能在15s内将棒曲霉素迅速降解，且无副产物生成。用对真菌毒素敏感的生物系统（水螅）对这些化合物的毒性进行测试，结果表明在用臭氧对棒曲霉素进行15s处理后可以显著降低毒素毒性。Mckenzie等[36] 表明O_3作为一种强氧化剂，一定浓度下也可使OTA结构发生作用，从而降低OTA的毒性。Fouler等[37] 采用H_2O_2在室温下处理含有OTA污染的制品，效果不显著，但当将OTA与0.05%H_2O_2混合后于碱性条件下加热时，可有效降低OTA的毒性。对于单端孢霉烯族毒素而言，由于其结构中具有C-9,10位的双键，很容易受到强氧化剂臭氧的进攻，从而使其发生环氧化反应而使毒性降低。王虎军采用臭氧熏蒸处理甜瓜，发现处理后甜瓜的单端孢霉烯族毒素积累量明显降低[38]。Young等[39] 发现湿润的臭氧（2.88%）通过霉变玉米时，能减少90%的DON；而当两者都处于干燥状态时，DON的减少量不大。

此外，抗坏血酸、二氧化硫、硫胺（维生素B_1）的氢氯化物、维生素B_6及泛酸钙等对果汁中棒曲霉素有不同程度的降解作用[40]。Drusch[41] 在含有2mg/L棒曲霉素的柠檬酸-磷酸二氢钠缓冲液中加482mg/L的抗坏血酸，34d后可使棒曲霉素降解至30%。硫胺（维生素B_1）、维生素B_6及泛酸钙对苹果浓缩汁中棒曲霉素含量的降低作用与果汁的保存温度有关。加有维生素B_1（1000mg/kg）、维生素B_6（625～875mg/kg）及泛酸钙（1000～2500mg/kg）的果汁在4℃贮藏6个月后，棒曲霉素的降低幅度为55.5%～67.7%，对照中的棒曲霉素含量的降低率为35.8%；在22℃±2℃下贮藏6个月后，果汁中的棒曲霉素可被完全降解，但在此条件下，果汁的质量会产生显著劣变。含有 1000mg/kg 或 2500mg/kg 泛酸钙的果汁在 22℃±2℃下贮藏 1 个月时能维持较好的果汁质量，且棒曲霉素的含量可分别降低 73.6%和 94.3%，而对照则降低了 42.1%[42]。

果汁护色剂（JPX）是经米糠、麦皮等天然物质发酵而成的，其主要成分是 VB 盐及其衍生物，无毒无害，无二次污染，耐热耐酸耐碱，稳定性良好。师俊玲等[43] 研究表明在榨汁和酶解工段加入 JPX 不仅能够对果汁起到护色作用，而且可以降低物料中的棒曲霉素含量。实验证实 JPX 能在酶解工段降解 68%～70%的棒曲霉素，宜于在果汁加工过程中添加使用，具有良好的应用潜力。

棒曲霉素的抗菌活性来自于其环上的—CH ═C—C ═O 结构，—CH ═C—C ═O 与氨基酸或蛋白质中含硫基或胺基的化合物如半胱氨酸、谷胱甘肽或硫基乙酸酯作用，能使棒曲霉素极性中心发生显著变化而失去活性，即所谓的 Hofman 降解。Lindroth 等[44] 试验发现用半胱氨酸加合后，棒曲霉素的毒性降低近 100 倍（棒曲霉素的 LD_{50} 为 29mg/kg），而加合后的混合物其 LD_{50} 值为 2.370mg/kg[44]。王丽[45] 用还原型谷胱甘肽（GSH）和 β-乳球蛋白（β-Lg）作降解剂，结果两类巯基类物质均能对澄清苹果汁中棒曲霉素起到一定的降解效果，但影响作用较为微小缓慢：添加后 10d 内没有观察到棒曲霉素浓度的明显降低。此外，β-Lg 的添加致使澄清果汁迅速发生严重混浊，因此可以认为 β-Lg 不宜用于苹果汁中的棒曲霉素降解。

采用乙酸、丙酸或山梨酸等低碳链脂肪酸处理含有 OTA 污染的食品，OTA 含量显著降低；次氯酸钠、甲醛、含氨化合物也对 OTA 的化学结构具有破坏作用，从而达到降解 OTA 的目的，且该法目前已在许多国家成功应用[46]。Chlkowski 等[47] 采用 2%的氨水于 20～50℃下处理含有 OTA 污染的谷物，可使其中 OTA 失活，有效脱除 OTA 的污染，并且对谷物品质的影响很小。

Bretz 等[48,49] 发现，在 75℃、0.1mol/LNaOH 作用 1h，NIV 和 3-ADON 产生 norNIVA、norNIVB、norNIVC、NIV 内酯和 norDON A、norDON B、norDON C 和其它 4 种产物（9-羟甲基 DON 内酯、norDON D、norDON E 和 norDON F），且转化产物的毒性远低于 NIV 和 3-ADON 的毒性。还原剂如 $Na_2S_2O_5$ 可将 DON 转化成 DON 磺酸盐，使其毒性大大降低。Danicke 等[50] 通过比较用 $Na_2S_2O_5$ 处理过的霉变小麦和不含毒素的小麦喂食仔猪，发现仔猪的反应相同，与用未经处理的霉变小麦喂食仔猪相比，具有很明显的改善作用。化学方法在一定程度上能够有效地降低和减少食品中真菌毒素的污染，但会引起食品中营养成分的流失及适口性的降低。因此，化学方法在处理含有真菌毒素污染的食品上受到了一定程度的限制。

第三节　果蔬中真菌毒素的生物降解

物理控制技术由于成本高、操作繁琐，在生产上还没有大规模应用，而化学控制方法带来的有毒物质残留等食品安全问题越来越受到世界各国的关注，因此，迫切需要寻找新的真菌毒素降解技术来控制果蔬制品中真菌毒素的污染。生物脱毒是利用微生物及其代谢产生的酶与毒素作用，使其化学结构遭到破坏，从而降低其毒性。生物脱毒毒副作用小，环境友好，是一种非常理想的脱毒方法，现成为世界各国竞相研究的热点。近年来，国内外有关真菌毒素生物脱毒的研究报道较多，脱毒的功能菌株主要包括细菌、霉菌和酵母菌等。

一、棒曲霉素的生物降解

微生物处理是一种去除棒曲霉素的有效方法。*Pichia ohmeri*，*Saccharomyces cerevisiae* 和 *Paecilomyces* spp. 均能有效降解棒曲霉素[51]。Morgavi 等[52] 发现反刍动物瘤胃中的微生物也能有效降解棒曲霉素。乳酸菌既能生物降解棒曲霉素，又能物理吸附棒曲霉素。而美极梅奇酵母（*Metschnikowia pulcherrima*）通过细胞壁吸附棒曲霉素，从而降低溶液中棒曲霉素的含量[53]。氧化葡萄糖酸杆菌分离自被棒曲霉素污染的苹果，当苹果汁中棒曲霉素的起始含量高达 800μg/mL 时，氧化葡萄糖酸杆菌（*Gluconobacter oxydans*）能在 3 天内降解棒曲霉素 96%[54]。除此之外，Moss 等[55] 发现，在无氧条件下对苹果汁进行发酵时，*S. cerevisiae* 能有效地降解棒曲霉素；当有氧培养时，则无法降解棒曲霉素。目前，已知的微生物降解棒曲霉素后的产物有 ascladiol 和 desoxypatulinic acid 两种，他们的毒性均比棒曲霉素的毒性低。*R. paludigenum* 在 pH 值 6.0，30℃时，2 天内可 100%在体外降解棒曲霉素，其作用机理包括物理吸附和酶解作用。该菌株在苹果汁和梨汁中，也能有效降解棒曲霉素的作用，该菌株在体内降解棒曲霉素作用机理主要是其本身分泌一种酶类物质，这种酶类物质具有降解棒曲霉素的能力[56]。Yang 等[57] 发现植酸处理可以提高 *Rhodotorula mucilaginosa* 降解苹果中棒曲霉素的能力。Cao 等[58] 发现 *Pichia caribbica* 可有效控制苹果青霉病的发生，并降低果实中棒曲霉素的积累。

二、赭曲酶素 A 的生物脱除

（一）细菌脱除 OTA

关于细菌脱除 OTA 的菌株主要包括：乳杆菌（*Lactobacillus* spp.）、芽孢杆菌（*Bacillus* spp.）、短杆菌（*Brevibacterium* spp.）和不动杆菌（*Acinetobacter* spp.）等。脱除作用主要为对 OTA 的吸附和降解，包括利用 OTA 作为生长繁殖的物质基础。

Böhm 等[59] 筛选了 OTA 脱毒菌株，结果表明：乳杆菌对 OTA 有较好的脱毒能力，其中 2 株不同 L-保加利亚乳杆菌（*L. bulgaricus*）的脱毒率分别为 94%和 28.5%，*L*-瑞士乳杆菌（*L. helveticus*）脱毒率为 72%；同时发现，经乳酸菌发酵的酸奶中 OTA 含量会大大减少，而经嗜热链球菌（*Streptococcus thermophilus*）、德氏乳杆菌（*L. delbrueckii*）、保加利亚菌（*Bulgariabacteria*）及双歧杆菌（*Bifidobacterium*）发酵的酸奶中均未检出 OTA，也没有观察到降解产物的产生。Fuchs 等[60] 分析了乳杆菌对 OTA 的脱除效果，表明嗜酸乳杆菌（*L. acidophilus*）对 OTA 有高效吸附能力（吸附率为 95%），且 OTA 浓度、pH 值、细胞密度和菌株生长等显著影响 *L. acidophilus* 对 OTA 的吸附。Del Prete 等[61] 通过将 *Lactobacillus* spp. 添加至含 OTA 的液体合成培养基中，在菌株生长期间 OTA 减少了 8%～28%，而 OTA 减少量的 31%～57%在细胞沉淀中得到恢复。由此证明，该类菌株对 OTA 确实具有吸附脱毒作用。

芽孢杆菌对 OTA 也具有脱毒能力。师磊等[62] 发现非致病枯草芽孢杆菌（*B. subtilis*）能抑制产生 OTA 的菌株赭曲霉（*A. ochraceus*）和炭黑曲霉（*A. carbonarius*）的生长，活菌和高温灭活菌均能吸附 OTA。梁晓翠[58] 研究了 *Bacillus* spp. 对 OTA 的降解作用，结

果表明 *Bacillus sp.* YB139 和 *Bacillus sp.* YB140 对 OTA 降解率分别为 48.2%和 43.4%，这两种菌的活菌可有效降解 OTA，而高温灭活菌无脱毒能力。由此表明，这两菌株的脱毒机理为生物脱毒。

梁晓翠[63] 研究了不动杆菌（*Acinetobacter* spp.）对 OTA 的脱毒效果，结果表明 *Acinetobacter* spp. 具有较强的 OTA 脱毒能力，处理 24h 后，脱毒率达到 80%以上，同时采用 HPLC 技术检测到了 OTA 的降解产物 OTα，但灭活的 *Acinetobacter* spp. 无脱毒能力。由此表明，*Acinetobacter* spp. 的脱毒机理为生物降解。同时发现，*Acinetobacter* spp. 对 OTA 的降解符合酶促反应的特征，降解速率随体系中 OTA 浓度的下降而逐渐减小；菌体浓度越大，降解能力越强。此外，Rodriguez 等[64] 验证了短杆菌（*Brevibacterium* spp.）脱除 OTA 的能力，并分析了其作用机理，在浓度为 40μg/L 的 OTA 的所有 BSM 培养基上清液中，OTA 完全被降解，且菌的清洗液中未检测到 OTA。2 种 *Brevibacterium* spp. 能够完全降解高浓度的 OTA，生成 OTα 和 L-苯基丙氨酸，且 L-苯基丙氨酸不会在此条件下继续被短杆菌进一步转化和降解，表明 *Brevibacterium* spp. 可以代谢产生一种酶，这种酶可能为羧肽酶 A（carboxypeptidase A，CPA）。

早在 1969 年，Pitout 等[65] 用薄层色谱和光谱方法就发现 CPA 能够降解 OTA。CPA 水解 OTA 的酰胺键，María 等[66] 申请了 *Brevibacterium* spp. 可将 OTA 降解为 OTα 和 L-苯基丙氨酸的专利，证明短杆菌属具有降解 OTA 的能力，降解产物为 OTα 和 L-苯基丙氨酸，其中发挥关键作用的是 CPA。由此表明，OTA 的酰胺键能够被 CPA 酶促水解，产生 L-苯基丙氨酸和 OTα，且没有其它有毒降解产物产生（图 10.3）。

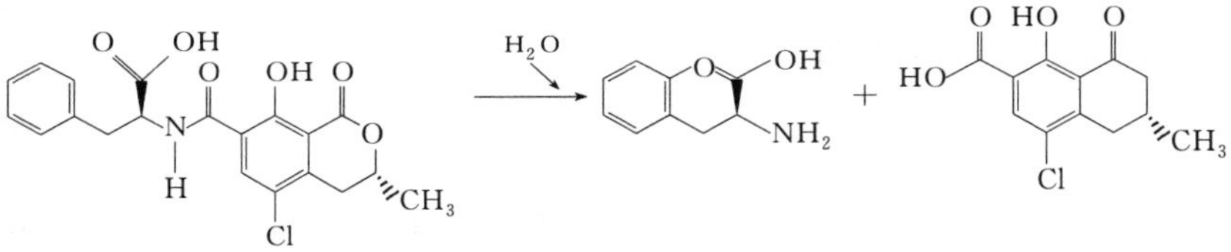

图 10.3 OTA 的降解反应

（二）酵母菌脱除 OTA

酵母菌也可降解 OTA。Varga 等[67] 发现红发夫酵母（*Phaffiayeast*）20℃下孵育 15d，OTA 降解率达 90%以上，降解产物为 OTα，且该转变与 CPA 作用有关。Csutorás 等[68] 研究了高浓度 OTA 在不同种类酒发酵过程中的变化，结果表明酿酒酵母（*Saccharomyces cerevisiae*）能吸附 90%OTA，且减少率与酒的种类密切相关。Marco 等[69] 通过监测酒在发酵过程中 OTA 浓度的变化，发现 *Saccharomyces cerevisiae* 也可降低酒中 OTA 的浓度，降解率在 57%～79%之间。Gil-Serna 等[70] 对汉氏德巴利氏酵母（*Debaryomyceshansenii*）脱除 OTA 的机理进行了研究，他提出 3 种可能脱毒机理：其一是影响 OTA 的生物合成；其二是 OTA 被吸附在酵母细胞壁或吸附进入酵母细胞内；其三是 *D. hansenii* 代谢产生的酶降解 OTA。研究表明，*D. hansenii* 影响 OTA 的合成途径中相关基因的表达，当产毒真菌与 *D. hansenii* 共培养时，OTA 明显减少；进一步研究证实，OTA 被 *D. hansenii* 细胞壁吸附更可能导致 OTA 减少，且 pH 值显著影响 OTA 吸附能力，在 pH 值为 3 时吸附率最大，高达 98%以上；而 pH 值为 5～7 时，吸附率仅为 63%和 65%，这表明，低 pH 值更有利于 *D. hansenii* 对 OTA 的吸附。*D. hansenii* 对 OTA 无降解作用，由此说明 *D. hansenii* 对 OTA 的脱毒作用主要是前两种机制。

综上所述，酵母对 OTA 的脱毒机理涉及影响 OTA 的合成、降解和吸附，不同的种类酵母菌对 OTA 的脱毒作用机理不同。Bejaoui 等[71] 研究了黑曲霉菌（*A. niger*）对 OTA 的脱毒能力。结果表明，*A. niger* 是降解 OTA 最优菌种，几乎所有 *A. niger* 对 OTA 脱毒能力均可达到 98%～99%，*A. niger* 能将 OTA 水解为 OTα。Bejaoui 等[72] 通过 *A. niger* 活菌和高温灭活菌的分生孢子对 OTA 的脱毒试验表明，*A. niger* 的分生孢子对 OTA 的生物脱除是一个二级现象。第一阶段 OTA 全部被 *A. niger* 的分生孢子吸附，且高温灭活的孢子也有这种能力，最后未产生 OTA 的降解产物。第二阶段，OTA 的降解只与有活性的分生孢子有关。在含有 *A. niger* 菌丝的培养基中培养一段时间后，可检测到 OTα，说明 OTA 发生了降解。而 Stander 等[73] 对 *A. niger* 中的 OTA 降解酶进行了筛选，得到一种粗脂肪酶，它将 OTA 降解为 OTα。有关 *A. niger* 对 OTA 的生物脱毒作用，普遍认为是酶在发挥着作用，但实际应用中缺乏更多的研究和事实去证实。此外，若采用 *A. niger* 菌体进行脱毒应用，其产生的黑色色素是否会影响食品的正常颜色和风味等问题均待进一步研究。

（三）肠道微生物脱除 OTA

肠道微生物对 OTA 也具有脱毒能力。Upadhayaa 等[74] 对猪的肠道微生物进行了分离、筛选和鉴定，结果发现猪的肠道菌群中有一种厌氧菌对 OTA 有很强的降解能力。在体外固体发酵培养基上，该菌 24h 后对 OTA 的降解率可达 100%。Mobashar 等[75] 研究了人体瘤胃中的微生物种群对 OTA 降解能力和饮食对 OTA 降解的影响。结果表明，瘤胃微生物和饮食都会影响 OTA 的降解，瘤胃微生物中主要是细菌有较高的降解 OTA 的能力，一些原生生物对 OTA 似乎也有一定的降解能力，但饮食对原生生物的数量有一个二次效应，从而影响 OTA 的降解。Madhyastha 等[76] 表明鼠肠道微生物在鼠肠道的大肠和盲肠中可以将 OTA 水解为低毒的 OTα。Camel 等[77] 对人肠道微生物对 OTA 的降解能力的研究表明，在含 OTA 的培养基中培养人肠道微生物，OTA 的平均降解率为 47%和 34%，且得到的 3 种降解产物分别为 OTα，OTB 和 OP-OTA（开环 OTA）（图 10.4）[78]。OTα 和 OTB 的毒性均小于 OTA，但 OP-OTA 的毒性却大于 OTA。有很多研究已证实 OTα 为 OTA 的一种降解产物，然而对于 OTB 和 OP-OTA 的报道少之又少。

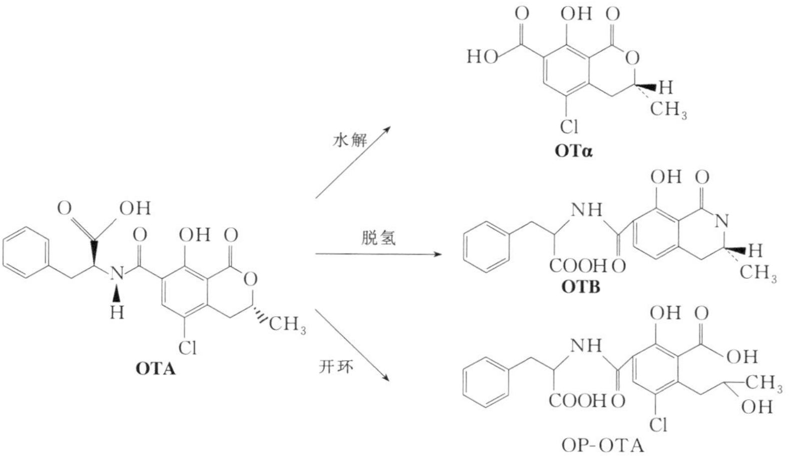

图 10.4　人的肠道微生物对 OTA 的降解

三、黄曲霉毒素的生物降解

黄曲霉毒素的生物降解（生物脱毒）主要采用微生物或其产生的酶及其制剂来进行脱毒，目前有关黄曲霉毒素生物脱毒的菌株主要包括：乳酸菌、酵母菌、霉菌等。其脱毒作用机理主要有两方面，一方面是微生物细胞对黄曲霉毒素具有吸附作用；另一方面是微生物发酵产生的酶对黄曲霉毒素具有降解作用。

（一）吸附作用

研究表明，乳酸菌对 AFT 具有较好吸附效果。鼠李糖乳杆菌可在 24h 内吸附培养基中 80%的 AFB1，且热致死灭活和盐酸处理均能显著增强其对 AFB1 的吸附能力[79]。在体内环境下，乳酸菌也能吸附 AFB1，它与 AFB1 形成复合物而被排泄到体外，从而达到减少小肠中 AFB1 的浓度，达到解毒的目的[80]。此外，鼠李糖乳杆菌 ATCC53103 和鼠李糖乳杆菌 DSM-705 对全脂牛奶中 AFM1 的吸附能力分别为 36.6%和 63.6%，远远高于其它乳酸菌[81]。Shahin[82] 从牛奶、干酪等乳制品中分离出的乳酸乳球菌和嗜热链球菌分别能吸附 PBS 中 54.35%和 81.0%的 AFB1，而热致死的上述两种乳酸菌分别能吸附 86.1%和 100%的 AFB1。将这两种乳酸菌的菌体高温加热处理后，将它们的死细胞直接加到被 AFB1 污染的食品中，乳酸乳球菌和嗜热链球菌的吸附率均大于 80%。关于乳酸菌吸附黄曲霉毒素的作用机理，有报道指出，黄曲霉毒素可能是物理吸附在乳酸菌的细胞壁结构上[83]。对于有活性的以及热处理之后的乳酸菌，黄曲霉毒素与它们的结合更倾向于发生在细胞外，而经过酸处理的乳酸菌由于其结构的完整性受到损伤而使黄曲霉毒素可结合在细胞内表面组分上[84]。

酵母对食品中的 AFB 也具有较好的吸附效果。Shetty 等[84] 研究表明，酵母菌株 A18 和 26.1.11 对 PBS 中 AFB1 的吸附率达 79.3%和 77.7%，且 AFB1 的初始浓度越高，吸附量越大。葡甘露聚糖是从酵母细胞壁中提取出来的具有孔状结构的功能性碳水化合物，具有吸附真菌毒素的作用。酯化葡甘露聚糖吸附毒素的能力主要取决于巨大的表面积。向 AFB1 含量为 0.1mg/kg 的鸡饲料中加入 0.1%的葡甘露聚糖，结果肉仔鸡肝脏生化指标与对照组（只喂饲基础日粮）无显著差异。由此可见，葡甘露聚糖能减轻或基本消除黄曲霉毒素对组织器官及生长性能的不良影响[85]。

（二）降解作用

自然界中生物产生的某些酶可以分解毒素分子的功能性基团，把真菌毒素转化为无毒物质。酶法解毒是一种安全、高效的解毒方法，对产品无污染，具有高度的选择性，不影响产品的营养物质。

Motomura 等[86] 从糙皮侧耳中提取并纯化了一种可 100%降解 AFB1 的胞外酶，荧光检测表明，此酶作用于 AFB1 之后，AFB1 的荧光强度明显降低，而苯环的裂解能降低或者完全消除 AFB1 的荧光。由此推断，此酶是通过裂解 AFB1 的苯环来达到去毒效果的。分枝杆菌 DSM 44556T 在 30℃作用 36h 后能去除 20%～30%的 AFB1，作用 72h 后，检测不到 AFB1[87]，而其胞内提取物作用 1h 后的样品，AFB1 含量减少了 70%，8h 后完全检测不到 AFB1。Alberts 等[88] 从红串红球菌的液体培养物中分离出一种胞外提取物，AFB1 经这种胞外提取物作用 72h 后，样品中只有 33.2%的 AFB1 残留。陈仪本等[89] 以黑曲霉为原料制备了生物制剂 BDA，此制剂对食品中 AFB 毒素降解率达 77.3%。

此外，活性炭作为固定真菌粗酶的载体对真菌毒素的降解具有显著效果，如将 AFB1 浓度为 100μg/kg 的花生油样经活性炭固定的粗酶柱处理后，AFB1 浓度降低为 0.1μg/kg 以下。活性炭不仅价格便宜，而且其固定的粗酶在 70d 时仍表现出良好的活性[90]。

四、单端孢霉烯族毒素的生物脱毒

单端孢霉烯族毒素的毒性是由于其结构中 C-12,13 环氧环；C-9,10 双键；乙酰基和羟基的位置和数量等引起。所以，单端孢霉烯族毒素的脱毒作用主要表现在破坏毒性基团，主要包括：脱环氧化、烯基的氧化、脱乙酰化、羟基化和羰基化等。

（一）脱环氧化

在单端孢霉烯结构中，C-12,13 环氧环是毒性的必需官能基团，A 型和 B 型单端孢霉烯族毒素的开环作用，例如脱环氧作用，能产生无毒或低毒的产物。如 Swanson 等[91] 通过脱氧环 T-2 毒素刺激大鼠皮肤实验，发现其毒性是 T-2 毒素的 1/400。Schatzmayr 等[92] 从乳牛瘤胃液中分离得到具有脱环氧化作用的菌株 BBSH 797。Eriksen[93,94] 将 DON 在该菌株的存在下，经脱环氧化得到 DOM-1，进行 DNA 合成评价，发现 DOM-1 的毒性是 DON 的 1/54，脱环氧 NIV 的毒性是 NIV 的 1/55。

（二）烯基的氧化

C-9,10 双键（烯基）也是单端孢霉烯族毒素毒性作用的必需基团。Young 等[95] 采用臭氧处理单端孢霉烯族毒素类化合物，首先攻击双键在 C-9,10 双键上加上 2 个氧原子，分子的其它部分没有发生改变。毒素的分子结构发生改变，从而使其毒性降低。

（三）脱乙酰化

虽然 C-12,13 环氧环和 C-9,10 双键是毒性作用的必需基团，乙酰基的位置和数量也显著地影响着单端孢霉烯族毒素的毒性。Fuchs 等[96] 发现反刍动物瘤胃液中具有脱乙酰作用的微生物，在厌氧条件下与瘤胃液一起孵化后，DAS 和 T-2 分别转化为低毒性 MAS 和 HT-2。Young 等[97] 发现从鸡肠道消化物中分离鉴定得到的细菌菌株 LS100 和 SS3 具有对 12 种单端孢霉烯族毒素脱毒降解的能力。Ueno 等[98] 也发现，土壤微生物短小杆菌属菌株 114-2 在有氧条件下，可将 T-2 毒素转化为 HT-2 毒素，HT-2 毒素进一步转化成 T-2 三醇，T-2 三醇在菌株 BBSH797 作用下，最后转化为 T-2 四醇，其毒性大小关系：T-2＞HT-2＞T-2 三醇＞T-2 四醇。

（四）羟基化和羰基化

单端孢霉烯族毒素分子结构中，羟基的存在与否及位置显著影响着单端孢霉烯族毒素的毒性，NIV 和 DON 的区别是 NIV 的 C-4 位上有羟基，而 NIV 毒性是 DON 的 10 倍[99]。但 C-3 位上羟基对其毒性影响不同，当 T-2、HT-2 及 T-2 三醇的 C-3 位上的羟基被乙酰基取代，形成 T-2 乙酸盐、T-2 毒素和 T-2 四醇四乙酸盐，它们的毒性却显著降低[100]。*Baccharis* spp. 能将 T-2 毒素通过羟基化作用氧化成 3′-OH T-2 或 3′-OHHT-2[101]。Yoshizawa 等[102] 研究表明，羟基化氧化作用需要 NADPH 的参与，主要发生在肝微粒体中，苯巴比妥能诱导大多数细胞色素 P-450 的同工酶系，起到催化作用，从而加强这一反应，苯巴比妥能在肝中通过羟基化和糖酯化作用被代谢掉。

真菌毒素污染不可避免，物理降解和化学脱毒虽然脱除真菌毒素效率高，但因其存在副作用、费用高、并影响食品的风味和营养，不利于大规模推广应用。生物脱毒由于所用的微生物和微生物酶等具有材料易得、高效、特异性强、对食品和环境无污染等特点，且容易应用生产实践中，已越来越引起人们的关注。大量研究也表明，生物脱除真菌毒素的不同微生物种群中，细菌以其数量庞大，代谢途径多样可能成为未来脱毒试剂的首选。但目前多数对真菌毒素脱毒的研究局限于脱毒菌种的筛选和分离，而对脱毒菌株降解真菌毒素机理的研究少之甚少，在目前已有研究的基础上，进一步利用现代的分离技术和手段，从脱毒菌株中获得高纯度的真菌毒素降解酶，分析其蛋白结构及作用机理；找出降解酶对应的编码基因，利用基因工程进行高效表达，制成酶制剂；或通过基因工程获得降解效率更高、可用于实际脱毒的高效菌株将成为未来真菌毒素脱毒研究的焦点。

参考文献

[1] Taniwaki M H, et al., Patulin-forming moulds in apples and cider. Coletanea do Instituto de Tecnologia de Alimentos, 1989, 19 (1): 42-49.

[2] Levi CP, et al. Study of the occurrence of ochratoxin A in green coffee beans. Analysis Chemistry, 1974, 57 (4): 866-870.

[3] Bullerman LB, Bianchini A L. Stability of mycotoxins during food processing. International Journal of Microbiology, 2007, 119 (1/2): 140-146.

[4] Zegota H., et al. Effect of irradiation on the patulin content and chemicalcomposition of cider concentrate. Zeitschrift fuer Lebensmittel Untersuchung undForschung, 1988, 187 (3): 235-238.

[5] 王丽．棒曲霉素霉素降解技术方法研究［M］．西北农林科技大学．2007，6.

[6] Refai MK, et al. Detection of ochratoxin produced by A. ochraceus in feedstuffs and its control by radiation. Appllied Radiation Isotopes, 1996, 47 (7): 617-621.

[7] Aziz NH, et al. Reduction of fungi and mycotoxins formation in seeds by gamma-radiation. Journal of Food Safety, 2004, 24 (2): 109-127.

[8] Matter ZA, Aziz NH. Influence of gamma-radiation on the occurrence of toxigenic Pennicium strains and mycotoxins production in different feedstuffs. Egyptian Journal of Biotechnology, 2007, 25 (1): 130-144.

[9] Zhu Y, et al. Reduction of patulin in apple juice products by UV light of different wavelengths in the UVC range. Journal of Food Protection, 2014, 77 (6): 963-971.

[10] Ibarz R, et al. Modelling of patulin photo-degradation by a UV multi-wavelength emitting lamp. Food Research International, 2014, 66: 158-166.

[11] García-Cela E, et al. Effect of ultraviolet radiation A and B on growth and mycotoxin production by *Aspergillus carbonarius* and *Aspergillus parasiticus* in grape and pistachio media. Fungal Biology, 2015, 119 (1): 67-78.

[12] Cheong KK, et al. Effect of different light wavelengths on the growth and ochratoxin A production in *Aspergillus carbonarius* and *Aspergillus westerdijkiae*. Fungal Biology, 2016, 120 (5): 745-751.

[13] Ibarz R, et al. Modelling of ochratoxin A photo-degradation by a UV multi-wavelength emitting lamp. Food Science and Technology, 2015, 61 (2): 385-392.

[14] Murata H, et al. Reduction of feed-contaminating mycotoxins by ultraviolet irradiation: an in vitro study. Food Additives and Contaminants, 2008, 25 (9): 1107-1110

[15] 邹忠义等．单端孢霉烯族毒素转化降解研究进展．食品科学，2010，31（19）：443-448.

[16] 邹忠义等．紫外光辐照对脱氧雪腐镰刀菌烯醇和 T-2 毒素的去除作用．食品科学，2015，36（19）：7-11.

[17] Van der Zijden ASM, et al. *Aspergillus Flavus* and Turkey X disease: isolation in crystalline form of a toxin responsible for Turkey X disease. Nature, 1962, 195: 1060-1062.

[18] 张小勇等．不同波长紫外灯对油脂中 AFB_1 去除效果的比较．粮食与食品工业，2015，22（6）：41-43.
[19] Liu RJ，et al. LC-MS and UPLC-quadrupole time-of-flight MS for identification of photodegradation products of Aflatoxin B_1. Chromatographia，2010a，71（1/2）：107-112.
[20] Liu RJ，et al. Photodegradation kinetics and byproducts identification of the Aflatoxin B_1 in aqueous medium by UPLC-Q-TOF MS. Journal of Mass Spectrometry，2010b，45：553-559.
[21] Lillard DA，et al. Some chemical characteristics and biological effects of photomodified aflatoxins. Journal of the Association of Official Analytical Chemists，1970，53：1060-1063.
[22] Liu RJ，et al. *In Vitro* toxicity of Aflatoxin B_1 and its photodegradation products in Hep G2 cells. Journal of Applied Toxicology，2012，32（4）：276-281.
[23] 刘睿杰．AFB1 在不同介质中紫外降解机理及安全性评价．江南大学，2011.
[24] Mutlu，M. N. et al. Patulin adsorption kinetics on activated carbon，activation energy and heat of adsorption [J]. Journal of Food Science，1997，62：128-130.
[25] Leggott，N. L.，et al. Shephard and S. Stockenstrom. The reduction of patulin in cider by three different types of actived carbon [J]. Food Additives & Contaminants，2001，18：825-829.
[26] Artik N，et al. Use of activated carbon for patulin control in cider concentrate [J]. Turkish Journal of Agriculture and Forestry，1995，19（4）：259-265.
[27] Kadakal C，Nas S. Effect of activated charcoal on patulin，fumaricacid and some other properties of cider [J]. Nahrung，2002，46：31-33.
[28] Kadakal C，Nas S. Effect of apple decay proportion on the patulin，fumaric acid，HMF and other cider properties. Journal of Food Safety，2002，22：17-25.
[29] 张昕等．活性炭吸附法降低苹果汁中棒曲霉素含量研究 [J]．西北农业学报．2008，17（3）：324-327.
[30] Essa H A，Ayesh A M. Mycotoxins reduction and inhibition of enzymatic browning during cider processing [J]. Egyptian Journal of Food Science，2002，30（1）：1-21.
[31] 朱振宝等．苹果汁中棒曲霉素的吸附动力学研究 [J]．食品科学．2006，27（6）：91-95.
[32] 周元炘等．大孔吸附树脂对苹果汁中甲胺磷、棒曲霉素和褐变成分的吸附 [J]．食品科学．2006，30（6）：25-27.
[33] 刘华峰．棒曲霉素在腐烂苹果中的分布规律及清洗、树脂吸附对苹果汁中棒曲霉素的脱除技术研究 [D]．甘肃农业大学，甘肃，兰州，2010.
[34] Galvano F，et al. Activated carbons：*in vitro* affinity for ochratoxin A and deoxynivalenol and relation of adsorption ability to physicochemical parameters. Journal of Food Protection，1998，61（4）：469-475.
[35] Mckenzie KS，et al. Oxidative degradation and detoxification of mycotoxins using a novel source of ozone. Food and Chemical Toxicology，1997，35（8）：807-820.
[36] Mckenzie KS，et al. Oxidative degradation and detoxification of mycotoxins using a novel source of ozone. Food Chemical Toxicology，1997，35（8）：807-820.
[37] Fouler SG，et al. Detoxification of citrinin and ochratoxin A by hydrogen peroxide. Journal of AOAC International，1994，77（3）：631-637.
[38] 王虎军．采后甜瓜果实中 NEO 毒素的检测及控制，甘肃农业大学，甘肃，兰州，2016.
[39] Young J，et al. Degradation of trichothecene mycotoxins by aqueous ozone. Food and Chemical Toxicology，2006，44：417-424.
[40] 王莹等．棒曲霉素控制技术及检测方法研究进展 [J]．农产品加工．2007，94（3）：48-51.
[41] Drusch S，et al. Stability of patulin in ajuice-like aqueous model system in the presence of as-corbic acid [J]. Food Chemistry，2007，100（1）：192-197.
[42] Yazici S.，eliogluY. S. V. Effect of thiamine hydrochloride，pyridoxine hydrochloride and calcium-d-pantothenate on the patulin content of cider concentrate [J]. Nahrung，2002，46（4）：256-257.
[43] 师俊玲，张小平，李元瑞．果汁护色剂 JPX 对苹果汁中棒曲霉素的降解作用及护色效果 [J]．农业工程学报，2006，22（10）：237-239.
[44] Seppo Lindroth，Atte Von Wright. Comparison of the toxicities of patulin and patulin adducts forned with cysteine [J]. Applied and Environmental Microbiology，1978，（7）：1003-1007.

[45] 王丽．棒曲霉素霉素降解技术方法研究［M］．西北农林科技大学．2007，6.
[46] 徐剑宏等．谷物真菌毒素的控制策略．江苏农业学报，2007，23（6）：642-646.
[47] Chlkowski J，et al. Mycotoxins in cereal grain. Part IV. Inactivation of ochratoxin A and other mycotoxins during ammoniation. Nahrung，1981，25（7）：631-637.
[48] Bretz M，et al. Structural elucidation and analysis of thermal degradation products of the Fusarium mycotoxin nivalenol. Molecular Nutrition & Food Research，2005，49：309-316.
[49] Bretz M，et al. Thermal degradation of the *Fusarium* mycotoxin deoxynivalenol. Journal of Agricultural and Food Chemistry，2006，54：6445-6451.
[50] Danicke S，et al. On the effects of a hydrothermal treatment of deoxynivalenol（DON）-contaminated wheat in the presence of sodium metabisulphite（$Na_2S_2O_5$）on DON reduction and on piglet performance. Animal Feed Science and Technology，2005，118：93-108.
[51] Coelho et al.，Patulin biodegradation using Pichia ohmeri and Saccharomyces cerevisiae. World mycotoxin Journal，2008，1：325-331.
[52] Morgavi DP.，et al.，Prevention of patulin toxicity on rumen microbial fermentation by SH-containing reducing agaents. Journal of Agricultural and Food Chemistry，2003，51（23）：6906-6910.
[53] Reddy K.，et al.，Potential of *Metschnikowia pulcherrima*（yeast）strains for in vitro biodegradation of patulin. Journal of Food Protection，2011，74（1）：154-156.
[54] Ricelli A et al.，Biotransformation of patulin by *Gluconobacter oxydans*. Applied and Environmental Microbiology，2007，73（3）：785-792.
[55] Moss MO and Long MT. Fate of patulin in the presence of the yeast *Saccharomyces cerevisiae*. Food Additives and Contaminants，2002，19（4）：387-399.
[56] 朱瑞瑜．*Rhodossporidium paludigenum* 对青霉菌引起的过时采后病害的抑制剂对棒曲霉素的降解作用研究［D］．浙江大学，浙江，杭州，2015.
[57] Yang et al.，Phytic acid enhances biocontrol activity of *Rhodotorula mucilaginosa* against *Penicillium expansum* contaminationand patulin productionin apples. Frontiers in Microbiology，2015，6：1-9.
[58] Cao J，et al.，Efficacy of Pichia caribbica in controlling blue mold rot and patulin degradation in apples. International Journal of Food Microbiology，2013，162：167-173.
[59] Böhm J，et al. Study on biodegradation of some a-and b-trichothecenes and ochratoxin a by use of probiotic microorganisms. Mycotoxin Research，2000，16（1）：70-74.
[60] Fuchs S，et al. Detoxification of patulin and ochratoxin A，two abundant mycotoxins，by lactic acid bacteria. Food and Chemical Toxicology，2008，46（4）：1398-1407.
[61] Del Prete V，et al. *In vitro* removal of ochratoxin a by wine lactic acid bacteria. Journal of Food Protection，2007，9（70）：2155-2160.
[62] 师磊等．一株地衣芽孢杆菌对赭曲霉毒素 A 的吸附和降解研究．农业生物技术学报，2013，21（12）：1420-1425.
[63] 梁晓翠．不动杆菌 BD189 对赭曲霉毒素 A 的脱毒研究．上海：上海交通大学，2010 ：1-102.
[64] Rodriguez H，et al. Degradation of ochratoxin a by Brevibacterium species. Agricultural and Food Chemistry，2011，59：10755-10760.
[65] Pitout MJ. The hydrolysis of ochratoxin A by some proteolytic enzymes. Biochemical Harmacology，1969，18（2）：485-489.
[66] María R，Héctor R，Blanca D，et al. Biological degradation ofochratoxin a into ochratoxin alpha ：US，2013/0209609 A1. 2013-8-15.
[67] Varga J，et al. Ochratoxin degradation and adsorption caused by astaxanthin-producing yeasts. Food Microbiology，2007，24（3）：205-210.
[68] Csutorás CS，et al. Monitoring of ochratoxin A during the fermentation of different wines by applying high toxin concentrations. Microchemical Journal，2013，107（SI）：182-184.
[69] Marco E，et al. Monitoring of ochratoxin A fate during alcoholic fermentation of wine-musts. Food Control，2012，27（1）：53-56.

[70] Gil-Serna J, et al. Mechanisms involved in reduction of ochratoxin A produced by Aspergillus westerdijkiae using Debaryomyces hansenii CYC 1244. International Journal of Food Microbiology, 2011, 151 (1): 113-118.
[71] Bejaoui H, et al. Biodegradation of ochratoxin A by Aspergillus section Nigri species isolated from French grapes: a potential means of ochratoxin A decontamination in grape juices and musts. FEMS Microbiology Letters, 2006, 255 (2): 203-208.
[72] Bejaoui H, et al. Ochratoxin A removal in synthetic and natural grape juices by selected oenological Saccharomyces strains. Journal of Applied Microbiology, 2004, 97 (5): 1038-1044.
[73] Stander MA, et al. Screening of commercial hydrolases for the degradation of ochratoxin A. Agricultural and Food Chemistry, 2000, 48 (11): 5736-5739.
[74] Upadhayaa SD, et al. Isolation, screening and identification of swine gut microbiota with ochratoxin a biodegradation ability. Asian-Australas Anim Science, 2012, 1: 114-121.
[75] Mobashar M, et al. Ruminal ochratoxin A degradation-contribution of the different microbial populations and influence of diet. Animal Feed Science and Technology, 2012, 171 (2-4): 85-97.
[76] Madhyastha MS, et al. Hydrolysis of ochratoxin a by the microbial activity of digesta in the gastrointestinal tract of rats. Arch Environ Contam Toxicol, 1992, 23 (4) : 468-472.
[77] Camel V, et al. Semi-automated solidphase extraction method for studying the biodegradation of ochratoxin A by human intestinal microbiota. Journal of Chromatogr B Analytical Fechnol Biomed Life Science, 2012, 893-894: 63-68.
[78] 贾欣等．赭曲霉毒素 A 的微生物脱毒研究进展．生物技术通报，2014，12：18-23.
[79] El-Nezami H. , et al. Binding rather than metabolism may explain the interaction of two food-grade Lactobacillus strains with zearalenone and its derivative zearalenol [J] . Applied and Environmental Microbiology, 2002, 68 (7): 3545-3549.
[80] Kankaanpää, P, et al. Binding of aflatoxin B1 alters the adhesion properties of lactobacillus rhamnosus strain GG in a caco-2 model [J] . Journal of Food Protection, 2000, 63 (3): 412-414.
[81] Pierides M. , et al. El-Nezami H, Peltonenet K, Salminen S, Ahokas J. Ability of dairy strains of lactic acid bacteria to bind aflatoxin M1 in a food model [J] . Journal of Food Protection, 2000, 63 (5): 645-650.
[82] Shahin AAM. Removal of aflatoxin B1 from contaminated liquid media by dairy lactic acid bacteria [J] . International journal of agriculture and biology, 2007, 9 (1): 71-75.
[83] Haskard C, et al. Surface binding of aflatoxin B1 by Lactic Acid Bacteria [J] . Applied and Environmental Microbiology, 2001, 67 (7): 3086-3091.
[84] Shetty PH, et al. Surface binding of aflatoxin B1 by Saccharomyces cerevisiae strains with potential decontaminating abilities in indigenous fermented foods [J] . International Journal of Food Microbiology, 2007, 113 (1): 41-46.
[85] 侯然然等．葡甘露聚糖对饲喂黄曲霉毒素 B1 日粮的肉仔鸡肝生化指标和组织的影响．动物营养学报 [J]，2008，20 (2)：152-157.
[86] Motomura M, et al. Purification and characterization of an aflatoxin degradationenzyme from Pleurotus ostreatus [J]. Microbiological Research, 2003, 158 (3), 237-242.
[87] Hormisch D. et al. Mycobacterium *fluoranthenivorans sp*. nov. , a fluoranthene and aflatoxin B1 degrading bacterium from contaminated soil of a former coal gas plant [J] . Systematic and Applied Microbiology, 2004, 27 (6): 653-660.
[88] Alberts J F, et al. Biological degradation of aflatoxin B1 by Rhodococcus erythropolis cultures [J]. International Journal of Food Microbiology, 2006, 109 (1-2): 121-126.
[89] 陈仪本等．生物学法降解花生油中黄曲霉毒素的研究 [J]．卫生研究，1998，27：79-83.
[90] 宋艳萍等．固定化真菌解毒酶对花生油中 AFB1 的去除作用的初步研究 [J]．食品科学，2003，24 (2)：19-22.
[91] Swanson SP, et al. The role of intestinal microflora in the metabolism of trichothecene mycotoxins. Food and Chemical Toxicology, 1988, 26 (10): 823-829.
[92] Schatzmayr G, et al. Microbiologicals for deactivating mycotoxins. Molecular Nutrition and Food Research, 2006, 50: 543-551.
[93] Eriksen GS, et al. Comparative cytotoxicity of deoxynivalenol, nivalenol, their acetylated derivatives and de-epoxy

metabolites. Food and Chemical Toxicology，2004，42：619-624.

[94] Eriksen GS，Pettersson H. Toxicological evaluation of trichothecenes in animal feed. Animal Feed Science and Technology，2004，114 (1-4)：205-239.

[95] Young JC，et al. Degradation of trichothecene mycotoxins by aqueous ozone. Food and Chemical Toxicology，2006，44 (3)：417-424.

[96] Fuchs E，et al. Structural characterization of metabolites of the microbial degradation of type A trichothecenes by the bacterial strain BBSH797. Food Additives and Contaminates，2002，19：379-386.

[97] Young JC，et al. Degradation of trichothecene mycotoxins by chicken intestinal microbes. Food and Chemical Toxicology，2007，45：136-143.

[98] Ueno Y，et al. Metabolism of T-2 toxin in *Curtobacterium sp*. strain 114-2. Applied and Environmental Microbiology，1983，46 (1)：120-127.

[99] He J，et al. Chemical and biological transformations for detoxification of trichothecene mycotoxins in human and animal food chains：a review. Trends in Food Science and Technology，2010，21 (2)：67-76.

[100] Jarvis BB，Mazzola E P. Macrocyclic and other novel trichothecenes：Their structure，synthesis，and biological significance. Accounts of Chemical Research，1982，15 (12)：388-395.

[101] Mirocha CJ，et al. T-2 toxin and diacetoxyscirpenol metabolism by *Baccharis* spp. Applied and Environmental Microbiology，1988，54 (9)：2277-2280.

[102] Yoshizawa T，et al. In vitro Formation of 3′-hydroxy T-2 and 3′-hydroxy HT-2 toxins from T-2 toxin by liver homogenates from mice and monkeys. Applied and Environmental Microbiology，1984，47：130-134.

第十一章 果蔬中真菌毒素的限量标准

长期以来，由于鲜食果蔬在食用过程中会去除腐烂部位，果蔬中的真菌毒素污染未引起足够的重视。但已有研究表明，腐烂部位周围的健康组织也会有不同程度的真菌毒素检出。此外，在果蔬汁、果蔬酱、果蔬干及果酒等工业生产过程中，主要是通过剔除腐烂部分降低毒素及致病菌污染的风险，但是这并不能完全消除果蔬制品的潜在风险。近年来，皮渣的回收利用成为果蔬加工和副产品综合利用的一大重点，特别是作为新型动物饲料应用广泛。这些产品极大增加了毒素污染食品和通过污染饲料继而污染畜禽等动物源性食品的风险，间接威胁人类饮食安全。

基于真菌毒素的危害，世界各国对真菌毒素污染的问题日益关注和重视。各国先后制定了各种真菌毒素的标准、法规，以保护国民的身体健康及农业、畜牧业的经济利益。真菌毒素限量标准的设定与众多因素的有关。此外，真菌毒素限量的设定与各国的经济发展水平及经济利益密切相关，是国际农产品贸易的技术壁垒之一。一般而言，发达国家设立的毒素限量水平较为严格，种类也不一而足；而发展中国家设立的毒素限量大多较为宽松，种类也比较单一，部分国家甚至没有设置限量水平。在各国现有的真菌毒素法令中，黄曲霉毒素限量备受关注。事实上，至少有 100 个国家和地区所设立的限量法令中包含黄曲霉毒素的限量，且部分国家和地区设立了果蔬制品中黄曲霉毒素的限量。另有一些国家和地区针对果蔬中常见污染的 OTA 和 PAT 也设立了限量标准。

在世界范围内，国际标准化组织（ISO）、美国分析化学家协会（AOAC）、欧洲标准化委员会（CEN）和我国国家标准（GB）都在制定真菌毒素检测方法标准方面做了大量的工作，其中 ISO 较权威但其颁布的标准涉及毒素种类有限；AOAC 作为国际上普遍认可的分析检测者和颁布者建立的检测方法，相对比较完善，检测对象、种类方面覆盖面广；CEN 所采用的大多免疫亲和层析净化-高效液相色谱法，在高新技术的应用方法上走在了世界前列；近年来我国的真菌毒素检测国家标准制修订方面也得到了迅猛的发展。这些标准的制定和实施基本反映了当前国际上真菌毒素检测方法标准的现状和技术应用水平，为国内外食品安全提供了强大的技术支撑和重要保障。

第一节　制定真菌毒素限量标准的影响因素

一、果蔬真菌毒素标准制定的影响因素

真菌毒素不仅污染小麦[1]、燕麦[2]、玉米[3]等禾谷类作物，也危害苹果[4,5]、葡萄[6,7]、石榴[8]、番茄[9,10]和马铃薯[11]等果蔬类经济作物及其制品。目前已发现的果蔬中常见的真菌毒素有：交链孢毒素（Alternaria toxin），棒曲霉素（patulin，PAT），赭曲霉素（ochratoxin，OT），单端孢霉烯族毒素（Trichothecenes）及黄曲霉素（aflatoxin，AFT）。

基于真菌毒素的危害，世界各国对真菌毒素污染的问题日益关注和重视。各国先后制定了各种真菌毒素的标准、法规，以保护国民的身体健康及农业、畜牧业的经济利益。真菌毒素限量标准的设定与众多因素有关，主要包括真菌毒素对高等动物的毒性、真菌毒素在各类农产品及其制品中的污染情况、人群对食品的膳食摄入及可靠的毒素分析方法等。这些因素为风险评估的主要内容，即危害评估和暴露评估提供了必要的信息。风险评估是科学地评估人类因接触食源性危害物而对健康产生已知和潜在的不利影响的可能性，是制定法规的重要科学基础。此外，真菌毒素限量的设定与各国的经济发展水平及经济利益密切相关，是国际农产品贸易的技术壁垒之一。

真菌毒素的限量标准主要基于毒素污染数据或人群膳食消费数据，结合毒素毒理学研究结果，由专家组在风险评估的基础上制定的。风险评估是利用一切技术方法和手段，系统地、有目的地评价真菌毒素暴露对人体健康和环境产生的不良效应及其发生的可能性。主要包括4部分：危害识别、危害特征描述、暴露评估和毒理学关注阈值[12]。风险评估针对食品中化学物的安全性，提供一个固定程序的资料审查和评价机制，这些资料与评估食品中化学物暴露对健康的可能影响有关。

1. 危害识别与危害特征描述

危害识别是风险评估的第一步，主要是确定一种因素引起生物、系统或（亚）人群发生不良作用的类型和属性的过程，应从真菌毒素的理化特性、吸收、分布、代谢、排泄、毒理学特性等方面进行描述。危害特征描述应对真菌毒素与不同健康效应（毒性终点）的关系、作用机制等方面进行定性或定量（可能情况下）描述，应包括剂量-反应评估及其伴随的不确定性。它们的目的是确定人体或暴露于真菌毒素的不良效应，主要依据是动物毒理学实验数据和人类流行病学研究结果。

FAO/WHO食品添加剂联合专家委员会（JECFA）已经对一些真菌毒素的危害进行了识别与评估，如黄曲霉毒素、赭曲霉素、棒曲霉素和单端孢霉烯族毒素。在提交给JECFA评估的信息中，不仅包括真菌毒素对健康可能产生不利影响的定性说明，还包含该物质毒性作用的定量评估结果。该定量评估结果通常通过一系列动物毒性试验，取得受试物的一些基本毒理学参数，如在动物体内的毒代动力学、毒物效应动力学，必要情况下提供该毒物在人类和动物体内的代谢途径，人类流行病学资料及其它相关毒理学资料。此后JECFA通过对大量毒理学数据资料的充分评估，通常会提出的暂定每周耐受摄入量（PTWI）或暂定每日最大允许摄入量（PMTDI）的建议。“暂定”一词的使用，意味着评估结果具有不确定性，

因为人类摄入量水平的数据十分有限，而这些数据所产生的结果却是JECFA所关注的。通常，该评估是以毒理学研究中所确定的未观察到作用的水平（NOEL）、观察到作用的最低水平（LOEL）或基准剂量低限制（BMDL）为依据，再结合不确定因子，推算出膳食健康指导值（如ADI、ARfD等）与实际暴露量的比较来评估风险大小。对于遗传毒性致癌物，如黄曲霉毒素，由于剂量反应关系不是呈简单线性的，有些专家认为其没有阈值，即不存在一个没有致癌风险的低剂量，任一小剂量均可能产生相应的诱发作用，因此，JECFA将不会制定PTWI或PMTDI。取而代之的是，建议尽量降低食品中的真菌毒素的污染量，直至实际可实现的水平（ALARA）。ALARA可以视为是一污染物不能再降低的含量水平，其定义为：除非连同食品一起扔掉或者严重地破坏重要食品的可食用性，再也无法从一食品中去除的某污染物含量。

截至目前，JECFA已先后5次对黄曲霉毒素的风险进行了评估。1987年，JECFA第31次会议[13]首次对黄曲霉毒素进行了风险评估，明确指出：黄曲霉毒素是人类潜在的致癌物质，但缺乏足够数据支撑建立黄曲霉毒素的耐受量，黄曲霉毒素类似物或代谢物对人类或动物致癌性证据也有限，因此建议将黄曲霉毒素的膳食暴露量降低到最低的实际可接受水平。第46次会议[14]在黄曲霉毒素毒理学研究方面取得重大进展，研究发现，黄曲霉毒素可以诱发动物原发性肝癌，且不同黄曲霉毒素的致癌潜力不同。同时多数流行病学研究表明，AFB1暴露与肝癌发生之间有一定的相关性，且对乙型或丙型肝炎病毒携带者，黄曲霉毒素暴露的致癌风险性更大。第49次会议[15]首次提出了AFB1的致癌强度，并评估了中东、远东、非洲、拉丁美洲和欧洲5大区域不同限量标准下花生、玉米黄曲霉毒素暴露风险。结果表明：20μg/kg和10μg/kg限量下，人群膳食暴露于花生、玉米中黄曲霉毒素引起的致癌风险无显著差异。第56次会议[16]评估了牛奶中AFM1的暴露风险，结果表明：将AFM1的限量由0.5μg/kg降到0.05μg/kg，所带来的健康效益甚微。第68次会议[17]评估了不同限量标准下杏仁、巴西坚果、榛子、开心果和无花果干中黄曲霉毒素的暴露风险，得出4～20μg/kg限量下杏仁、巴西坚果、榛子和无花果干中黄曲霉毒素暴露风险无显著差异，且不同限量标准下上述四种坚果和干果不合格产品市场准入变化较小，但对开心果贸易影响较大，其市场准入差额达20%。

JECFA还先后4次对OTA的风险进行评估。1991年，JECFA第37次会议[18]首次对OTA进行了风险评估，明确指出：OTA主要毒害动物的肾脏和肝脏，肾脏是第一靶器官，只有剂量很大时才出现肝脏病变，其中猪的敏感性最强。并且以猪的观察到作用的最低水平（LOEL）为依据，不确定系数为500，制定了OTA的暂定每周耐受摄入量为112ng/(kg・bw)，并推测人类暴露OTA的主要风险来源于谷物及其制品。第44次会议[19]对OTA再次评估时，利用已有毒理学数据推荐OTA的暂定每周耐受摄入量为100ng/(kg・bw)。2002年，食品添加剂和污染物法典委员会（CCFAC）拟制定谷物及其制品中OTA的最大残留限量，进而提出评估需求。JECFA第56次会议[16]和第68次会议[17]评估了不同限量标准下的暴露风险，根据欧盟国家OTA污染数据，得出5μg/kg和20μg/kg限量下谷物及其制品中OTA暴露风险无显著差异。2004年国际癌症研究机构（IARC）将OTA划分为可能的人类致癌物，即2B类物质。

1990年JECFA第35次会议[20]首次对PAT的风险进行评估，并基于小鼠毒理学数据推荐暂定每周耐受摄入量为7μg/(kg・bw)。随后，第44次会议[19]的第二次评估建议将原来的暂定每周耐受摄入量改为暂定每日最高可容忍摄入量（PMTDI），并确定 PMTDI 值为 0.4μg/(kg·bw)，确定了 PAT 对人类无致畸作用，但具有胚胎毒性。并推荐苹果汁中 PAT 限量应为 50μg/kg，以降低成人和儿童 PAT 的暴露风险。最新研究表明，PAT 具有急性毒性，包括对动物的肺、脑水肿、肝脏、脾脏、肾的损害和免疫系统的毒害作用；也具有慢性毒性，表现在对动物的细胞毒性，基因毒性和免疫毒性[21]。但目前 JECFA 未对 PAT 的风险进行重新评估。IARC 将棒曲霉素列为第 3 类致癌物质。

随着国际上真菌毒素关注度的不断提升，2002 年 JECFA 首次对 T-2 和 HT-2 毒素等单端孢霉烯族毒素进行评估[16]。T-2 毒素是单端孢霉烯族毒素类化合物中毒性最强的一种，家禽、牛、羊、猪都对 T-2 毒素敏感。T-2 毒素经动物口、皮肤、注射等方式都可引发造血、淋巴、胃肠组织以及皮肤的损害，并且损害生殖器官的功能，降低抗体、免疫球蛋白和其它体液因子的水平[22]。JECFA 急性暴露评估结果表明 T-2 毒素具有免疫毒性和血液毒性；且 JECFA 认为 T-2 毒素的毒性效应在体内至少部分是由 HT-2 引起的，因此制定暂定每日最高可容忍摄入量时应综合考虑 T-2 和 HT-2，推荐二者单独或共同存在时暂定每日最高可容忍摄入量为 60 ng/kg 每千克体重[16]。

2. 暴露评估

除了有关毒性的信息外，暴露评估是风险评估的另一个重要内容，它是对真菌毒素经食物的可能摄入量以及经其它相关途径的暴露量的定量和（或）定性评价[23]。暴露评估的目的是确定特定暴露情形下真菌毒素的暴露量状况，从而为风险评估提供可靠的暴露数据。暴露本身是一个复杂过程，涉及风险源、暴露人群、暴露途径、暴露浓度、暴露频率、暴露时间等因子；评估可分为急性暴露评估或慢性暴露评估。通常情况下，暴露评估程序是基于一定暴露场景，获取具有代表性的样本数据（见分析方法部分），通过构建数学暴露模型来估计最接近真实暴露情况的暴露量数据。同时，膳食暴露评估应当覆盖一般人群和重点人群。重点人群是指那些对毒素造成的危害更敏感的人群或与一般人群的暴露水平有显著差别的人群，如婴儿、儿童、孕妇、老年人和素食者。

为了开展暴露评估，需要有关果蔬及其制品中出现真菌毒素的可靠数据，包括毒素的含量以及含有该种毒素的食物消费模式、大量食用问题食物的消费者和食物中含有高浓度该毒素的可能性。可能摄取食品中真菌毒素的定量评估相当困难，JECFA 在其第 56 届会议上强调了采用有效分析方法的重要性和采用分析质量保证方法的必要性，以确保调查结果能够进行可靠的摄取情况评估[16]。

在膳食暴露评估中，获取精确的食物消费数据也是很重要的。联合国粮农组织（FAO）联合环境规划署（UNEP）、世界卫生组织（WHO）设立了全球环境监测系统-食品污染物监测与评估计划（GEMS/Food），组织开展世界范围内食品中化学污染物含量数据、相关污染物的膳食摄入量以及区域食品消费结构等研究。GEMS/Food 的膳食分类是 WHO 基于 FAO 的食物平衡表建立的，并以人均食物消费量来表示，这一膳食分类替代了 WHO 之前使用的 5 个区域膳食模式。食品消费量数据主要是采用调查问卷方式获得，如英国国家食品监控计划、美国个体食品消费的持续调查（CSFII）和中国居民营养与健康状况调查等。

膳食暴露评估的方法有两种：一种是单一的点评估，另一种对消费者暴露的全分布进行描述。膳食暴露的确定性评估或点评估只是一个单一数值，它可对一些消费者暴露参数进行描述，如人群的平均暴露量。对消费者暴露的全分布进行描述则是数据需要量最大的一种评估方法，它要求数据能反映出食物的实际消费量范围和食物中化学物的浓度范围的特征。膳食暴露评估所要求达到的精确程度部分地依赖于物质的性质和毒性特征。受评估数据来源、数量、质量及评估范围限制，目前，JECFA 和 EFSA 等国际风险评估机构开展的真菌毒素风险评估均是采用点评估方法[17]；即通过人群中相关食物产品固定的消费量与真菌毒素污染浓度，结合目标人群体重数据建模，计算得到平均暴露量或高暴露量[24,25]。该方法简单易行，评估成本低，但因忽略了观察个体差异，其结果较为保守。同时基于制（修）定食品中真菌毒素限量标准提供科学依据的评估目标，评估中膳食消费量数据主要来源于 GEMS/Food 监控评估计划研究获得的不同区域的膳食消费。

样品的分析方法存在很多重要差异，对于未检出值或未定量值的赋值原则对于膳食暴露评估至关重要，这个问题已被广泛讨论[26~32]，测定样品中真菌毒素所采用的分析方法的 LOQ 值应该尽可能低至合理水平（通常远远低于监管限量值），这在暴露评估中至关重要。因为果蔬制品中真菌毒素污染水平通常较低，未检出数据（低于 LOD 或 LOQ）往往是计算暴露时的一种偏倚来源。如果 LOD 值不是足够低，将所有低于 LOD/LOQ 的样品都赋值为 0，那么就低估了真菌毒素暴露风险；反之，把所有低于 LOD 的样品都赋值为 LOD，对所有低于 LOQ 但高于 LOD 的样品都赋值为 LOQ，则会高估了风险。

对于这些用于估计膳食暴露浓度数据的假设，应该阐述其对暴露评估的影响。就真菌毒素污染而言，有专家认为黄曲霉毒素污染浓度可采用假定的相关产品中黄曲霉毒素的限量标准，也有相关研究利用食物消费量和黄曲霉毒素污染浓度数据的 97.5% 来评价膳食暴露风险[31,32]，来最大限度地保护公众健康。

除食品外，人体也可能通过食物外的其它途径接触真菌毒素，其中职业环境暴露是真菌毒素暴露的另一主要途径，通过吸入农作物和饲料在加工处理中产生的灰尘暴露于真菌毒素，如稻米、玉米和动物饲料加工厂被黄曲霉毒素污染的原料和空气中携带黄曲霉毒素灰尘[33]。Liao 等[34] 对农场中猪饲喂、贮藏间清洁、玉米收获和谷物装卸等工作环境中人体肺通过呼吸暴露于 AFB_1 的情况进行了评估。结果显示，猪饲喂和贮藏间清洁这两个环节中暴露于 AFB_1 的风险较高。这种单一毒素通过多种途径（经口、皮肤和呼吸道）和多种媒介（食品、饮用水、居住环境）产生的联合暴露称作集合暴露；具有相同毒性机制的多毒素残留造成的共同风险也应考虑，这种情形的暴露称为累积暴露。

3. 毒理学关注阈值

目前，JECFA 未对交链孢毒素的风险进行评估，但 EFSA 已完成欧盟范围内食用或饲用农产品中交链孢毒素风险评估。欧盟已形成了较完善的评估工作程序和协调运行机制，一般先由欧委会提出评估申请，再由欧洲食品安全局的食物链污染物专家组（CONTAM）组织实施，欧洲各成员国提供评估数据或技术支撑等。目前交链孢毒素可用的毒性数据有限，甚至几乎没有。已有的研究表明大多数交链孢毒素的急性毒性较低，但交链孢酚（AOH）和交链孢酚单甲醚（AME）已被证明具有强的致癌性，且存在协同效应[35]，同时这两种毒素也是食管癌高发地区的常见真菌毒素[36]。正是由于有了较高浓度的 AOH 存在于食物中，才可能造成细胞内基因突变而引发肿瘤[37,38]。细交链格孢酮酸（TeA）作为最重要的交链孢毒素被美国国家职业安全及健康组织列入有毒化学物质登记册中。TeA 对哺乳类动物的毒害作用机理主要是抑制细胞内新合成的蛋白质从核蛋白体释放到浆液中，可选择性地与体内某些痕量金属离子（Ca^{2+}，Mg^{2+}）形成络合物，且 TeA 能与其它交链孢毒素协同作用，产生急性毒性[39,40]。但 TeA 和 TEN 对鼠伤寒沙门菌 TA97、TA98 等菌株没有致突变性，亚硝基化 TeA 也不会增加其致突变性[41]。

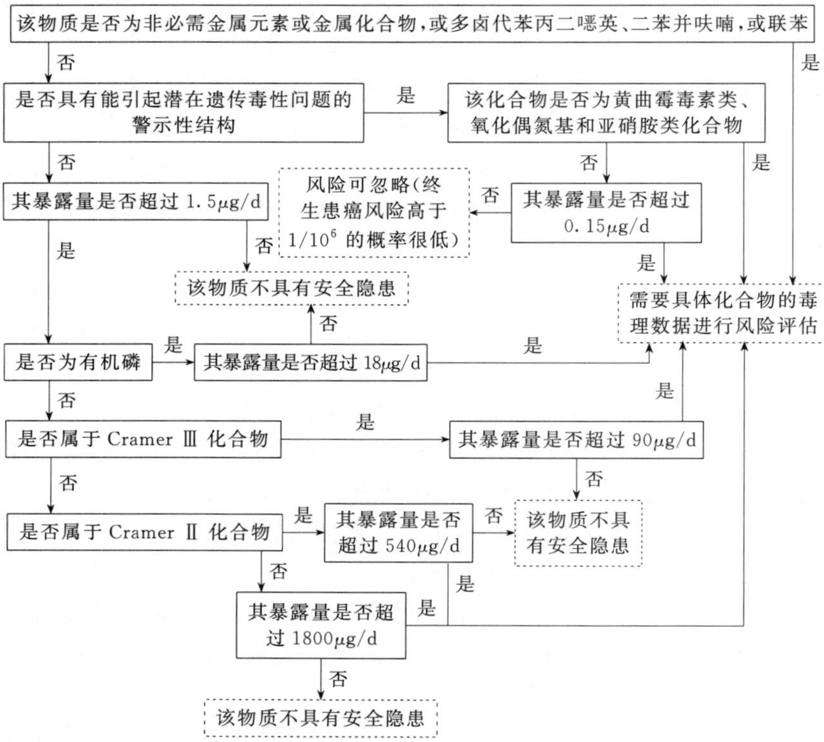

图 11.1　应用 TTC 方法的决策树（Kroes 等）[45]

鉴于交链孢毒素相关的毒理学数据有限，但其化学结构明确，EFSA 食品链污染物专家组（CONTAM）采用了毒理学关注阈值（TTC）方法来评估农产品中交链孢毒素对欧洲人群健康的潜在风险[23]。TTC 方法可用于膳食中含量很低且缺乏或无毒理学资料的物质的风险评估。该方法的基础是可以确定化学物的人类暴露阈值，在此阈值之下，任何可预见的人类健康风险极低[42]。Munro 等[42] 收集整理了含有 600 多种参考物质的数据库，并从中得到这些物质的未观察到作用的水平（NOELs）的分布，并根据这些化学结构，按照 Cramer 等[43] 的三种结构分类进行排列。还计算了这三类结构各自 NOELs 分布的第 5 百分位数的值，并将每类物质的第 5 百分位数的值除以 100 倍不确定系数，转化为人类的暴露阈值，即 TTC。Cramer 等[43] 的Ⅰ类、Ⅱ类和Ⅲ类化学结构的 TTC 值分别为每人每天 1800μg、540μg 和 90μg。此后，Kroes 等[44,45] 进一步评价了 Munro 等[42] 根据各种特定类型毒性的 NOELs 分布提出的阈值的合理性并建立了决策树，如图 11.1 所示，并提出有遗传毒性警示结构或有明确证据表明有遗传毒性的化合物，将 TTC 值设为每人每天 0.15μg，但排除了黄曲霉毒素类、氧化偶氮基和亚硝胺类化合物。

TTC 方法要用人类暴露阈值和暴露水平数据进行比较，因此需要对人类化合物的暴露水平进行合理评估。由于 AOH 和 AME 具有潜在的基因毒性，其 TTC 值为 2.5ng/kg BW/d（0.15μg 每人每天），各年龄组 AOH 和 AME 的估算的慢性日粮暴露上界与 95%处均值超过了 TTC 值，说明随膳食摄入的 AOH 和 AME 对公众健康可能存在潜在风险。按照 Cramer[43] 的化学物分级，TeA 和 TEN 属于第三级化合物，按照 TTC 决策树，其 TTC 值为 1500ng/kg BW/d（90μg 每人每天）。因此，尽管 TeA 在果蔬制品中检出率及检出值都较高，但 EFSA 评估结果表明 TeA 的全人群和分年龄组人群的膳食平均暴露量均低于该 TTC 值，其风险较低。到目前为止，国内外现行有效的谷物、食品和饲料中真菌毒素的限量标准中尚不包括交链孢毒素。

二、分析方法

（一）采样程序

果蔬中真菌毒素不仅在其种植、成熟、收获过程中产生，且贮运、加工过程毒素污染量会不断增加。不仅如此，毒素还会由腐烂组织向周围健康组织扩散[12]。真菌毒素的污染存在地域性和不均匀性，即使同一批次产品中也存在不均匀性分布。因此，在制定监管取样标准的过程中，果蔬及其制品中真菌毒素的浓度分布情况是应当予以考虑的重要因素之一。如以花生中的黄曲霉毒素为例，其分布情况的个体差异很大。在同一批次的产品中，花生仁被污染的数目通常是非常低，但是在一个花生仁内其污染物的含量可能会很高。据 Whitaker 等[46] 报道，在一个 5kg 含有 20μg/kg 黄曲霉毒素的花生样品中，其中仅有一粒花生受到污染，污染水平高达 105μg/kg。如果不注重取样的代表性，那么受检批次产品的黄曲霉毒素的浓度很容易出现错误估计值。开心果和无花果也有类似的情况。

由于真菌毒素的污染具有极不均匀性分布及其在样品中痕量存在，真菌毒素检测的准确、关键的环节是取样。据报道，真菌毒素取样环节产生的误差约占该分析方法总误差的 85%以上[47]。取样的原则一定要做到多点、随机、均匀的取样，使每个部位有相同的概率被取到，这样才能够反映真正的真菌毒素污染情况。数年来，国际上一直很关注取样程序的设计，国际标准化组织（ISO）、欧洲标准化委员会（CEN）、美国食品药品监督管理局（USFDA）、加拿大食品检验局（CFIA）以及我国（GB/T 8855—2008）等都制定了新鲜水果和蔬菜的取样方法。目前粮农组织和食品法典委员会正在组织若干工作小组和各种讨论会，旨在寻求一种全球协调一致的方法。

对于果蔬制品中真菌毒素污染情况调查而言，超市售卖独立包装的单一食品为一个抽检样品，同时欧盟还规定了小于 100g 的样品需要重复取样，将多个样品混合后进行分析，以保证样品的代表性（EC 401/2006）。此外，CEN 还制定了适用果蔬制品加工企业的取样方法（见表 11.1）。无花果干不仅规定了布点取样量，还根据样品量的不同规定了试验样品数量，如总样品量为 12kg 的一份样品，需拆分成 2 份试验样品后，进行均质等样品制备过

表 11.1 干果中真菌毒素检测取样点数及取样量（EC 401/2006）

样本量	果干(除无花果干)		无花果干		
	取样点数	总样本量	取样点数	总样本量	试验样品数量
≤0.1t	10	1kg	10	1kg	1
0.1～0.2t	15	1.5kg	15	4.5kg	1
0.2～0.5t	20	2kg	20	6kg	1
0.5～1 t	30	3kg	30	9～12kg(12kg 除外)	1
1～2 t	40	4kg	40	12	2
2～5t	60	6kg	60	18～24kg(24kg 除外)	2
5～10 t	80	8kg	80	24kg	3
10～15t	100	10kg	100	30kg	3
≥15t	100	10kg	100	30kg	3

程。此外，欧盟对果汁、果醋及红酒中真菌毒素检测的取样点和取样量进行了规定。对于散装和小于 50L 的瓶装果汁或果醋的取样点数为 3 个，而小于 50L 的红酒取 1 个点就可反映该批次样品中红酒的真菌毒素污染情况，其总样本量为 1L。所有这些规定，都是尽最大限度降低来自取样、制样和检测的误差，使最终样品的检测结果能具有一定的代表性。但值得一提的是，即便是严格按照规定的程序进行，来自于真菌毒素检测中的误差也是不可避免的。

（二）分析方法

世界各国对真菌毒素限量的强制性规定进一步推动了真菌毒素检测方法的发展。为了使法规能够得以实施，必须具有可靠的分析方法；真菌毒素的实验室检测方法一般分为两类：快速筛选法和确证法。目前国际上使用较为普遍的真菌毒素快速筛选法有荧光光度计法和酶联免疫法，前者常常结合免疫亲和柱净化使用，是美国分析化学家协会（AOAC）的标准检测方法。酶联免疫法往往不需要净化，大部分操作在 96 孔板上进行，可以在较短时间内完成大量样品的分析，结合酶标仪完成定量检测，检测成本较低。目前快速检测方法及快检产品在粮食及油料作物上的应用较为广泛，尚缺少针对果蔬及其制品中真菌毒素的快检技术及快检产品的开发。

通过采用符合特定实施标准的方法，可以提高分析数据的可靠性。目前国际标准化组织（ISO）、AOAC、欧洲标准化委员会（CEN）和我国国家标准（GB）都在制定真菌毒素检测方法标准方面做了大量的工作，真菌毒素的检测方法标准，已经从传统上以薄层色谱法（thin-layer chromatography，TLC）为主，发展到目前以现代色谱如高效液相色谱法（high performance liquid chromatography，HPLC）、色谱-质谱联用法（HPLC-mass spectrometry，MS）和免疫分析方法（enzyme linked immunosorbent assay，ELISA）为主，各种技术并存发展的局面，且这些真菌毒素的标准方法都已经过多个实验室的方法验证研究得以确认。

1. 果蔬中真菌毒素的检测方法标准

ISO 是世界上最大、最有权威的国际标准化专门机构，但目前该组织的标准体系中果蔬及其制品中真菌毒素检测方面，涉及有限，仅制定了苹果汁中棒曲霉素（PAT）和坚果中黄曲霉毒素（AFT）的检测方法标准（表 11.2），且 PAT 的检测方法标准为 1993 年颁发的，检测技术较为落后，到目前无更新标准。在 ISO 标准中，已颁布了谷物及其制品中赭曲霉素 A（OTA）的检测方法标准，尚缺少水果中 OTA 检测标准。总体而言，ISO 标准体系在高新技术应用方面也存在一定的滞后。

表 11.2 ISO 果蔬及其制品中真菌毒素的检测方法标准

毒素	标准号	名称
PAT	ISO 8128-1:1993	苹果汁、苹果浓缩汁和含有苹果汁的饮料棒曲霉素含量的测定-HPLC
	ISO 8128-2:1993	苹果汁、苹果浓缩汁和含有苹果汁的饮料棒曲霉素含量的测定-TLC
AFT	ISO 16050:2003	谷物、坚果及衍生产品中黄曲霉毒素 B1 和黄曲霉毒素 B1、B2、G1 和 G2 的总量含量的测定高效液相色谱法

CEN 颁布了苹果制品中 PAT、葡萄制品及干果中 OTA、开心果等坚果中 AFT 的检测方法标准（表 11.3）。从近几年制定的标准可以看出，除 PAT 外，其它果蔬中真菌毒素的检测方法都采用免疫亲和柱-HPLC。CEN 除为各种真菌毒素的分析方法提供了检测方法标准，还包括有关方法性能的信息，这些信息可能是来自富有经验的分析实验室。在高新技术的应用上 CEN 走在了世界的前列，这也和欧盟一贯在食品安全领域的高度重视和严格要求

相适应。但目前，CEN还没有制定出交链孢毒素的检测标准。

表 11.3 CEN果蔬及其制品中真菌毒素的检测方法标准

毒素	标准号	名称
PAT	EN 14177:2003	清澈和混浊苹果汁和苹果泥中棒曲霉素的测定
	EN 15890:2010	果汁和婴幼儿水果泥类食品中棒曲霉素的测定
OTA	EN 14133:2009	葡萄酒和啤酒中赭曲霉素A含量的测定-免疫亲和柱净化高效液相色谱法
	EN 15829:2010	醋栗、葡萄干、小葡萄干、混合干果和干无花果中赭曲霉素A含量的测定-免疫亲和柱净化荧光检测高效液相色谱法
AFT	EN 14123:2007	榛子、花生、开心果、无花果和辣椒粉中黄曲霉毒素B1、B2、G1和G2的总量以及黄曲霉毒素B1的测定-免疫亲和柱净化柱后衍生高效液相色谱法
	EN ISO 16050:2011	谷物，坚果及衍生产品中黄曲霉毒素 B_1 和黄曲霉毒素B1、B2、G1和G2的总量含量的测定高效液相色谱法(ISO 16050:2003)

作为国际上普遍认可的分析检测“金标准”的验证者、颁布者，AOAC标准组织在制定真菌毒素检测方法标准方面做了大量的工作。果蔬及其制品中真菌毒素的检测方法标准见表11.4。与ISO和CEN标准相比，AOAC的标准体系中，真菌毒素的检测方法相对比较完善，在检测对象及新老技术应用等方面覆盖较广，充分体现了随着技术的进步，方法标准得到不断改进和更新，较好反映了技术发展在真菌毒素方法标准建立中的推动作用。

表 11.4 AOAC果蔬及其制品中真菌毒素的检测方法标准

毒素	标准号	名称
PAT	AOAC 974.18	苹果汁中棒曲霉素
	AOAC-IUPAC-IFJU 995.10	苹果汁中棒曲霉素
	AOAC 2000.02	苹果汁和苹果酱中棒曲霉素
OTA	AOAC 2001.01	葡萄酒和啤酒中赭曲霉素A
AFT	AOAC 994.08	玉米、杏仁、巴西坚果、花生和开心果的果实中黄曲霉毒素
	AOAC 974.16	开心果果实中黄曲霉毒素
	AOAC 999.07	花生酱、开心果酱、无花果酱及辣椒粉中黄曲霉毒素 B_1 和总黄曲霉毒素

我国目前的国家标准体系中，在食品安全受到广泛关注以及国标委的高度重视下，真菌毒素的检测标准体系已经相对比较完善，如表11.5所示，当前关注的果蔬及其制品中4种真菌毒素基本上都有了检测标准。总体而言，我国检测方法标准体系中，采用的技术从传统的TLC到基于免疫亲和柱净化的HPLC法都有标准，并率先建立了HPLC-MS方法标准，在高新技术在标准的应用推广方面处于国际先进水平。

表 11.5 中国果蔬及其制品中真菌毒素的检测方法标准

组织	标准号	名称
交链孢毒素	SN/T 4259—2015	出口水果蔬菜中链格孢菌毒素的测定液相色谱-质谱/质谱法
PAT	GB/T 5009.185—2003	苹果和山楂制品中棒曲霉素的测定
	NY/T 1650—2008	苹果及山楂制品中棒曲霉素的测定高效液相色谱法
	SN/T 2008—2007	进出口果汁中棒曲霉素的检测方法高效液相色谱法
	SN/T 1859—2007	饮料中棒曲霉素和5-羟甲基糠醛的测定方法液相色谱法-质谱法和气相色谱质谱法
	SN/T 2534—2010	进出口水果和蔬菜制品中棒曲霉素含量检测方法液相色谱-质谱/质谱法与高效液相色谱法
OTA	GB/T 23502—2009	食品中赭曲霉素A的测定免疫亲和层析净化高效液相色谱法
	SN/T 1940—2007	进出口食品中赭曲霉素A的测定方法
AFT	GB/T 5009.23—2006	食品中黄曲霉毒素B1、B2、G1和G2的测定
	SN/T 3263—2012	出口食品中黄曲霉毒素残留量的测定

目前，在真菌毒素标准制定上，出入境检验检疫行业标准占很重的比例，体现了我国在进出口贸易中对毒素检测工作的高度重视，这对保护我国人民身体健康、打破国际贸易壁垒是重要的技术保证。同时，在检测毒素种类上，与ISO、CEN和AOAC体系相比，我国已详尽制定了交链孢毒素检测标准，这是其它三个标准体系中未出现的。综合可知，我国在果蔬及其制品中真菌毒素检测方法标准和技术方面已经走到了世界的前列。

综合ISO、AOAC、CEN及我国标准可以看出，真菌毒素检测技术得到了快速发展。在前处理技术上，传统技术和最新技术并存，但近些年传统技术的应用已经越来越少，代表着先进技术水平的免疫亲和技术得到了大量应用，已成为我国和发达国家如欧盟主要采用的标准前处理方法。在检测技术上，HPLC法得到了广泛应用，处于绝对主导的地位，而且我国还在真菌毒素检测中引入了HPLC-MS方法，更走到了国际标准的前列。但是，目前国内外尚缺少可同时检测多种真菌毒素的检测方法标准，建议尽快制定适用于不同果蔬和干果及其制品基质的多种毒素同时检测的方法标准。同时，操作简便、检测快速、成本低廉、精确度高的检测技术也是将来真菌毒素检测标准的制（修）定方向。

2. 质量控制

分析质量保证程序包括聘任经过培训的、熟悉真菌毒素检测的人员，使用现有的、经核验的标准物质对分析方法的性能参数进行定期检验，并检验毒素检测方法的准确性、可重复性和灵敏度。为将分析测试结果的误差控制在允许限度内所采取的控制措施，除了使用经核验的标准物质之外，进行实验室间质量控制已变得日趋重要。实验室间质量控制包括分发标准样对诸实验室的分析结果进行评价、对分析方法进行协作实验验证、加密码样进行考察等。它是实验室为了证实其合格的能力必须采取的分析质量保证措施的组成部分，也是发现和消除实验室间存在的系统误差的重要措施。同时定期参与能力测试可以为实验室能力核查和不同实验室间结果比对提供客观方法。对于真菌毒素而言，目前国际上许多实验室都有能力验证计划，其中包括：①由食品分析能力评估计划（Food Analysis Performance Assessment Scheme，FAPAS）组织、由大不列颠和北爱尔兰联合王国核心科学试验室实施的验证计划；②由美国石油化学家学会组织、由美国实施的验证计划[13]。验证的方法应以国际公认的格式描述，方法验证信息应当包括确定下列性能特点过程采集的数据：检出限（LOD）、定量限（LOQ）、准确性和精密度等[48]。不同实验室分析结果的不确定性是基于实验室质控样品的长期精确度数据、能力测试结果、发表的文献数据、实验室间联合比对等数据而进行的。基于实验室间试验而进行的不确定性估计也可以考虑实验室间的数据变异，并对方法的性能及其应用所引起的不确定性进行可靠的估计[49]。而这种联合比对试验仅能用来评价一个特定方法和参加实验室的能力的，通常并不评价由于样品制备或取样过程而引起的误差。

三、贸易联系

鉴于真菌毒素的危害，世界各国对真菌毒素的污染问题日益关注和重视。各国先后制定了各种农产品及其制品中真菌毒素的限量标准，以保护国民的身体健康及农业、畜牧业的经济利益。随着全球经济一体化和贸易自由化的深化发展，真菌毒素的限量标准被一些发达国家进一步利用为技术性贸易壁垒的手段之一。真菌毒素限量的设置与各国的经济发展水平及经济利益密切相关，食品安全方面的技术性贸易壁垒，直接表现为美国、欧盟、日本等发达国家和地区凭借其技术、科研、设备等方面的绝对优势，制定的适用于本国食品安全的技术法规、标准、操作规程等，以较为严格的市场准入条件，限制或阻止从发展中国家进口食品，以保护消费者的身体健康和经济利益。另一方面，农产品和食品的贸易出口国出于贸易保护的目的，设立的限量水平大多较为宽松，而贸易进口国则设置了日趋严格的限量标准，如欧盟 2006 年通过对 1881 号指令，新标准规定了不同目标人群（婴儿）及不同加工形式的果蔬制品（苹果汁、苹果酱）中 PAT 的限量标准从 10μg/kg 到 50μg/kg，同时规定了苛刻的抽样检测程序。欧盟的食品和饲料快速预警系统（RASFF）曾同时发布三个关于食品中真菌毒素超标的通告，其中有两个涉及果蔬，为无花果干中污染的黄曲霉毒素和葡萄干中污染的 OTA，样品分别来自于土耳其和伊朗。目前大部分 RASFF 通告主要涉及坚果特别是花生中的黄曲霉毒素超标，而关于果蔬中真菌毒素的通告较少。

对于发展中国家而言，由于真菌毒素限量标准的缺少，或者标准比较高，就会失去将有关产品出口到发达国家的机会。如土耳其作为果干生产大国，尽管欧盟细化了果干真菌毒素的限量标准，并声称仅从土耳其进口经过真菌毒素检测认证的果干产品，但并未影响它的果干出口业务[50]。被拒的果干产品可以再出口至限量标准不严格的国家，或者转为国内销售[50]。同时，在食品供应已经有限的发展中国家，严厉的法律措施可能导致食品的缺乏和价格上涨。如非洲部分地区在保证充足的粮食供应的前提下，才会考虑食品安全问题。而由于非洲西部地区受黄曲霉污染而引发肝癌的偶然爆发及非洲南部地区受伏马菌素污染而导致的食道癌的偶然爆发，都证明了真菌毒素污染是值得重视的食品安全问题[51]。

农产品质量安全是我国果蔬产业的生命线，不仅对于国内的食品安全具有重要意义，也深刻影响着我国农产品在世界范围的影响力。随着我国农产品质量安全管理体系的不断健全、法律法规逐步完善，果蔬质量安全水平持续提升，但同时也面临着农药残留超标、真菌毒素污染等问题，这些将会影响我国果蔬产业的发展及国际贸易水平的进一步提高。受真菌毒素污染的影响，2001～2011 年，我国出口欧盟食品违例事件 2559 起。其中，真菌毒素超标占 28.6%，是单一事件中比例最高的，主要为花生中黄曲霉毒素超标。真菌毒素超标，无论是对人体健康，还是对我国农产品出口欧盟来说都成为最大隐患和障碍。据资料显示，我国的花生、干果类等作物受真菌毒素的污染情况较为严重，但仍缺少干果制品中真菌毒素污染情况基础数据。对于许多果蔬，缺少相关真菌毒素发生程度的信息。目前番茄中常检测的交链孢毒素[9,10]，马铃薯块茎中检测的单端孢霉烯族毒素[11]，葡萄酒中的 OTA[52] 已引起了世界范围内的广泛关注。炭黑曲霉已被认为是葡萄、葡萄酒以及浆果类水果的 OTA 污染的来源；在某些地区，OTA 在浆果干中的含量远高于在葡萄酒中的含量[53]。

良好农业规范（GAP）和危害分析与关键控制点（HACCP）体系可显著降低果蔬制品中微生物及其真菌毒素污染的风险[54]。美国和欧盟已在鲜食果蔬种植过程中引入 GAP 概念，在果蔬的生长、收获、清洗、分类、包装以及运输中，GAP 可显著降低由农药残留和微生物引起的食品安全问题，进而保证果蔬制品加工原料的安全性。并且在果蔬制品的工业生产过程中，引入 HACCP 体系，有助于提高果蔬制品的安全性。据美国 FDA 统计，以腐烂的果蔬为原料生产的果蔬汁，是造成果蔬汁中真菌毒素含量较高的主要原因。已有研究表明，当苹果腐烂率低于 2%时，苹果汁中基本检不出 PAT，但是当腐烂率达到 7%～8%时，生产的果汁 PAT 含量就会超出 50μg/L[55]。因此，在原料选择过程中，一定要控制烂果率，尽量使用新鲜苹果。目前美国作为中国最大的浓缩苹果汁进口国，其 PAT 的限量标准与我国苹果汁中毒素限量标准相同，为 50μg/kg。同时苹果汁或苹果醋严格按照 HACCP 进行生产，其中原料挑选作为关键控制点之一，进而保证终产品的质量安全；并禁止进口未实施HACCP管理的果蔬制品。

原产地认证计划是两个国家之间通过签署协议，在维护消费者安全的高标准过程中互为受益。如美国花生产业近来在美国农业部的协助下，与一些从美国进口花生的欧洲联盟重要国家制定了“原产地认证计划”（OCR）。通过谅解备忘录，认可美国在其花生进口到这些市场之前对花生黄曲霉毒素的取样及检验结果[56]。那些证明批次鉴定和黄曲霉毒素检验结果没有问题的证书文件，可以用于证明这些花生是符合欧洲联盟黄曲霉毒素法规的。原产地认证计划将减少在进口港被拒收的产品批次数，减少进口商产品供应的中断，减少出口商和进口商的经济损失，维护欧洲联盟确保消费者安全的标准。

在具有贸易联系的国家之间，最好能有效地促使真菌毒素限量标准的协调一致。事实上，在澳大利亚和新西兰地区、欧洲联盟以及南方共同市场中已经采用了这种方法，这些地区目前已具有若干统一的真菌毒素限量标准。世界银行Wilson[57]分析了采用一致的真菌毒素限量标准对全球贸易的影响。该研究评估了15个进口国家（包括4个发展中国家）的黄曲霉毒素监管标准对31个国家（包括21个发展中国家）的出口影响。假定所有国家都采用食品中AFB1限量为9μg/kg，那么与1998年的实际贸易额相比，将会增加61亿美元，增长幅度超过50%。若涉及的46个贸易国家都按照欧盟AFB1限量标准2μg/kg执行，则贸易额将减少31亿美元。显然，真菌毒素的限量标准已成为国际贸易中设立技术壁垒的杠杆工具。此外，严格的监管行动可能导致进口国家禁止或限制某些商品的进口，这可能给出口国家在寻求或维持其产品市场方面带来诸多困难。

权衡各种因素在科学、食品安全及限量标准制定各层面上的作用是非常重要的。负责公共健康的官方机构面临的一个十分复杂的问题：应当尽可能地从食品中去除真菌毒素，尤其是致癌的真菌毒素。但是，由于食品中存在的物质是天然污染物，人类不可能彻底地免除该物质的危害，人们不得不容忍少量真菌毒素的危害。尽管面临这种困难的选择，但在过去的数十年中，许多国家已经制定了一些真菌毒素的限量标准，而且新的毒素限量标准仍然在不断地起草及完善过程中。

第二节　果蔬中真菌毒素的限量标准

据世界粮农组织（FAO）报告，2003年，全球至少有120个国家在食品和（或）饲料上制定了真菌毒素限量标准，与1995年相比增加了约30%，这主要是由于拉丁美洲和欧洲的限量标准覆盖比例略有上升，非洲和亚洲/大洋洲的覆盖比例大幅度上升所致的。且限量标准覆盖的食品种类及毒素种类更广。在各国现有的真菌毒素法规中，黄曲霉毒素的限量备受关注。事实上，这些具有真菌毒素法规的所有国家至少拥有AFB1或4种黄曲霉毒素AFB1、AFB2、AFG1和AFG2总量的限量标准。对于其它一些真菌毒素，如OTA、PAT、单端孢霉烯族的DON、T-2毒素、ZEN等，一些国家也制定了相应的农产品或食品中的限量标准。

果蔬为人类健康提供了丰富的营养物质，是人类膳食结构中不可或缺的重要组成。据FAO统计，全球约有20%～30%的新鲜果蔬在采后因腐烂和变质而失去商品价值，特别是由病原真菌和细菌引起的腐烂最为严重。腐烂的果蔬不仅给农民造成巨大的经济损失，其产生的真菌毒素对人体健康有害。鉴于此，世界各国针对果蔬及其制品中真菌毒素污染设立了相应的限量标准。如图 11.2 所示，目前各国对果蔬中棒曲霉素的限量关注最多，不仅对苹果及其制品设立了限量标准，还对浆果、山楂、番茄酱、蘑菇、（罐装）蔬菜、发酵饮料、婴儿食品以及果酱中棒曲霉素的污染水平进行了监控。其次为黄曲霉毒素和赭曲霉素 A，仅有少数几个国家制定了食品中脱氧雪腐镰刀菌醇和玉米赤霉烯酮的限量标准。鉴于市场上存在添加果蔬的乳制品，乌克兰对供婴儿食用的水果-蔬菜-牛奶混合食品中黄曲霉毒素 M_1 设立了法规，限量值为 0.5μg/kg。目前一些国家和地区具有若干统一的真菌毒素法规，如澳大利亚和新西兰地区、欧洲联盟及其候选国（2004 年已扩大到 25 个国家）及南方共同市场（阿根廷、巴西、巴拉圭和乌拉圭）。图 11.2 显示了制定果蔬中真菌毒素限量标准的国家和每个国家针对不同果蔬及其制品制定的限量标准的个数。

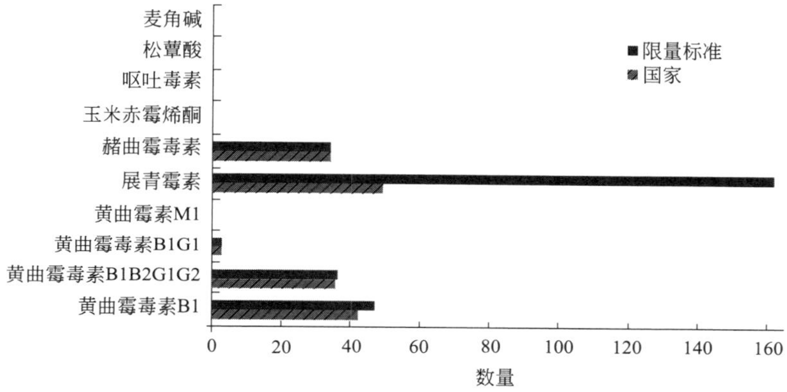

图 11.2　制定果蔬中真菌毒素限量标准的国家和不同限量值个数

一、棒曲霉素的限量标准

棒曲霉素（PAT）对食品的污染现象普遍存在，人类饮食中的 PAT 主要来源于被霉菌污染的苹果和苹果汁。PAT 在苹果汁中稳定时间最长，是影响浓缩苹果汁质量安全和限制浓缩苹果汁出口的首要问题。由于 PAT 在苹果汁生产过程中难以完全去除，世界各国及国际组织制定了果蔬制品中 PAT 的最大残留限量。如表 11.6 所示，世界各国对果蔬及其制品中 PAT 的限量值为 5 ～100μg/kg，大部分国家设立的限量值为 50μg/kg，主要以果汁作为主要限制对象。欧盟的 PAT 限量标准更为细致，对于苹果汁和苹果肉产品采用不同的限量标准，同时考虑到婴幼儿的承受能力和成人不同，增加了婴儿食品的限量标准，PAT 的最大限量不超过 10μg/kg，明显严格于普通食品。新加坡在 2013 年补充修订了真菌毒素法规，增加了婴儿食品中 PAT 的限量为 10μg/kg。这些新内容对食物的监控更广泛和完善，有力地保障人类食品的安全。此外，2003 年食品添加剂和污染物法典委员会（CCFAC）第 34 次会议提出了预防和降低苹果汁和含苹果汁成分的其它饮料中棒曲霉素污染的操作规范的建议草案（CAC，2003），主要包括有利于原料控制的良好农业规范，生产过程控制的良好加工规范和 HACCP 的设置，旨在降低果蔬制品中真菌毒素的污染，减轻经济损失及促进世界贸易和保护消费者的健康。

表 11.6 部分国家与机构果蔬及其制品中棒曲霉素的现行限量标准

国家	产品	最高限量/(μg/kg)
国际食品法典委员会	苹果汁(包括作为其它饮料组成部分的苹果汁)	50
美国	苹果汁及浓缩苹果汁	50
欧盟	果汁及水果原汁,特别是苹果汁	50
	酒精饮品、苹果酒及其它用苹果制成的发酵饮品	50
	苹果肉产品,包括可直接食用的苹果蜜饯、苹果泥	25
	婴幼儿食品	10
中国	苹果、山楂制品(包括果汁及果酒)	50
日本	苹果汁	50
韩国	苹果汁、浓缩苹果汁	50
亚美尼亚	番茄酱、苹果	5
白俄罗斯	蘑菇、水果、蔬菜	50
澳大利亚	果汁、饮料	50
奥地利	果汁	50
保加利亚	果汁、果肉饮料和浓缩果汁	50
加拿大	果汁和果醋	50
克罗地亚	果汁和浓缩果汁,苹果	50
古巴	水果	50
捷克共和国	婴儿食品(小于 12 个月)	20
	儿童食品(大于 12 个月)	30
	食品	50
伊朗	果汁、油桃和水果饮料	50
以色列	苹果汁	50
拉脱维亚	苹果、番茄汁	50
摩尔多瓦共和国	果汁、罐装蔬菜、水果	50
摩洛哥	苹果汁	50
波兰	苹果汁、苹果产品	30
俄罗斯	所有果蔬制品	50
新加坡	果汁及以果汁为原料的产品	50
	婴幼儿食品	10
巴西	苹果汁	50
斯洛伐克	蔬菜、马铃薯	50
	即食配方食品	20
	儿童食品	30
	其它食品	100
南非	所有食品	50
瑞士	果汁	50
土耳其	果汁	50
乌克兰	供婴儿食用的蔬菜酱、果酱、鱼酱	20
	蔬菜包括马铃薯,水果和浆果;罐装和瓶装的蔬菜、水果、浆果酱制品	50
乌拉圭	果汁	50
南斯拉夫	苹果汁	50

二、赭曲霉素 A 的限量标准

随着科技的发展以及人们对 OTA 毒性的认识，谷物被视为人类遭受 OTA 污染的主要风险来源，因此，拥有法规的世界各国几乎都制定了谷物及谷物产品中 OTA 的限量标准。然而，近年研究发现葡萄及其制品中 OTA 的污染较重，也有一些国家以葡萄及其制品作为主要限制对象，规定了 OTA 的限量值为 0.5～20μg/kg（表 11.7）。除葡萄及葡萄制品外，一些国家还制定了蔬菜、马铃薯、豆科植物、婴儿食品、调味品中 OTA 的限量标准。调味品主要包括各种干辣椒、辣椒粉、墨西哥辣椒和天椒；胡椒属果实（黑、白胡椒）；肉豆蔻；姜和姜黄。仅巴西和瑞士对调味品中 OTA 的限量进行规定，分别为 10μg/kg 和 20μg/kg。如表 1.7 所示，婴儿食品中 OTA 的最大限量不超过 1μg/kg，明显严格于普通食品。

表 11.7　部分国家及组织果蔬及其制品中 OTA 的现行限量标准

国家	产品	最高限量/(μg/kg)
欧盟	葡萄干	10
	葡萄酒以及其它葡萄发酵饮料	2
	葡萄汁以及葡萄为原料的饮料	2
	特殊医学用途婴儿配方食品	0.5
中国	葡萄酒	2
加拿大	葡萄干	10
	葡萄汁	2
	特殊医学用途婴儿配方食品	0.5
保加利亚	葡萄干	5
	葡萄汁	3
	调味品	10
国际葡萄与葡萄酒组织	葡萄酒	2
捷克共和国	一般食品	20
	儿童食品	5
	婴儿食品	1
伊朗	枣、葡萄干、无花果、所有干果	10
	豆类植物	20
	婴儿即食食品	1
巴西	葡萄酒、干果和调味品	10
斯洛伐克	蔬菜、马铃薯	5
	即食配方食品和儿童食品	1
	其它食品	10
瑞士	干果和调味品	20
	食品	5
	即食配方食品及断奶后配方食品	0.5
土耳其	葡萄干	10
南斯拉夫	所有食品	10

三、黄曲霉毒素的限量标准

黄曲霉毒素常常存在于土壤、动植物、各种坚果特别是花生和核桃中。在大豆、稻谷、玉米、通心粉、调味品、牛奶、奶制品、食用油等制品中也经常发现黄曲霉毒素。一般在热带和亚热带地区，食品中黄曲霉毒素的检出率比较高。鉴于黄曲霉毒素对人类身体健康危害的严重性，在各国现有的真菌毒素法令中，黄曲霉毒素的限量倍受关注。事实上，在所有的设立的限量标准的国家中都包含至少一种针对黄曲霉毒素的限量；尽管这些限量水平参差不齐，涉及的毒素类型也不尽相同，但足以反映世界各国对黄曲霉毒素的重视程度。

由表 11.8 可以看出，坚果或干果中 AFB1 的限量标准为 0～20μg/kg，其中白俄罗斯规定婴儿食品中不得检出 AFB1。作为贸易进口国的欧盟根据适用对象的不同对 AFB1 的限量进行规定；目前至少有 29 个国家目前采用了欧盟的限量标准，这些国家绝大多数属于欧洲联盟、欧洲自由贸易联盟成员国及欧洲联盟的候选国。另一个呈明显多数 AFB1 的限量是 5μg/kg，有 21 个国家采用了这一标准，这些国家主要分布在非洲、亚洲/大洋洲、拉丁美洲和欧洲。此外，大部分国家规定了 4 种黄曲霉毒素总量的限量标准，其限量标准的范围为 0.01～80μg/kg，同样婴儿食品的限量标准比普通食品的限量标准明显严格。国际食品法典委员会、美国和加拿大仅对食品中黄曲霉毒素的总量进行限量，而我国仅仅对毒性较强的 AFB1 进行了限量规定。所以，已有许多学者呼吁尽快修订我国新的食品和饲料中黄曲霉毒素的限量标准，尽量与国际接轨。在采用黄曲霉毒素总量法定限值标准的国家中，监管当局应严格地检查监督机构的分析数据，以便经常地了解黄曲霉毒素总量（超过 AFB1 含量）数据的获得情况，这对于充分地保护消费者的健康至关重要。

表 11.8　部分国家及地区果蔬及其制品中黄曲霉毒素的现行限量标准

国家	产品	最高限量/(μg/kg)	
		AFB_1	$B_1+B_2+G_1+G_2$
国际食品法典委员会	加工原料的杏仁、巴西坚果、榛子、开心果	—	15
	即食的杏仁、巴西坚果、榛子、开心果	—	10
欧盟	食用前需经过处理的巴旦木、开心果、杏仁	12	15
	食用前需经过处理的榛子和巴西坚果	8	15
	食用前需经过处理的其它坚果或干果	5	10
	供人类直接食用的巴旦木、开心果、杏仁	8	10
	供人类直接食用的榛子和巴西坚果	5	10
	供人类直接食用的其它坚果或干果	2	4
	无花果干	6	10
	调味品	5	10
	特殊医学用途婴儿配方食品	0.1	—
美国	除牛奶外的所有食品	—	20
中国	熟制坚果及籽类	5	—
	婴幼儿食品	0.5	—
日本	所有食品	10	—
韩国	坚果及坚果加工品	10	—
阿尔及利亚	坚果	10	20
亚美尼亚	所有食品	5	—
澳大利亚	树坚果	—	15
巴巴多斯	所有食品	—	20
白俄罗斯	豆类植物	5	—
	婴儿食品	0	—
保加利亚	供人类直接食用或作为加工配料的坚果或干果	2	4
	食用前需经过处理的坚果或干果	5	10
	调味品	2	5
加拿大	坚果及坚果加工品	—	15
智利	所有食品	5	—
哥伦比亚	所有食品	10	—
克罗地亚	豆类	5	—
	调味品	30	—
	杏仁、榛子、核桃	—	3
古巴	所有食品	—	5
捷克共和国	供人类直接食用的坚果和干果	2	4
	作为原料的坚果和干果	5	10
	调味品	20	—
	婴儿营养品(小于 12 个月)	0.5	1
	儿童营养品(大于 12 个月)	0.5	2

续表

国家	产品	最高限量/(μg/kg)	
		AFB_1	$B_1+B_2+G_1+G_2$
印度	所有食品	—	30
伊朗	开心果、核桃、其它坚果和可食用种子	5	15
	枣、葡萄干、无花果、所有干果	5	15
	豆科植物	5	10
以色列	坚果、无花果及其产品和其它食品	5	15
约旦	杏仁、开心果、松仁	15	30
科威特	婴儿和儿童食品	—	0.05
马来西亚	所有食品	—	35
毛里求斯	所有食品	5	10
摩尔多瓦共和国	坚果、向日葵、豆类植物	5	—
摩洛哥	所有食品	10	—
	开心果、杏仁、儿童食品	1	—
尼日利亚	食品	20	—
阿曼	完全食品	10	—
菲律宾	坚果(产品)	—	20
俄罗斯	坚果和食用豆,包括豌豆、菜豆、小扁豆	5	—
新加坡	食品	5	5
	婴幼儿食品	0.1	—
巴西	除花生外的坚果和干果	—	10
	调味品	—	20
斯洛伐克	蔬菜、马铃薯	5	—
	即食配方食品	1	1
	儿童食品	1	2
	其它食品	20	80
南非	所有食品	5	10
斯里兰卡	所有食品	—	30
	三岁以下儿童食品	—	1
瑞士	所有食品	2	4
	调味品	5	10
	肉豆蔻	10	20
	即食配方食品及断奶后配方食品	—	0.01
土耳其	坚果、干果、调味品	5	10
	婴儿食品	1	2
泰国	所有食品	—	20
乌克兰	菜豆及其制品,蔬菜酱,所有坚果,果汁,果泥	5	—
	供婴儿食用的蔬菜酱、果酱及其混合果酱	1	—
	特殊医学用途婴儿配方食品	1	—
越南	食品	—	10
南斯拉夫	豆类、豌豆	5	—
	调味品	30	—

注:“—”代表未设立限量标准;“0”代表不允许检出

四、单端孢霉烯族毒素的限量标准

脱氧雪腐镰刀菌烯醇(呕吐毒素)一般在大麦、小麦、玉米、燕麦中含有较高的浓度。在黑麦、高粱和大米中浓度较低。目前一些国家已经制定了谷物中呕吐毒素的限量标准,加拿大和美国规定供人食用的小麦中呕吐毒素的限量标准为 2mg/kg，婴儿食品中呕吐毒素的量为 1mg/kg。我国也规定供人食用的谷物中呕吐毒素的含量不超过 1mg/kg。而乌克兰对婴儿食用的谷物及水果－蔬菜－牛奶混合食品中呕吐毒素的污染限制更严格一些，其限量值为 200μg/kg。目前尚未见报道有关果蔬及其制品中污染呕吐毒素的数据。

T-2 毒素是单端孢霉烯族毒素毒性最强的一种毒素，目前，国际上对 T-2 毒素制定的限量标准不多，只有亚美尼亚规定在所有食品中 T-2 毒素的允许限量为 100μg/kg，如表 11.9 所示。

表 11.9　部分国家果蔬中单端孢霉烯族毒素的限量标准

国家	毒素	产品	最高限量/(μg/kg)
亚美尼亚	T-2 毒素	所有食品	100
乌克兰	呕吐毒素	供婴儿食用的水果－蔬菜－牛奶混合食品	200

我国果蔬及其制品中限量标准与国际食品法典委员会、欧盟和美国标准相比存在一定的差异。欧盟作为世界上食品安全标准体系建设较为完备的国家和地区，其标准不仅严格且细致，针对不同用途的同类食品和人群设置不同的限量值，进而提高了标准的可操作性。尽管我国在新制定的真菌毒素限量标准中，增加了坚果中黄曲霉毒素 B_1 的限量标准，但仍未涉及黄曲霉毒素 B_1、B_2、G_1 和 G_2 的总量的限制，因此在几种毒性叠加效应方面的要求相对缺失。目前国内外缺乏针对农产品中交链孢毒素的限量标准，而风险评估是制定真菌毒素限量标准的前提。基于毒理学的研究成果，对毒素进行风险评估可更科学的评估其危害程度，以获得人体每日最大允许摄入量（ADI），结合膳食摄入量，确定水果及其制品中真菌毒素的最高残留限量。随着人们对食品安全的关注，果蔬中各类真菌毒素的风险评估将成为今后的研究热点。

参考文献

[1] Jesus B，et al. Simultaneous determination of Fusarium mycotoxins in wheat grain from Morocco by liquid chromatography coupled to triple quadrupole mass spectrometry. Food Control，2014，46（12）：1-5.

[2] Twarużek M，et al. Statistical comparison of Fusarium mycotoxins content in oat grain and related products from two agricultural systems. Food Control，2013，34（2）：291-295.

[3] Goertz A，et al. Fusarium species and mycotoxin profiles on commercial maize hybrids in Germany. European Journal of Plant Pathology，2010，128（1）：101-111.

[4] 何强等．超高效液相色谱-串联质谱法同时测定浓缩苹果汁中的 4 种链格孢霉毒素．色谱，2010，28（12）：1128-1131.

[5] Tang YM，et al. A method of analysis for T-2 toxin and neosolaniol by UPLC-MS/MS in apple fruit inoculated with Trichothecium roseum. Food Additives and Contaminants，2015，32（4）：480-487.

[6] Scott PM，et al. Analysis of wines，grape juices and cranberry juices for *Alternaria* toxins. Mycotoxin Research，2006，22（2）：142-147.

[7] Pizzuttia IR，et al. Development，optimization and validation of a multimethod for the determination of 36 mycotoxins in wines by liquid chromatography- tandem mass spectrometry. Talanta，2014，129：352-363.

[8] Charalampos KM，et al. Determination of mycotoxins in pomegranate fruits and juices using a QUEChERS-based method. Food Chemistry，2015，182（1）：81-88.

[9] Noser J，et al. Determination of six*Alternaria* toxins with UPLC-MS/MS and their occurrence in tomatoesand tomato products from the Swiss market. Mycotoxin Research，2011，27（4）：265-271.

[10] Zhao K，et al. Natural occurrence of four *Alternaria* mycotoxins in tomato- and citrus-based foods in China. Journal

of Agricultural and Food Chemistry，2015，63：343-348.
[11] Xue HL，et al. New method for the simultaneous analysis of types A and B trichothecenes by ultrahigh-performance liquid chromatography coupled with tandem mass spectrometry in potato tubers inoculated with Fusarium sulphureum. Journal of Agricultural and Food Chemistry，2013，61（39）：9333-9338.
[12] 钱永忠等．农产品质量安全风险评估-原理、方法和应用．北京：中国标准出版，2007.
[13] Joint FAO/WHO Expert Committee on Food Additives. Evaluation of certain food additives and contaminants. WHO Technical Report Series，1987，759：359-469.
[14] Joint FAO/WHO Expert Committee on Food Additives. Evaluation of certain food additives and contaminants. WHO Technical Report Series，1997，868：45-46.
[15] Joint FAO/WHO Expert Committee on Food Additives. Evaluation of certain food additives and contaminants. WHO Technical Report Series，1999，884：45-46.
[16] Joint FAO/WHO Expert Committee on Food Additives. Evaluation of certain food additives and contaminants. WHO Technical Report Series，2002，906：8-50.
[17] Joint FAO/WHO Expert Committee on Food Additives. Evaluation of certain food additives and contaminants. WHO Technical Report Series，2007，947：159-180.
[18] Joint FAO/WHO Expert Committee on Food Additives. Evaluation of certain food additives and contaminants. WHO Technical Report Series，1991，806：29-31.
[19] Joint FAO/WHO Expert Committee on Food Additives. Evaluation of certain food additives and contaminants. WHO Technical Report Series，1995，859：35-38.
[20] Joint FAO/WHO Expert Committee on Food Additives. Evaluation of certain food additives and contaminants. WHO Technical Report Series，1990，789：29-30.
[21] de Melo FT，et al. DNA damage in organs of mice treated acutely with patulin，a known mycotoxin. Food and Chemical Toxicology，2012，50（10）：3548-3555.
[22] Mona A，et al. Evaluation of protective efficacy of CC-2 formulation against topical lethal dose of T-2 toxin in mice. Food and Chemical Toxicology，2012，50（3）：1098-1108.
[23] FAO/WHO. Codex Alimentarius Commission procedural manual，18thedition. Food and Agriculture Organization of the United Nations，Codex Alimentarius Commission，2008（ftp：//ftp. fao. org/codex/Publications/ProcManuals/Manual _ 18e. pdf）.
[24] Ding X X，et al. Aflatoxin B1 in post-harvest peanuts and dietary risk in China. Food Control，2012，23（1）：143-148.
[25] Ostry V，et al. Ochratoxin A dietary exposure of ten population groups in the Czech Republic：comparison with data over the World. Toxins，2015，7：3608-3635.
[26] WHO. GEMS/Food-EURO workshop on reliable evaluation of low-level contamination of food. Report on a workshop in the frame of GEMS/Food-Euro，Kulmbach，March 3-5，1994.
[27] WHO. Second workshop on reliable evaluation of low-level contamination of food. Report on a workshop in the frame of GEMS/Food-Euro，Kulmbach，May 26-27，1995.
[28] Renwick AG，et al. Risk characterization of chemicals in food and diet. Food and Chemical Toxicology，2003，41：1211-1271.
[29] Tressou J，et al. Statistical methodology to evaluate food exposure to a contaminant and influence of sanitary limits：application to ochratoxin A. Regulatory Toxicology and Pharmacology，2004，40：252-263.
[30] Counil E，et al. Handling of contamination variability in exposure assessment：a case study with ochratoxin A. Food and Chemical Toxicology，2005，43：1541-1555.
[31] 王君等．中国人群黄曲霉毒素膳食暴露评估．中国食品卫生杂志，2007，19（3）：832-932，942.
[32] 丁小霞等．中国花生黄曲霉毒素风险评估中膳食暴露非参数概率评估方法．中国油料作物学报，2011，33（4）：402-408.
[33] 李培武等．农产品黄曲霉毒素风险评估研究进展．中国农业科学，2013，46（12）：2534-2542.
[34] Liao C M，et al. A probabilistic modeling approach to assess human inhalation exposure risks to airborne aflatoxin B_1

(AFB_1). Atmospheric Environment, 2005, 39: 6481-6490.
[35] Pfeiffer E, et al. *Alternaria* toxins: DNA strand-breaking activity in mammalian cells *in vitro*. Mycotoxin Research, 2007, 23 (3): 152-157.
[36] 安玉会等. 林县交链孢霉毒素-交链孢醇单甲醚和交链孢烯的协同毒性和致畸作用研究. 癌症, 1988, 7: 54-55.
[37] 杨胜利等. 河南林县居民粮食中互隔交链孢霉及其毒素污染和人群暴露状况研究. 癌变, 畸变, 突变, 2007, 19 (1): 44-46.
[38] 朱涵等. 互隔交链孢酚对 NIH/3T3 细胞中 DNA 聚合酶 β 的致突变作用. 中国组织工程研究, 2012, 16 (15): 2831-2834.
[39] Sauer DB, et al. Toxicity of *Alternaria* metabolites found in weathered sorghum grain at harvest. Journal of Agricultural and Food Chemistry, 1978, 26 (6): 1380-1383.
[40] Steyn PS, et al. Characterization of magnesium andcalcium tenuazonate from *Phoma sorghina*. Phytochemistry, 1976, 15: 1977-1979.
[41] Schrader TJ, et al. Further examination of the effects of nitrosylation on *Alternaria alternata* mycotoxin mutagenicity *in vitro*. Mutation Research, 2006, 606: 61-71.
[42] Munro JC, et al. Correlation of structural class with no-observed-effect levels: a proposal for establishing a threshold of corncern. Food and Chemical Toxicology, 1996, 34: 829-867.
[43] Cramer GM, et al. Estimation of toxic hazard-A decision tree approach. Food and Cosmetics Toxicology, 1978, 16: 255-276.
[44] Kroes R, et al. Threshold of toxicological concern for chemical substances present in the diet: a practical tool for assessing the need for toxicity testing. Food and Chemical Toxicology, 2000, 38: 255-312.
[45] Kroes R, et al. Structure based thresholds of toxicological concern (TTC): guidance for application to substances present at low levels in the diet. Food and Chemical Toxicology, 2004, 42: 65-83.
[46] Whitaker TB, et al. Theoretical investigationsinto the accuracy of sampling shelled peanuts for aflatoxin. Journal of Oil & Fat Industries, 1969, 46 (7): 377-379.
[47] 鲍蕾等. 出入境农产品中真菌毒素的污染、检测及控制. 中国食品工业, 2005, 1: 60-61.
[48] Sanco/12571/2013, Guidance document on analytical quality control and validation procedures for pesticide residues analysis in Food and Feed (2013).
[49] 刘兆平等. 食品中化学物风险评估原则和方法. 人民卫生出版社, 2012.
[50] Mencarelli F, et al. Consumer risk in storage andshipping of raw fruit and vegetables. In Improving the Safety of Fresh Fruit andVegetables, 2005, pp 556-598.
[51] Shephard GS, et al. Mycotoxins worldwide: current issues in Africa. Meeting the Mycotoxin Menace, 2004, 81-88.
[52] Cabaes FJ, et al. What is the source of ochratoxinA in wine? International Journal of Food Microbiology, 2002, 79: 213-215.
[53] Battilani P, et al. European research on ochratoxin A ingrapes and wine. International Journal of Food Microbiology, 2006, 111, 2-4.
[54] Park DL, et al. Minimizing risks posed by mycotoxins utilizingthe HACCP concept. FAO Food, Nutrition and Agriculture, 1999, 23: 49-54.
[55] 丁辰. 苹果浓缩汁加工季节中棒曲霉素含量变化. 中国果菜, 2000, (4): 22-22.
[56] TrucksessMW, et al. General referee report committee on natural toxins and food allergens-mycotoxins. Journal of AOAC International, 2003, 86: 1-10.
[57] Wilson J S, et al. Global trade and food safety: Winners and losers in a fragmented system. World Bank Working Paper, 2689, 2001.

第十二章 果蔬中重要真菌毒素的检测方法

果蔬中真菌毒素不仅在其种植、成熟、收获过程中产生，且在贮藏、运输和加工过程也会在不断增加。不仅如此，毒素还会由腐烂组织向周围健康组织扩散。真菌毒素的污染存在地域性和不均匀性，即使同一批次产品中也存在不均匀性分布，同时，其在样品中痕量存在。所以，真菌毒素检测的第一步关键步骤是取样，真菌毒素取样环节产生的误差约占该分析方法总误差的85%以上。取样的原则一定要做到多点、随机、均匀地取样，使每个部位有相同的概率被取到，这样检测的结果才具有准确性，也才能够反映真正的真菌毒素污染情况。

其次，为了监测和控制真菌毒素的污染，保障人类的身体健康。简单、快速、准确、灵敏、特异、经济的检测方法成为近年来的研究重点，世界各国对真菌毒素检测方法的发展具有统一性和一致性。真菌毒素多为痕量检测，且受污染的对象基质多比较复杂，因此，前处理技术的好坏在很大程度上决定了检测结果的准确性。真菌毒素检测的前处理技术主要包括提取和净化两个过程，有效的提取净化方法是实现真菌毒素准确分析的前提保证，由于不同真菌毒素之间以及不同基质样品之间都存在着很大的差异，因此，针对不同的样品和不同的毒素都必须采取不同的前处理方法。

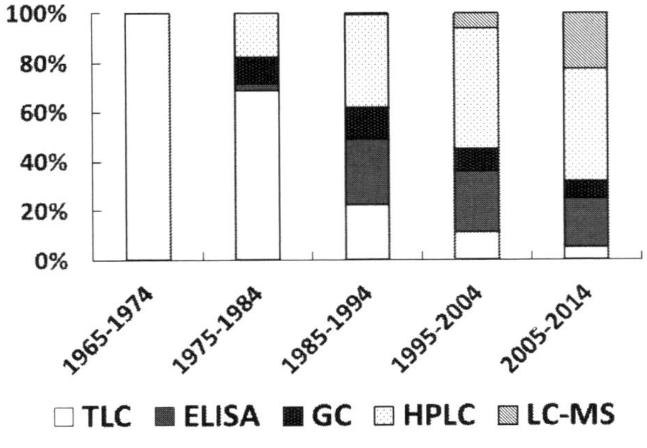

图 12.1　真菌毒素检测方法发展趋势

真菌毒素的检测技术是检测方法的核心和关键所在。真菌毒素的检测技术一般分为两大类：快速筛选法和确证法。目前国际上普遍的采用的快速筛选法是荧光光度计法和酶联免疫法，前者常常结合免疫亲和柱净化使用，是美国分析化学家协会（AOAC）的检测标准方法。酶联免疫法往往不需要净化，大部分操作在 96 孔板上进行，可以在较短时间内完成大量样品的分析，结合酶标仪完成定量检测，检测成本较低。这两种快速检测方法的原理都是建立在免疫化学的基础上，利用抗原-抗体的特异性反应，进行定量检测的。目前快速检测方法及快检产品在粮食及油料作物上的应用较为广泛，但缺少针对果蔬及其制品中真菌毒素的快检技术及快检产品的开发。而真菌毒素的确证方法的发展经历了不同的阶段，如图 12.1 所示，已由传统的薄层色谱法（TLC）逐渐发展免疫分析方法（ELISA）分析法，然后是气相色谱法（GC），紧接着液相色谱法（HPLC），发展到目前液相色谱-质谱联用法（HPLC-MS），各种技术并存发展。由于不同种类真菌毒素，化学结构不同，基质不同，真菌毒素的提取、纯化和检测方法存在差异，下面就不同种类真菌毒素检测方法加以详细说明。

第一节　棒曲霉素的检测

棒曲霉素主要存在于水果及其制品中，尤以苹果、梨和山楂及其制品中检出最多，是影响水果及果汁饮料品质的主要因素之一。棒曲霉素具有致癌、致畸、影响生育和免疫抑制等作用。国际癌症研究组织（IARC）将其列为第三类致癌物。所以为了保障人们的健康，开展食品中棒曲霉素的检测研究势在必行。

目前，棒曲霉素（Pat）的提取和检测技术研究已有大量报道。美国官方分析化学师协会（AOAC）对于如何从果实、果汁、果酱中提取棒曲霉素分别制定了标准化的提取程序，我国也制定了针对棒曲霉素提取方法的国家标准。棒曲霉素常见的检测方法有薄层色谱法（TLC）、高效液相色谱法（HPLC）、气相色谱法（GC）、色谱联用技术以及免疫检验法等[1]。而目前应用最为广泛的方法是高效液相结合紫外检测器（UV）[2]。

一、棒曲霉素的提取

通常采用有机溶剂与水的混合液来提取样品中的真菌毒素。在真菌毒素提取过程中，提取溶剂的选择取决于待测毒素的种类、毒素性质、毒素在提取溶剂中的溶解度、提取溶剂的毒性和样品基质等。

提取棒曲霉素常用的溶剂主要是乙酸乙酯和乙腈与水的混合液。纯化提取液主要采用无水碳酸钠、亲水亲脂平衡柱、C_{18} 固相萃取柱、串联 PVPP-C18 柱和 My-cosep 多功能柱等。乙酸乙酯和碳酸钠主要用于苹果样品中 Pat 的提取和纯化。此过程要用大量的有机溶剂，比较耗材、耗时。而且碳酸钠净化会降解 Pat，因为它在酸性介质中比较稳定。在前处理中加酶的方法近来引起人们的兴趣，因为酶能帮助化合物从各种样品基质中被提取出来。酶能将植物组织中复杂的多糖分解成小分子半乳糖醛酸。酶的协同作用能提高碳水化合物的水解。苹果汁用果胶酶和淀粉酶处理是为了水解果胶和淀粉。已经确定了果胶酶能减少苹果汁中的絮状物。酶处理能消除干扰物质，从而使 Pat 从植物组织中释放出来，提高了提取效率。因此，进行酶解成为固体样品前处理中极为关键的步骤。孟瑾等[3] 对山楂的固体样品分别进行了酶解和未酶解的对照试验。结果表明，采用果胶酶处理的样品回收率（87%）明显高于未进行果胶酶处理的样品回收率（59%）。

二、棒曲霉素的检测

关于 Pat 的检测方法主要包括：薄层色谱法（TLC）、高效液相色谱法（HPLC）、气相色谱法（GC）和色谱联用技术等。

TLC 是最早建立的一种检测 Pat 的方法，该法包括乙酸乙酯萃取、净化、浓缩、层析及显色剂显色定量。将阳性样品的薄层色谱板喷以 MBTH 显色剂，120℃烘烤 15min，棒曲霉素呈橙黄色斑点。该方法具有简便、经济、设备简单等优点。然而其缺点是费时，只能提供半定量结果，且酚类成分对目标物的干扰大，灵敏度较低。目前果汁行业中已很少使用此方法检测棒曲霉素残留。

经过乙酸乙酯萃取、碳酸钠净化等过程对棒曲霉素进行提取，用乙腈和水作为流动相，在 276nm 波长下对棒曲霉素进行紫外检测，检测限可达 5μg/L。由于 HPLC 检测方法方便、快速，所用溶剂较少，此方法已成为目前果汁行业检测棒曲霉素的标准方法。

高效液相色谱法（HPLC）是棒曲霉素检测中应用最为广泛的一种定量检测方法。最近，色谱串联技术（HPLC-UV、HPLC-DAD 和 HPLC-MS/MS）广泛运用于 Pat 的检测。我国颁布出口饮料中棒曲霉素的检测方法 SN 0589—1996《出口饮料中棒曲霉素的检验方法》测定棒曲霉素含量，就是采用 HPLC 法，经过乙酸乙酯萃取，碳酸钠净化等过程对棒曲霉素进行提取，用乙腈和水作为流动相，在 276nm 波长下对棒曲霉素进行紫外检测，检测限可达 5μg/L[4]。Li 等（2007）[5] 建立了苹果样品中 Pat 的 UPLC-MS/MS 检测方法。固体样品用乙酸乙酯提取后，提取液稀释后没有进行纯化直接注射到色谱系统，在不到 4min 的时间内得到色谱图。用电喷雾（ESI）和大气压力化学离子源（APCI）评估了基质效应。由于 ESI 的使用引起样品中较强的信号抑制；然而，APCI 可以消除基质效应进行定量。用低于 μg/kg 的两个水平和四种不同的样品基质（果汁、水果、果泥和蜜饯）验证方法的可靠性结果表明，平均回收率（$n=5$）在 71%～108%之间，RSDs 小于 14%。由于 HPLC 检测方法方便、快速，所用溶剂较少，此方法已成为目前果汁行业检测棒曲霉素的标准方法。

气相色谱法（GC）的灵敏度更高，适用于微量毒素的检测，但是需要将棒曲霉素衍生后才能获得较好的灵敏度。色谱联用技术主要是使用合适的接口技术将气相色谱仪、高效液相色谱仪与质谱仪等联结起来，从而可同时进行定性和定量检测，并且还具备气相色谱或高效液相色谱检测灵敏度高、选择性好等优点，对于初级监测呈阳性反应的样品进行在线确证，有很大的优势，被越来越广泛地使用。

棒曲霉素免疫学检测技术少有研究报道。近来，已有国内学者研制出棒曲霉素免疫层析检测试纸[6]。该方法具有放射免疫分析和酶联免疫吸附试验 ELISA 的优点。同时，还具有快速、灵敏、特异性强等优点，5～10min 即可得出检测结果，可实现现场检测。但该法仅为一种定性测定方法，不能实现精确定量。

按照 SN 0589—1996《出口饮料中棒曲霉素的检验方法》以 HPLC 法检测苹果汁中棒曲霉素为例[7] 测定步骤如下。

样品提取：称取 10g（精确至 0.01g）腐烂苹果组织，在 0.1%食盐水中浸泡 10min，榨汁机榨汁，四层纱布过滤，在 40℃的水浴锅中，加酶量 0.05g/L，孵育酶解 2h，抽滤，之后转移到 50mL 离心管中，充分振荡后，离心 5min，收集上清液并过滤。

样品净化：Pat 用乙酸乙酯提取 3 次（每次 30mL），用碳酸钠对提取物进行净化，然后用无水硫酸钠进行干燥，收集乙酸乙酯层旋转减压蒸发至近干，残留物通过氮气流吹干后复溶于 2mL 的水中，用冰乙酸调 pH 值为 4，过 0.22μm 滤膜，贮藏于 4℃冰箱供高效液相色谱测定。

色谱条件：a. 高效液相色谱仪：配紫外检测器，检测波长 276nm；b. 色谱柱：Ultimate XB-C18 反相柱（250mm×4.6mm，5μm）；c. 流动相：流动相：乙腈：水（10：90，V/V）；检测器：紫外检测器，波长 276nm；柱温：25℃；流量：1.0mL/min；进样量：20μL。

色谱测定：分别注射 20μL 棒曲霉素标准溶液，空白苹果汁样品和加标苹果汁样品于高效液相色谱仪中，按照色谱条件进行分析，响应值均应在仪器检测的线性范围内。对标准工作溶液和样液等体积进样测定，以外标法定量。在色谱条件下，棒曲霉素的保留时间约为 9min。

通过图 12.2 的对比，可以看出苹果汁本身的基质杂质对棒曲霉素的测定干扰甚小，苹果汁样品添加棒曲霉素的色谱图峰形标准，与标准溶液对照，重现性很好，说明试验所采用的仪器条件合适，能够准确定性、定量测定，检测方法可行。

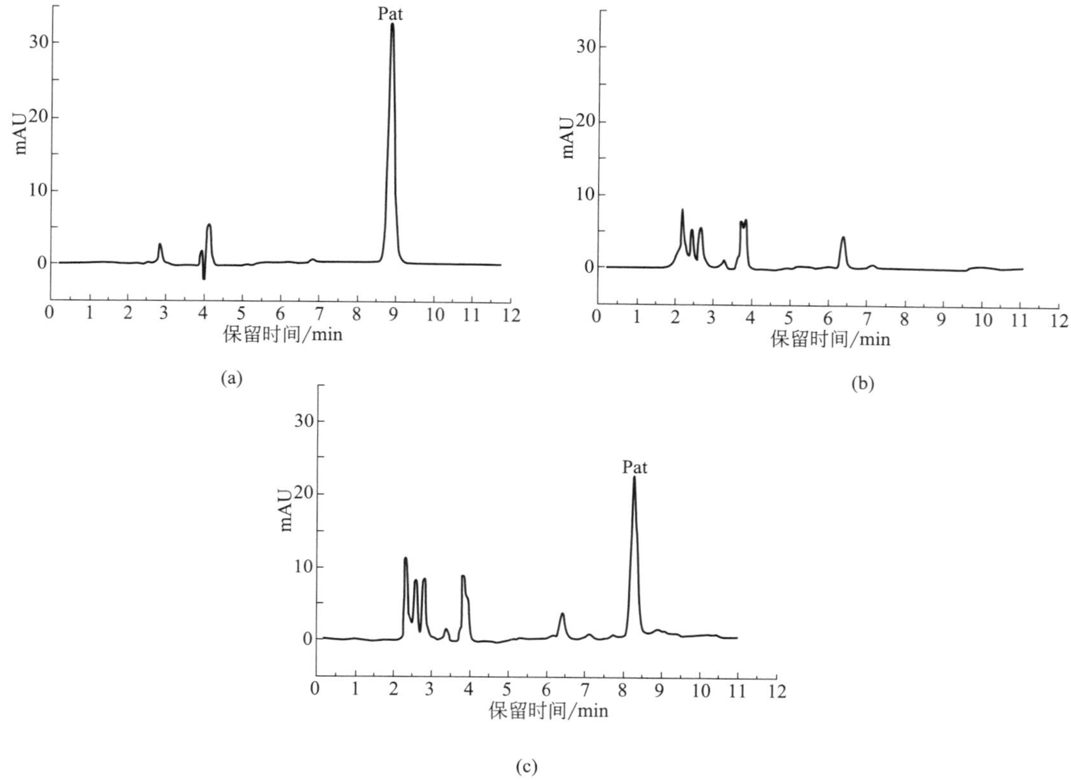

图 12.2 棒曲霉素标准溶液（a）、空白苹果汁样品（b）和加标苹果汁样品（c）色谱图

第二节 赭曲霉素 A 的检测

赭曲霉素 A 广泛分布于多种果蔬及其制品中，葡萄及其制品是 OTA 的主要来源，此外，在可可、咖啡、干果等制品中也存在大量赭曲霉素的污染，尤以 OTA 最为显著。OTA 具有肝脏和肾脏毒性，并具有强的致癌、致畸和致突变性。所以，为了保障人们的健康，开展食品中 OTA 的卫生检测研究显得尤为重要。

目前，赭曲霉素 A 的提取和检测研究已有大量报道。美国官方分析化学师协会（AOAC）也为葡萄酒中赭曲霉素 A 制定了标准化的提取与检测程序，我国也制定了针对葡萄酒中赭曲霉素 A 检测方法的国家标准。赭曲霉素 A 常见的检测方法也是薄层色谱法

(TLC)、高效液相色谱法（HPLC)、气相色谱法（GC)、色谱联用技术以及免疫检验法等。而目前应用最为广泛的方法是液相色谱法。

一、赭曲霉素A的提取

赭曲霉素A通常采用有机溶剂与水的混合液来提取。在赭曲霉素A提取过程中，提取溶剂的选择取决于待测毒素的种类、毒素性质、毒素在提取溶剂中的溶解度、提取溶剂的毒性和样品基质等。提取棒曲霉素常用的溶剂主要为乙腈和1%磷酸水溶液混合液。

纯化提取液的方法主要包括免疫亲和柱（IAC)、C_{18}固相萃取柱（C_{18}SPE)、液液萃取（LLE)、旋蒸浓缩（EC）和玻璃微纤维滤纸（GMF）相结合等。早期以免疫亲和柱（IAC）净化为主，2001年美国化学家协会（AOAC）公布检测方法即采用IAC进行净化[8]，该方法也被OIV等国际组织采用，但由于免疫亲和柱成本过高，因此不适用于常规检测。固相萃取柱由于价格低廉，被广泛使用，如陈大义[9] 等采用乙腈-1%磷酸（99：1）提取粉碎后的样品经过滤后，取滤液通过PSA固相萃取小柱，洗脱后减压蒸干，用乙腈-水（4：6）溶解，20μL进色谱柱，荧光检测器检测，该法使用的PSA柱简化了分析手续，方法快速、简便、准确，同时不使用对人有害、对环境有污染的有机溶剂，适用于咖啡及制品中赭曲霉素的测定。谢春梅等[10] 利用液-液分离的前处理技术，选用C18反相柱（250mm×4.6mm)，以乙腈：0.008mol/L磷酸=56：44为流动相，流速1mL/min荧光检测器，柱温为30℃，建立赭曲霉素A的高效液相色谱检测方法，实验所得回收率和精密度以及确证试验的结果均令人满意。雷纪锋等[11] 比较了免疫亲和柱（IAC)、C_{18}固相萃取柱（C_{18}SPE)、液液萃取（LLE)、旋蒸浓缩（EC）和玻璃微纤维滤纸（GMF）相结合的4种前处理方法。结果表明，旋蒸浓缩联用玻璃微纤维滤纸（EC-GMF）的回收率显著高于其它组合，依次为EC-GMF（104.94%)，IAC-MF（92.76%)，C18 SPE-GMF（86.86%)，LLE-GMF (55.42%)；免疫亲和柱联用玻璃微纤维滤纸（IAC-GMF）的前处理净化效果最好，基底干净，杂质种类少且含量低。综合样品的检测效果和检测成本，旋蒸浓缩和玻璃微纤维滤纸相结合，以LC-Q-Orbitrap检测，可作为OTA检测的一种可行方法，该方法检出限为0.05ng/mL，回收率为104.94%，相对标准偏差小于2.85%。

二、赭曲霉素A的检测

目前，OTA的检测方法包括物理化学检测和免疫学检测两大类。物理化学检测主要包括：薄层层析法（TLC)、高效液相色谱法（HPLC）等；免疫学检测主要包括：酶联免疫吸附法（ELISA)、胶体金免疫层析技术（Gold-immune chromatographic assay，GICA）和时间分辨荧光免疫分析（Time-resolved fluoroimmuno assay，TRFIA）等。

（一）物理化学检测

1. 薄层色谱法（TLC)

薄层色谱法是最早建立的真菌毒素的物理化学检测方法之一，该法具有简便、经济、设备简单等特点。但这种方法较费时，灵敏度和特异性不够理想，在OTA的提取过程中所需的有机溶剂品种多、用量大，检测周期长、重现性不好、无法自动化等，已远远不能满足现代检测要求。近年来应用较少。但TLC仍是我国用于检测谷类作物中OTA的含量的标准检测方法（GB/T5009.96—2003 代替 GB13111—1991），检测下限为 10μg/kg。

2. 液相色谱法

高效液相色谱法（HPLC）是近年来葡萄及其制品中 OTA 最广泛使用的一种检测方法。该法的灵敏度高，重现性好，操作简便，可进行定性和定量分析，并可配套使用不同的萃取、提纯及柱前、后衍生和灵敏的检测系统，检测结果准确、可靠，已得到越来越广泛的应用。HPLC 与免疫亲和柱结合使用，使 OTA 的检测更为方便、灵敏。另外，HPLC 与其它方法的联合，如 HPLC 联合质谱（MS）或电喷雾电离的串联质谱（MS-MS）分析检测酒中的赭曲霉素 A，可达 ppb 浓度水平。

如 Lo Curto 等[12] 采用免疫亲和柱净化样品，反相 HPLC 结合 RF 检测器对意大利三个不同地区，葡萄种植过程中使用不同杀虫剂处理的 23 份红、白葡萄酒中的 OTA 含量进行分析。结果表明，所有红葡萄酒样品中均存在 OTA 污染，且红葡萄酒比白葡萄酒污染水平更高，检测下限为 0.01μg/L。Berent 等[13] 通过将固相微萃取（SPE）对样品纯化，HPLC-FL 法测定葡葡萄和葡萄酒中的 OTA 含量。结果表明，葡萄酒中 OTA 的检测限（LOD）和定量限（LOQ）分别为 0.024ng/mL 和 0.125ng/mL，平均加标回收率为 83.5%；Aresta 等[14] 采用固相微萃取小柱（SPME）结合 LC-FD 法检测葡萄酒中的 OTA 含量，与 IAC 提取纯化技术相比，该方法在被稀释的葡萄酒样品中浸没了少量纤维（聚二甲基硅氧烷/二乙烯基苯（PDMS/DVB）纤维），溶剂用量少，操作简单，成本低廉。此外，在同等情况下可达到与 HPLC 类似的快速分离，被测酒样的线性检测范围为 0.25～8ng/mL，在 0.5ng/mL 和 2ng/mL 的加标回收率实验中，日间精确度 RSD 值分别为 5.9% 和 5.1%，日内（$n=4$）的精确度为 8.5% 和 7.1%，检测限（LOD）为 0.07ng/mL；定量限（LOQ）为 0.22ng/mL。侯建波等[15] 采用 HPLC-MS 测定葡萄酒中 OTA 残留量，样品用氨水调节 pH 值后离心，上清液过 C_{18} 固相萃取柱净化，以甲醇洗脱，氮气吹至近干后用甲醇和 0.15% 甲酸（7∶3，V/V）溶液定容至 1mL，以 Agilent Eclipse XDB-C_{18} 色谱柱为分离柱，以甲醇和 5mmol/L 乙酸铵溶液的 0.15% 甲酸（7∶3，V/V）混合液为流动相进行洗脱，电喷雾离子源及选择多反应监测模式进行检测，OTA 的线性范围在 10.0μg/L 以内，方法的检出限为 2.0μg/L，加标回收率为 66.3%～87.4%，相对标准偏差（$n=6$）在 5.2%～7.6%，该法与美国化学家协会检测方法的测定结果一致。褚庆华等[16] 采用免疫亲和柱层析净化，高效液相色谱技术对酒类中的 OTA 进行检测，该方法在 1～50μg/kg 范围内的添加回收率为 60.3%～118.9%，符合 SN/T0005—1996 的规定。谢春梅和王华[17] 利用液-液分离的前处理技术，采用 C_{18} 反相柱（250mm×4.6mm），乙腈∶磷酸（浓度为 0.008mol/L）（56：44，V/V）为流动相，以 1mL/min 的流速，荧光检测器（激发波长 338nm，发射波长 455nm），柱温 30℃，建立了葡萄和葡萄酒中 OTA 的高效液相色谱检测方法，实验所得回收率和精密度以及确证试验的结果均令人满意。Reinsch 等[18] 结合反相阴离子交换柱净化和 LC-MS/MS 测定酒样中的 OTA 的含量。结果显示，OTA 的最低检测限和最低检测限分别为 0.4μg/kg 和 0.8μg/kg，并用 t 检验的统计学方法验证该方法的精确性。Sibanda 等[19] 优化烘焙咖啡中 OTA 提取与纯化方法，建立了烘焙咖啡中 OTA 的 HPLC 检测方法，回收率为 72%～84%，检测为 1μg/kg（下面以 HPLC 法检测酒样中 OTA 为例）。

（二）免疫化学检测

目前，用于检测 OTA 的免疫化学方法主要有酶联免疫吸附法（ELISA）、胶体金免疫色谱技术（GICA）、时间分辨荧光免疫分析（TRFIA）和放射免疫法（RIA）等。

1. 酶联免疫吸附法（ELISA）

ELISA是一种免疫化学检测方法，利用抗原-抗体反应，通过酶反应放大检测信号，具有灵敏、快速、简便的特性，对样品中毒素的净化纯度要求不高，特别适用于大批量样本的检测。然而，酶联免疫吸附法的缺点是由于其检测时间短，检测结果的重现性差，且存在交叉反应而易造成假阳性，因此需要用其它的方法进行验证。该法主要被广泛应用于OTA的快速检测和大批量样品的筛选。目前用于赭曲霉素A快速检测的ELISA试剂盒已经产业化。由于ELISA法快速、灵敏、准确、可定量、操作简便、无须贵重仪器设备，且对样品纯度要求不高，特别适用于大批量样品的检测，发展非常迅速。

ELISA结合了抗原抗体的特异性免疫反应和酶的高效催化显色反应，首先将赭曲霉素A-牛血清白蛋白连接物包被酶标微孔板，加入含不同浓度赭曲霉素A标准品或样品提取液与单克隆抗体的混合液，再加入酶标记的抗体，进行竞争免疫反应，最后加入底物溶液，然后根据OTA标准样品孔和样品孔的显色情况用目测或仪器测量，确定样品中OTA的含量。江涛等[20]利用B细胞杂交瘤技术，得到能够分泌抗赭曲霉素A单克隆抗体的杂交瘤细胞株，建立了赭曲霉素A的间接竞争抑制性ELISA检测方法，该方法线性范围为2～500ng/mL，加标回收率79.0%～119.7%，在2～500μg/L线性范围内，回收率为79%～119.7%，检测限为0.5μg/L。

抗体与待测毒素反应的专一性是影响ELISA检测结果准确性的一个非常重要的因素，不同实验室，不同研究团队所获得的抗赭曲霉素A抗体与其相关结构类似物的交叉反应差异较大。Jarkczyk等[21]表明，商品化检测OTA的Ridascreen ELISA试剂盒所用抗体与赭曲霉素B和赭曲霉素C的交叉反应率分别为14%和44%；Ruprich等[22]建立的检测OTA的ELISA方法中所用抗赭曲霉素A多克隆抗体与赭曲霉素B和赭曲霉素C的交叉反应率分别为0.01%和1.4%，因此获得高特异性抗赭曲霉素A抗体是创建免疫学方法检测赭曲霉素A的基础。

2. 胶体金免疫色谱技术（GICA）

GICA是20世纪80年代发展起来的一种将胶体金免疫技术和色谱技术相结合的固相膜免疫分析方法。胶体金免疫色谱技术优点灵敏度高、特异性强、稳定性好、操作简便等，且无须任何仪器设备，结果判断直观可靠。目前，该技术正逐渐应用于食品质量控制领域和食品安全检测领域。赖卫华等[23]应用竞争抑制免疫色谱技术研制了一种快速检测OTA的胶体金试纸条，该法检测限为10ng/mL，检测范围0～100000ng/mL，检测时间仅需10min，且与赭曲霉素B和橘霉素的快速检测试纸条不产生交叉反应，特异性好。目前该方法还只能达到半定量，但由于其操作简单、检测所需时间短、稳定性好、灵敏度高、结果准确、易于判定等优点，非常适合于大批量样品的现场快速检测，在食品安全检测方面必将得到广泛应用。

3. 时间分辨荧光免疫分析（TRFIA）

TRFIA是将免疫反应的高度特异性和标记示踪物的高度灵敏性相结合而建立的一种微量物质检测方法。黄飚等[24]采用时间分辨荧光免疫分析技术，建立了快速、高灵敏度的OTA全自动检测方法，该法的灵敏度为0.03μg/L，检测范围为0.03～1000μg/L，批内和批间变异系数分别为3.7%和5.3%，加标回收率为94.2%。且该法所用抗体的特异性好，与赭曲霉素B的平均交叉反应仅为3.7%，与黄曲霉毒素B1、牛血清白蛋白和苯基丙氨酸无交叉反应，且该法具有很好的稳定性和重复性。

综上所述，目前 OTA 的检测方法有了迅速的发展，其灵敏度和准确性也在不断提高。不同检测方法各有其优缺点，TCL 法操作简单，仪器设备简单，但其特异性和灵敏度较差，目前已很少使用。HPLC 是国际上检测 OTA 最常用的方法之一，它具有灵敏度高，重现性好，但操作繁琐，仪器设备要求高，成本高，结合使用免疫亲和柱，使用方便，但费用更高，一般只适合于科研机构或确证试验；ELISA 由于其与其它方法相比具有快速、灵敏、可定量、操作简便、无需贵重仪器设备，对样品纯度要求不高和经济的特点，适合批量样品的筛选和普检，因此被广泛应用于真菌毒素，尤其 OTA 快速检测，用于食品的检测有其广阔的发展前景。

下面以免疫亲和柱净化，HPLC-MS 法检测酒类中赭曲霉素 A 为例[15] 介绍赭曲霉毒素 A 的检测步骤。

样品提取：准确移取试样 10mL 试样于 100mL 烧杯中，分别加入 10mL1%的聚乙二醇和 5%碳酸氢钠，用玻璃棒搅拌均匀。准确移取 10.0mL 用玻璃纤维滤纸过滤至澄清，滤液备用。

样品净化：将免疫亲和柱连接于 10mL 玻璃注射器下。准确移取 10.0mL 样品提取液于玻璃注射器中，将空气压力泵与玻璃注射器连接，调节压力，使溶液以 6mL/min 流速缓慢通过免疫亲和柱，直至 2～3mL 空气进入免疫亲和柱。以 5mL 淋洗溶液，5mL 水先后淋洗免疫亲和柱，弃去全部流出液，并使 2～3mL 空气通过免疫亲和柱。准确加入 1.0mL 甲醇洗脱，流速 1～2mL/min。收集全部洗脱液于玻璃试管中，供检测用。

测定：Agilent6460 型液相色谱三重四级杆串联质谱，色谱条件：[Atlantis T_3 柱 (2.1mm×50mm,3μm)]。流动相：乙腈-磷酸钠溶液（0.012mol/L，pH=7.5）（$V:V=60:40$）流速：0.2mL/min。柱温：30℃；进样量：5μL；流动相：A 为乙腈，B 为 2mmol/L 乙酸铵水溶液；梯度洗脱程序：0min，80%B；2.8min，50%B；4.2min，20% B；6.5min，20% B；8.2min，80% B。

质谱条件：离子源为电喷雾离子源（ESI)；干燥气为 N_2；雾化气压力为 45psi；干燥气温度为 350℃；干燥气流速为 6L/min；鞘气温度为 350℃；鞘气流速为 11L/min；检测方式为正离子多反应监测（MRM)，用于定性分析的离子对为 m/z 404.2/358.2 和 m/z 404.2/239，裂解电压均为 100V，碰撞电压分别为 10V 和 20V，其中定量分析离子为 m/z 404.2/358.2。

用微量注射器吸取 5μL OTA 标准工作溶液和空白基质标准溶液于液相色谱仪，在上述条件下测定样品的响应值（峰高和峰面积）。经过与 OTA 标准工作溶液色谱图（图 12.3）比较响应值，得到试样中 OTA 的浓度。

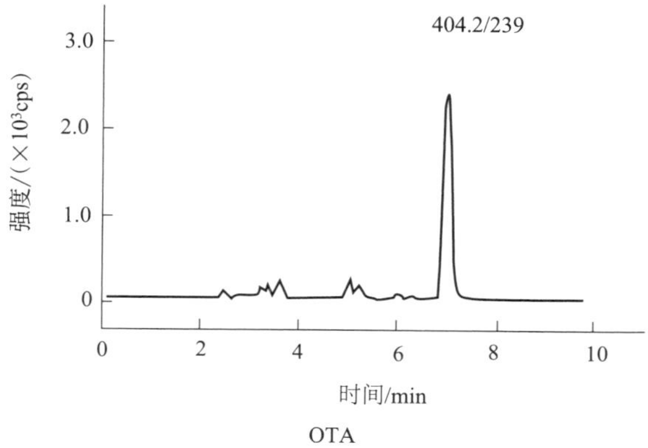

图 12.3 葡萄酒中添加 2.0μg/L 的 OTA 的多反应监测模式色谱图

第三节 交链孢毒素的检测技术

一、交链孢毒素的提取与纯化

提取步骤是交链孢毒素检测的第一步。采用合适的提取液，利用有效的提取方式，将交链孢毒素从样品中充分转移到提取溶剂中并均质化，是后续的净化和定量检测的关键所在。

常用的交链孢毒素提取溶剂有：甲醇、二氯甲烷、丙酮、乙酸乙酯、乙腈和水中的一种或多种不同配比的混合物。酚类的交链孢毒素（交链孢酚、交链孢酚单甲醚、交链孢烯等）常用二氯甲烷、甲醇、乙腈或乙酸乙酯等有机溶剂从样品中进行提取，而细交链格孢酮酸用酸性萃取剂的效果更好，己烷（作为脱脂剂）和/或水通常会按照一定配比加入到提取溶剂中。一般情况下，对于极性范围敏感的目标毒素提取时，需在提取液中添加辅助试剂（乙酸、甲酸等）以增强联合提取的效果。

通常情况下，常采用振荡提取法将提取剂和样品充分混匀并均质化。提取结束后，提取液经过滤或离心后，与固态样品分离，提取液进一步净化、上机检测或者不净化稀释后直接上机进行检测。

为获得一定的选择性和灵敏度，常常需要对提取液进一步的净化。常用的净化方法有液液萃取法、柱色谱法等。由于液液萃取法劳动强度大，程序不能实现自动化，且需使用大量的有机溶剂，易造成环境的污染和毒素的流失且回收率不高，该方法已逐渐被柱色谱法代替。目前应用于真菌毒素分析的柱色谱净化方法包括：固相萃取（solid-phase extraction，SPE）、基质固相分散萃取（matrix solid-phase dispersion，MSPD）、凝胶渗透色谱（gel permeation chromatography，GPC）和免疫亲和萃取（immunoaffinity extraction，IAC）等，这些新技术不但高效、快速，而且对环境污染少、简便、安全，符合现代检测的要求。其中以氨丙基柱、C_{18} 柱、免疫亲和柱（IAC）和多功能净化柱（MFC）为代表的固相萃取技术是目前真菌毒素残留分析最常用的前处理方法；QuEChERS 等前处理技术也以简单、快速的优点得到迅速发展。

固相萃取技术（SPE）是近年来发展较快的样品预处理技术，可以同时提取和净化真菌毒素。传统的 SPE 技术是将待测物保留在柱子上，杂质通过并被淋洗掉，而待测物随后被洗脱下来（图 12.4）。有时，特殊设计的固相萃取柱能捕获杂质，允许待测物通过。如 Wang 等[25] 通过优化样品净化条件，在保持分析准确度和灵敏度的前提下，自制了混合固相萃取柱，直接将样品提取液通过固相萃取柱，省去了淋洗和洗脱步骤，操作一步完成，简单快速，且适于大批量样品的同时操作。利用该自制混合固相萃取柱净化苹果、樱桃和番茄等果蔬样品，5 种交链孢毒素的回收率为 76.0%～102.7%，相对标准偏差为 0.8%～4.7%，LOQ 为 1～5μg/kg，能满足果蔬样品中真菌毒素痕量分析的要求。

QuEChERS（quick，easy，cheap，effective，rugged and safe）技术是由化学家 Lehotay 和 Anastassiades 于 2003 年提出，作为一项新兴的高效提取净化技术，具有前处理时间短、提取净化效率高、回收率高、环境污染小、操作简单快速、操作人员暴露风险低、可实现多真菌毒素的联合提取等优点，已广泛用于真菌毒素的分析检测中。该技术分为提取、盐析和净化 3 个步骤。样品经过提取后，提取液中仍然存在大量的共萃物，通过盐析步骤，可以初步去除部分水溶性杂质。在 QuEChERS 技术中，3 种典型盐析剂为：4g $MgSO_4$ ＋1g NaCl（萃取体系中性）、6g $MgSO_4$ ＋1.5g NaOAc（萃取体系 pH 值 4.8）和 4g $MgSO_4$＋1g NaCl＋1g $Na_3Cit \cdot 2H_2O$＋0.5g $Na_2Cit \cdot 1.5H_2O$（萃取体系 pH 值 5～5.5），根据目标真菌毒素的性质，选择不同的缓冲盐体系以获得理想的盐析效果。盐析分层后，少量的色素、糖以及蛋白质等组分会不可避免地与真菌毒素共萃取出来，这些组分的残留会干扰样品分析结果。净化过程中通过选择不同净化剂除去干扰组分：*N*-丙基乙二胺（primary secondary amine，PSA）结构上有两个氨基，可与分子结构上含有羟基的极性物质发生氢键相互作用，吸附提取液中的碳水化合、色素和有机酸；C_{18} 通过非极性相互作用吸附非极性物质，吸附提取液中的淀粉、脂类和固醇类物质；石墨化炭黑（graphite carbon black，GCB）具有阴离子交换作用，通过疏水相互作用和氢键相互作用吸附杂质，可吸附类胡萝卜素和叶绿素。

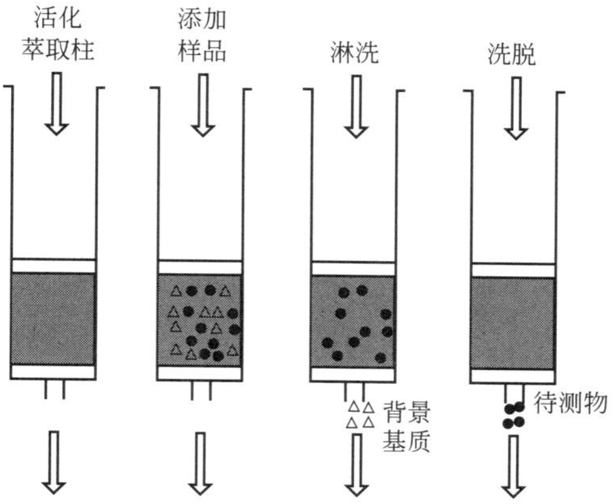

图 12.4　传统固相萃取原理

目前，根据真菌毒素和样品基质的理化特性，开发真菌毒素，尤其是多真菌毒素的 QuEChERS 技术正逐渐成为真菌毒素研究领域的热点。蒋黎艳等[26] 建立了 QuEChERS 方法结合 UPLC-MS/MS 快速检测柑橘中 5 种交链孢毒素（交链孢酚、交链孢酚单甲醚、细交链格孢酮酸、交链孢烯和腾毒素）的方法。该方法也比较了 GCB、PSA 和 C_{18} 对 5 种交链孢毒素回收率的影响，除 GCB 吸附所有毒素外，PSA 作为净化剂的 TeA 回收率仅有 50%～60%，而 C_{18} 作为净化剂的 TeA 回收率较不稳定。因此，最终确定 5 种交链孢毒素提取方法为乙腈-甲酸（1.5%）提取，无水 $MgSO_4$ 和 NaCl 盐析。3 个不同加标水平 5 种交链孢毒素的回收率在 71%～112%，相对标准偏差为 1.1%～9.9%，能够满足不同柑橘中交链孢毒素的快速确证检测的要求。Myresiotis 等[27] 采用 QuEChERS 结合 UPLC-MS/MS 测定石榴汁中的 AOH、AME 和 TEN，并确定 PSA 为合适的 3 种交链孢毒素净化剂。不同加标水平的回收率为 82%～109%，相对标准偏差为 1.2%～10.9%。随后，史文景等[28] 以改进的 QuEChERS 方法结合超高效液相色谱-电喷雾质谱（UPLC-ESI-MS/MS）法同时测定柑橘中的 AOH、AME 和 TEN，比较了 GCB、PSA 和 C_{18} 对 3 种交链孢毒素回收率的影响，结果表明，GCB 作为净化剂可吸附毒素，所有毒素的回收率都低于 70%；而 PSA 和 C_{18} 作为净化剂，3 种交链孢毒素都能获得较好的回收率，但 PSA 会降低橘青霉素的回收率。最终确定 30mg 的 C_{18} 为合适的净化剂，3 个不同加标水平的回收率为 78%～103%，相对标准偏差为 2.6%～10.6%。

二、交链孢毒素的检测

目前交链孢毒素检测方法主要包括薄层色谱法（TLC）、气相色谱法（GC）和高效液相色谱分析法（HPLC）等。

1. 薄层色谱法（TLC）

薄层色谱法是 20 世纪 50 年代发展起来的一种色谱分离技术，具有设备简单、速度快、费用低、分离效果好以及能使用腐蚀性显色剂等优点。Hasan 等[29] 利用薄层色谱法检测番茄中的 AOH、AME、TeA、交链孢毒素Ⅰ和交链孢毒素Ⅱ，以氯仿-丙酮（97：3，V/V）作为溶剂体系，结果得到 AOH、AME、交链孢毒素Ⅰ和交链孢毒素Ⅱ的最低检测限为 0.1μg，TeA 的最低检测限为 0.7μg。由于 TLC 法的灵敏度较低，实验操作过程繁琐、费时、有机溶剂用量大，并且误差较大，难以满足现代农产品中真菌毒素的检测要求，逐步被其它检测技术所取代。

2. 气相色谱法（GC）

气相色谱法（GC）具有分析速度快、高效、灵敏的特性，尤其是气相色谱-质谱联用（GC-MS）技术，不仅具有更高的检出灵敏度，而且还能检测出混合物中特定的某种物质。Scott 等[30] 分别用七氟丁酸乙酯（HFB）和三甲基硅烷（TMS）对交链孢酚等 5 种交链孢毒素进行衍生化，分别以 HPLC-UV 和衍生化 GC-MS 技术测定了苹果汁中的交链孢毒素，并对两种方法进行了比较，结果表明，GC-MS 技术的灵敏度高于 HPLC 法，且经 TMS 衍生化处理的 TeA 的检测灵敏度高于 HFB 衍生化。但由于利用 GC-MS 技术测定样品中的交链孢毒素，通常需要对其进行衍生化处理，因此，GC-MS 方法检测过程难以避免基质干扰，检测结果的重现性差，操作复杂、费时的缺点，且多种交链孢毒素较为稳定、挥发性差，因此 GC 及 GC-MS 技术在交链孢毒素检测中的应用受到了限制，而多数交链孢毒素的检测都是采用液质联用的方法。

3. 高效液相色谱（HPLC）分析法

HPLC 具有高灵敏度、分析速度快、应用范围广等特点，此外还具有色谱柱可循环利用、样品不易被破坏、易回收等优点，且可与紫外（UV）、二极管阵列（DAD 或 PDA）、荧光（FLD）、蒸发光散射、示差折光等多种检测器联用，从而大大拓宽了 HPLC 在分析技术中的应用范围，在食品中真菌毒素检测领域应用广泛。Delgado 等[31] 利用 C_{18} 柱和氨丙基柱净化样品，建立了 HPLC-UV 检测苹果汁中 AOH 和 AME 的方法，检测波长为 256nm，加标回收率分别为 82.8%和 91.9%，检出限分别为 1.6μg/L 和 0.7μg/L。Aresta 等[32] 首先利用固相微萃取技术（SPME）对 TeA、OTA 等 4 种毒素进行净化后，利用液相二极管阵列 UV 检测器（HPLC-UV/DAD）进行检测，结果得到 TeA 的最低检测限为（25±6）μg/kg。Solfrizzo 等[33] 利用 HPLC-UV/DAD 测定胡萝卜中的 AOH、AME、TeA 和交链孢毒素Ⅰ的含量，检测波长为 256nm。样品经酸化的甲醇-乙腈混合液进行提取，分别利用 C_{18} 和 Oasis HLB 固相萃取柱对交链孢毒素进行净化，得到 TeA、交链孢毒素Ⅰ、AME 和 AOH 的检测限分别为 20μg/g、20μg/g、10μg/g 和 5μg/kg。

荧光检测器（FLD）用紫外线照射色谱馏分，当试样组分具有荧光性能时，即可检出，其灵敏度在目前常用的 HPLC 检测器中最高，它主要用于能激发荧光的化合物，极高灵敏度和良好选择性是它最大的优点。Fente 等[34] 利用 HPLC-FLD 法检测交链孢酚，采用 Oasis HLB 固相萃取柱净化番茄酱样品，用磷酸调 pH＝3 的甲醇-水（32：68）溶液为流动相进行梯度洗脱，流速为 0.8mL/min，荧光检测激发波长为 330nm，发射波长为 430nm。该方法回收率大于 77.2%，在 5.2～196μg/kg 范围内线性关系良好，检出限为 1.93μg/kg。但该方法检测的交链孢毒素较为单一，仅对 AOH 具有较好的回收率。陈月萌等[35] 利用 HPLC-FLD 测定苹果、梨、桃等水果中的 AOH、AME

和 ALT，三种毒素的激发波长分别为 323nm、340nm 和 339nm，发射波长分别为 478nm、408nm 和 404nm；采用分段波长法利用荧光检测器进行检测，上述 3 种交链孢毒素在苹果、梨、桃中的检出限分别为 5～8μg/kg、5～8μg/kg 和 2～4μg/kg，不同水平的添加回收率分别为 89.6%～102.3%、78.2%～100.3%和 78.8%～103.6%，相对标准偏差都小于 8.6%。该方法回收率高，但是检出限较高，且前处理方法耗时，难以满足果蔬样品中痕量交链孢毒素的检测。

液相色谱质谱联用（HPLC-MS）联用技术已广泛应用于食品中交链孢毒素的检测。该法具有对样品前处理要求不高、方法的检出限低、能获取待测化合物的分子结构信息等优点，目前已成为分析食品中交链孢毒素的最佳手段。电喷雾电离（Electro-spray Ionization，ESI）和大气压化学电离（atmospheric pressure chemical ionisation，APCI）是比较常用的质谱离子化技术。Lau 等[36] 比较了采用电喷雾电离的正负离子模式（ESI^+ 和 ESI^-）和 APCI 两种电离方式下测定苹果汁和其它水果饮料中的 AOH 和 AME。结果表明，ESI 电离负离子模式下 HPLC-MS/MS 方法的灵敏度和特异性较高，AOH 和 AME 的检出限为 0.01～0.08μg/L。Prelle 等[37] 也将大气压化学电离方法与 HPLC-MS/MS 联用，建立了 HPLC-APCI-MS 法检测苹果汁、啤酒、番茄酱、橄榄油及调味料中的 AOH、AME、TeA、ALT 和 TEN，5 种交链孢毒素的检测限和定量限分别为 0.16～12.3μg/kg 和 0.54～41.0μg/kg。Scott 等[38] 建立了蔓越莓汁、葡萄汁、红酒及白酒中 AOH 和 AME 的 HPLC-MS/MS 方法，样品经氨丙基柱净化后，用 HPLC-UV 进行初筛，阳性样品再由负离子 ESI-HPLC-MS/MS 在多反应监测模式（MRM）下进行确证性分析，AOH 和 AME 的加标回收率分别为 79.5%～103%和 64.9%～103.5%，检出限可达 0.01μg/L。Spanjer 等[39] 建立了可同时测定食品中包括 AOH 和 AME 在内的 33 种真菌毒素的 HPLC-MS/MS 方法，并用所建方法分析了葡萄干、无花果等不同食品基质中的交链孢毒素，结果显示，AOH 和 AME 的定量限依食品基质不同而异，从 20～200μg/kg。

Sulyok 等[40,41] 建立了可同时测定包括 AOH、AME、ALT 和 TEN 在内的多种真菌毒素的检测方法（UPLC-MS/MS），方法的回收率分别为（84±3）%、（94±2）%、（107±4）%和（92±2）%；且 4 种交链孢毒素的检出限分别为 2μg/kg、0.1μg/kg、6μg/kg 和 0.5μg/kg。Noser 等[42] 建立了 UPLC-MS/MS 检测瑞士市售番茄及番茄制品中 6 种交链孢毒素（AOH、AME、ALT、ATX-I、TeA 及 TEN）。样品经酸性乙腈-水-甲醇提取后用 SPE 净化，通过调节提取液的 pH 值可实现对 TeA 与其它 5 种交链孢毒素的同时测定。

在用色谱质谱法测定复杂基质中含量较低或者分离纯化难度大的待测物时，前处理步骤的提取效率对最后结果的准确性影响较大。为解决这一问题，可将与待测化合物理化性质相似的稳定性同位素或标记化合物加至待测试样中，以内标法进行定量。Asam 等[43] 以 $[^2H_4]$ AOH 和 $[^2H_4]$ AME 为内标，建立了测定饮料中 AOH 和 AME 的同位素稀释方法，试样经 C_{18}SPE 柱净化浓缩后利用 HPLC-MS/MS 进行测定，结果 AOH 和 AME 的检出限分别为 0.03μg/kg 和 0.01μg/kg，所建方法也适应于番茄等蔬菜及其相关制品中 AOH 和 AME 的检测。随后，以 $[^{13}C_6, ^{15}N]$ TeA 为内标，建立了番茄中 TeA 的检测方法，该方法在上述三种基质中的检出限分别为 0.15μg/kg、1.0μg/kg 和 17μg/kg[44]。

果蔬交链孢毒素的检测方法如表 12.1 所示。

表 12.1 果蔬交链孢毒素的检测方法

样品	交链孢毒素	前处理方法	分析方法	定量限	参考文献
苹果/樱桃/番茄/	AOH/AME/ALT/TeA/TEN	固相萃取	UPLC-MS/MS	1～2μg/kg	[25]
柑橘	AOH/AME/ALT/TeA/TEN	QuEChERS	UPLC-MS/MS	0.11～0.91μg/kg	[26]
番茄	AOH/AME/TeA	固相萃取	TLC	100～700μg/kg	[29]
苹果汁	AOH	液液萃取	GC-MS	2μg/L	[30]
苹果汁	AOH/AME	固相萃取	HPLC-UV	0.7～1.6μg/L	[31]
番茄酱	AOH	固相萃取	HPLC-FLD	1.93μg/kg	[34]
苹果汁	AOH/AME	固相萃取	LC-MS/MS	0.01～0.08μg/L	[36]
葡萄酒/果汁等	AOH/AME	固相萃取	HPLC-MS	0.01μg/L	[38]
葡萄干/无花果等	AOH/AME	固相萃取	LC-MS/MS	20～200μg/kg	[39]
水果/蔬菜	AOH/AME/ALT/TEN	固相萃取	UPLC-MS/MS	0.1～6.0μg/kg	[40,41]
饮料	AOH/AME	固相萃取	LC-MS/MS	0.03～0.01μg/kg	[43]

下面以苹果、樱桃番茄中交链孢毒素一步净化柱净化，HPLC-MS/MS 法检测果蔬中交链孢毒素为例[25]，介绍交链孢毒素的检测步骤。

样品提取：称取 5g（精确至 0.01g）试样于 50mL 离心管中，加入 25mL80％乙腈-10mmol/L 柠檬酸溶液，混匀后 180rpm 常温振荡 30min，加入 2g NaCl 后混匀 30s，10000rpm 离心 10min，上清液备用。

样品净化：将多功能净化柱连接于 10mL 离心管下。取 2mL 上清液润洗交链孢毒素一步净化柱，弃滤液后再取 4mL 上清过柱，收集滤液 4mL，于 60℃水浴中氮吹至干，用 1mL30％乙腈溶解残渣，过 0.22μm 微孔滤膜（PTFE）后，用于 UPLC-MS/MS 检测。

UPLC 的条件：UPLC 采用的是 Waters 公司超高压液相色谱系统，色谱分离柱 ACQUITY UPLC CORTECS C18 柱（100mm×2.1mm，1.6μm），流动相 A 是甲醇，流动相 B 是 1mmol 的醋酸铵溶液，线性梯度洗脱从 A/B（10/90，*V/V*）3.5min 达到 A/B（90/10，*V/V*），保持 1min 后在 0.2min 之内由 A/B（90/10，*V/V*）降到 A/B（10/90，*V/V*）保持 2.3min，流速 0.3mL/min，进样量为 5.0μL，柱温和样品温度分别为 40℃和 10℃。质谱的条件如表 12.2.

表 12.2 交链孢毒素的检测离子对、锥孔电压、碰撞能量和离子模式

分析物	定量离子对 *M/Z*	RT[a]/min	DT[b]/sec	CV[c] (U/V)	CE[d] (E/eV)	离子化模式
TeA	198.2/139.0[e],198.2/125.0[f]	1.83	0.050	24	15,20	ESI^+
ALT	293.1/257.0[e],293.1/239.1[f]	3.29	0.050	16	14,20	ESI^+
AOH	259.0/213.2[e],259.0/185.1[f]	3.58	0.050	30	20,30	ESI^+
TEN	415.2/312.1[e],415.2/171.5[f]	3.73	0.050	17	20,20	ESI^+
AME	271.0/256.0[e],271.0/228.0[f]	4.15	0.050	32	20,30	ESI^-

注：RT[a]＝保留时间；DT[b]＝停留时间；CV[c]＝锥孔电压；CE[d]＝碰撞电压；[e] 为定性离子对；[f] 为定量离子对。

离子化模式为电喷雾电离模式（ESI^+/ESI^-）；质谱扫描方式是多重反应监测（MRM）；毛细管电压为 2.5kV（ESI^+）/0.8kV（ESI^-）；离子源温度为 150℃；去溶剂气温度为 500℃；锥孔反吹气流速为 50L/h；去溶剂气流速为 1000L/h 采用基质曲线外标法进行定量。

由图 12.5 可见，TeA，ALT，AOH，TEN，AME5 种交链孢毒素的出峰分别为时间 1.83，3.29，3.58，3.73 和 4.15，且周围没有杂峰出现。容易定性和定量。

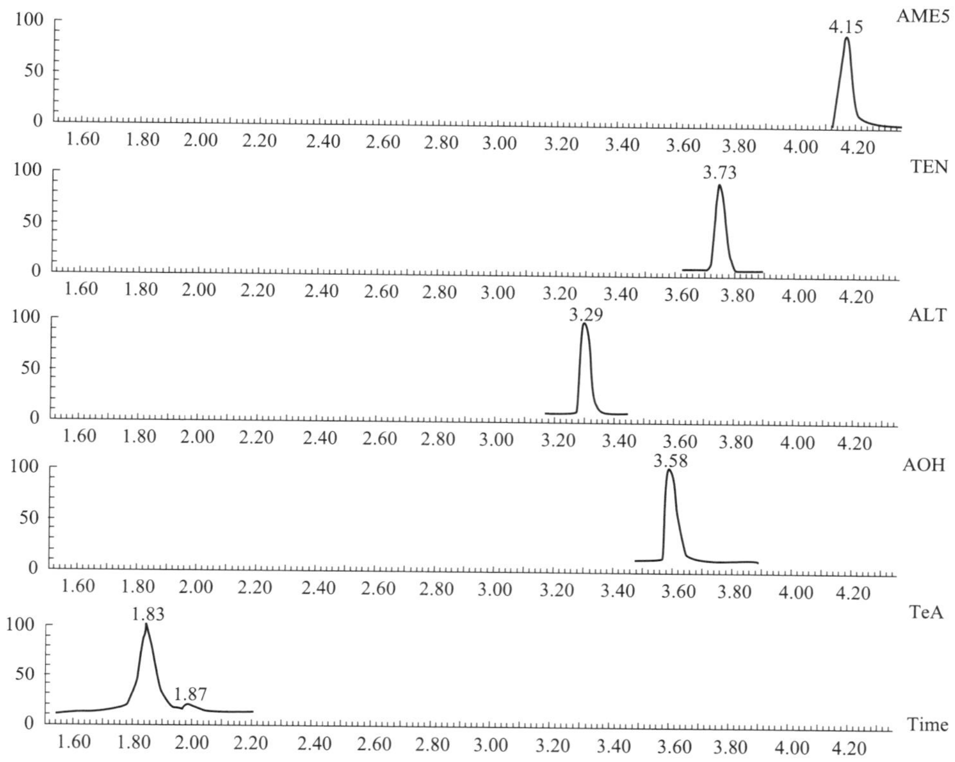

图 12.5 交链孢毒素的 UPLC-MS/MS 分离图

第四节 单端孢霉烯族毒素的检测

一、单端孢霉烯族毒素的检测

样品的提取与净化是单端孢霉烯族毒素检测的关键步骤，常见的有机溶剂有甲醇、乙醇、乙酸乙酯，乙腈和氯仿等；其实，多种溶剂复合提取可更有效从谷类作物及其制品中提取单端孢霉烯族毒素[45]，常见的复合提取剂有甲醇/乙腈（100/0，86/14，50/50，0/100，V/V），甲醇/水（100/0，90/10，86/14，80/20，V/V）和乙腈/水（100/0，86/14，50/50，0/100，V/V）[46]。均质振荡可获得最佳的萃取效果。

样品的净化有固相萃取（SPE）柱、免疫亲和柱（IAC）和多功能净化柱（MycoSep）等，最常用的净化手段是 SPE 技术，其中的固定相有硅胶、C18 键合相、氧化铝、活性炭、Flofisil 的硅酸镁、离子交换材料及其混合物。Seidel 等[47] 通过 Florisil-SPE 柱对谷物样品进行前处理，结合气相色谱-电子捕获检测器（GC-ECD）对单端孢霉烯族毒素进行检测，该方法对 DON、NIV、HT-2 回收率分别 84.2%、87.1%、93.3%，而 T-2 的回收率比较低，仅为 62.7%。IAC 净化技术具有特异性强、高选择性和高回收率等优点，可同时与

HPLC 联用。我国出入境检验检疫行业标准 SN/T 1771—2006 进出口粮谷中 T-2 毒素的检测就是采用 IAC-HPLC（中华人民共和国出入境检验检疫行业标准 SN/T 1771—2006）。Cahill 等[48] 报道采用 IAC 对小麦样品进行前处理，结合 HPLC 对 DON 含量进行检测，平均回收率可达 90%，RSD 为 8.3%。然而，IAC 柱对待测毒素样品具有抗体抗原一一对应的特异性吸附关系，很难达到同时净化多种毒素的目的，而且测定费用昂贵。多功能 MycoSep 柱操作简便，无须固相提取和溶剂洗脱，样品经 MycoSep 柱后几乎所有的杂质都被吸附在柱中，而单端孢霉烯族毒素则不被吸附。Dall-Asta 等[49] 通过 MycoSep 225 柱净化，LC-MS 联用同时测定谷物中 A 型和 B 型单端孢霉烯族毒素，最低检测限为 20ng/g。Xue 等[46,50] 采用了 priboFastM270 柱对 A 型和 B 型单端孢霉烯族毒素进行净化，结果发现 priboFastM270 柱对干腐病马铃薯块茎中 Fus-X，3ADON，DAS 和 T-2 的回收率最高为 113.28%。同样，Tang 等[51] 也采用 priboFastM270 柱对苹果中 NEO 和 T-2 毒素进行纯化，回收率最高为 96%。最近，美国瓦里安公司新开发出了一种名为 Bond Elut Mycotoxin 的 SPE 柱，该柱采用了新型的吸附剂，可同时对样品中 12 种单端孢霉烯族毒素进行同时净化，回收率可达 65.1%，且该柱的市场价格比同类的 MycoSep 多功能柱和 IAC 要低很多[46]。

二、样品的检测

关于单端孢霉烯族类毒素的检测方法，基本上可分为免疫学检测和物理化学检测两大类。免疫学检测主要是酶联免疫法（ELISA）。物理化学检测主要包括薄层色谱法、气相色谱法和高效液相色谱法。

（一）免疫学检测方法

免疫学检测方法的优点是快速、简单、灵敏，待检测的样品通常不需要净化，即使要净化也是最低程度的简单纯化。其缺点是容易出现假阳性，且要制备用于 ELISA 的高效、特异的单抗或多抗。我国卫生部食检所阳传和等在 1992 年建立了 DON 的 ELISA 法，最低检出量为 5ng/mL，检测范围为 5～1000ng/mL，该法被批准为国家推荐标准检测方法（中华人民共和国国家标准 GB/T 5009.111—2003）。Ramesh 等[52] 将 DON 的 C15 羟基与牛血清白蛋白（BSA）形成的偶联物作为抗原制备出的单抗进行 ELISA 检测，检测出 DON 和 15-ADON，但不与 3-ADON 反应，检出限为 0.05～20μg/mL。

（二）物理化学检测

薄层色谱法是最早建立的单端孢霉烯族毒素的物理化学检测方法之一，该法具有简便、经济、设备简单等特点。但其灵敏度不够理想，近年来应用较少。Sokolovic 和 Simpraga[53] 采用薄层色谱法对样品中 T-2 和 DAS 进行了检测，回收率分别为 85%和 90%，最低检测线为 0.1mg/g。随着高效薄层色谱法（high performance thin layer chromatography，HPTLC）以及薄层扫描仪的应用，TLC 的分离效率和精确率都得到提高。但目前还未见有关使用 HPTLC 测定单端孢霉烯族毒素的文献报道。

气相色谱法是谷类作物及其制品中单端孢霉烯族毒素常见的检测方法，它可与电子捕获检测器（ECD）、火焰离子化检测器（FID）、质谱（MS）或串联质谱联用达到检测的目的。Cerveró 等[54] 通过 GC-FID 测定了 25 种不同来源的谷类作物及其制品中 DON 和 T-2 的含量，回收率分别为67%～85%、85%～96%。Ibáñez-Vea等[55] 建立了同时测定谷物制品中A型和B型单端孢霉烯族毒素的快速、灵敏的GC-MS测定方法，回收率为92.0%～101.9%，检测限为0.31～3.87μg/kg。GC具有灵敏、高选择性、准确性和精确性等优点，可同时对A型和B型单端孢霉烯族毒素进行检测。但GC色谱法的缺点是需要衍生，同时GC色谱中还存在标准曲线线性关系不好、响应漂移、上一次进样样品的滞留和记忆效应、MS检测时重复进样变异系数大以及存在有基体干扰等问题。所以，应用GC方法分析单端孢霉烯族毒素有待标准化，以减少该分析中出现的一系列问题。

高效液相色谱法具有气相色谱法具有的高灵敏度、高选择性和高准确度等的优点，同时能够克服气相色谱法中难以解决的问题。因此，近年来得到越来越广泛的应用。如Han等[56] 建立的UPLC-MS/MS同时检测传统中药中DON，3-ADON、15-ADON、NIV、Fus-X等5种单端孢霉烯族毒素的检测限0.29～0.99μg/kg，回收率88.5%～119.5%。Santini等[57] 采用液相色谱/大气压化学源三重四极杆串联质谱（HPLC-APCI-MS/MS）实现了对谷类作物及其制品中8种单端孢霉烯族毒素（A型DAS、HT-2、T-2和NEO和B型NIV、DON、Fus-X和3-ADON）的同时检测。除DAS、HT-2外，其它毒素的检测范围为0.2～3.3μg/kg。

UPLC因使用粒径低于2μm的色谱填料而提高了色谱柱的柱效和分离度，进而缩短了分析时间。当采用超高压液相色谱串联质谱技术（ultrahigh-performance liquid chromatography coupled with tandem mass spectrometry，UPLC-MS/MS）测定食品中的单端孢霉烯族毒素含量时，大大提高了方法的分析灵敏度和效率。电喷雾电离（Electro-spray Ionization，ESI）和大气压化学电离（atmospheric pressure chemical ionisation，APCI）是比较常用的质谱离子化技术。Xue等[46] 采用电喷雾离子源模式，超高压液相色谱串联质谱技术测定了*F. sulphureum*引起的马铃薯块茎干腐病中两种A型（T-2和DAS）和两种B型（Fus-X和3-ADON）单端孢霉烯族毒素，结果表明：该法线性回归系数R≥0.9995、回收率113.28%～77.97%、精密度RSD≤5.89、检出限（LOD）0.002～0.005μg/g；检出量（LOQ）0.005～0.015μg/g。Tang等[51] 采用甲醇-水（80：20，*V/V*）混合溶剂提取后，多功能净化柱（priboFastM270柱）净化，UPLC-MS/MS技术测定*T. roseum*引起心腐病苹果果实样品中T-2毒素和NEO的含量。在优化的提取和液质条件下，该方法的线性相关系数R^2≥0.9990、精密度RSD≤3.59、检出限为0.002～0.005μg/g、定量限为0.005～0.010μg/g、平均回收率为73.48%～96.35%。王虎军[58] 也建立了损伤接种*F. sulphureum*甜瓜果实中新茄病雪腐镰刀菌烯醇（NEO）的超高压液相色谱-三重四级杆串联质谱技术。样品经乙腈-水（84：16，*V/V*）混合溶剂提取，priboFastM270多功能净化柱纯化，超高压液相色谱-三重四级杆串联质谱检测，测得NEO的保留时间为0.64min，在0.05～1.00μg/mL范围线性关系良好，线性相关系数R^2为0.9990，平均回收率均高于80%，精密度小于6.0%，最低检测限为0.50μg/kg。

以priboFastM270多功能净化柱纯化，UPLC-MS/MS技术检测苹果中NEO和T-2毒素[51] 为例，介绍样品的检测步骤。

样品预处理与纯化：

称取心腐病苹果腐烂组织10.0g置于研钵中研磨，然后称取5.0g样品于50mL的离心试管中，分别加入10mL下列溶液：甲醇/水（80：20，*V/V*），漩涡均质3min，然后4℃、11000×g离心5min，过滤，并将滤液转移到150mL干净的圆底烧瓶中，残杂用上述方法提取两次，合并三次上清液，60℃下减压旋转蒸发至约 4mL，然后将 4mL 的浓缩液过 priboFastM270 的净化住，再收集洗脱液减压旋转蒸发至近干，用氮气流吹干后复溶于 1mL 的乙腈/水（80：20，V/V）中，复溶液过 0.22μm 的有机滤膜，最后放入 4℃冰箱中，用于 UPLC-MS/MS 检测。

UPLC 的条件：UPLC 采用的是 Waters 公司超高压液相色谱系统，色谱分离柱 ACQUITY UPLC BEH C18 柱（50mm×2.1mm，1.7μm），流动相 A 是乙腈，流动相 B 是 10mmol/L 含 0.1%甲酸的醋酸铵溶液，线性梯度洗脱从 A/B（35/65，V/V）4.8min 达到 A/B（90/10，V/V），在 0.2min 之内由 A/B（90/10，V/V）降到 A/B（35/65，V/V）保持 1min，流速 0.3mL/min，进样量为 5.0μL，柱温和样品温度分别为 35℃和 4℃。质谱的条件如表 12.3 所示。

表 12.3　T-2 毒素和 NEO 的检测离子对、锥孔电压、碰撞能量和离子模式

分析物	定量离子对 (M/Z)	RT[a]/ min	DT[b]/ sec	CV[c] U/V	CE[d] E/eV	离子化模式
T-2 毒素	489.3/245.2[e],489.3/387.1[f]	1.90	0.200	50	27,21	ESI$^+$
NEO	400.0/185.0[e],400.0/215.0[f]	0.61	0.200	25	10,20	ESI$^+$

注：RT[a]＝保留时间；DT[b]＝停留时间；CV[c]＝锥孔电压；CE[d]＝碰撞能量；[e] 为定性离子对；[f] 为定量离子对.

离子化模式为电喷雾电离正离子模式（ESI＋）；质谱扫描方式是多重反应监测（MRM）；毛细管电压为 3.2kV（ESI＋）；离子源温度为 110℃；去溶剂气温度为 350℃；锥孔反吹气流速为 50L/h；去溶剂气流速为 500L/h；碰撞气压力为 3.2×10^3 mbar。

由图 12.6 可见，T-2 毒素出峰时间为 1.88min，而 NEO 出峰时间为 0.61min，T-2 毒素和 NEO 在空白样品中出峰时间与腐烂组织中检测到的 T-2 毒素和 NEO 的出峰时间一致，且峰型尖锐，周围几乎无杂峰出现，容易定量。

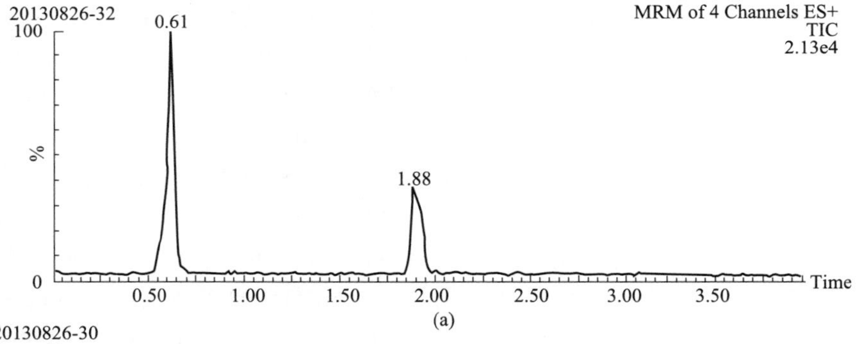

(a)

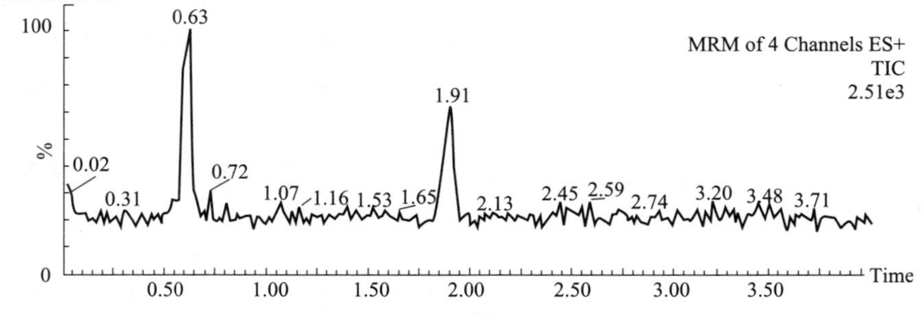

(b)

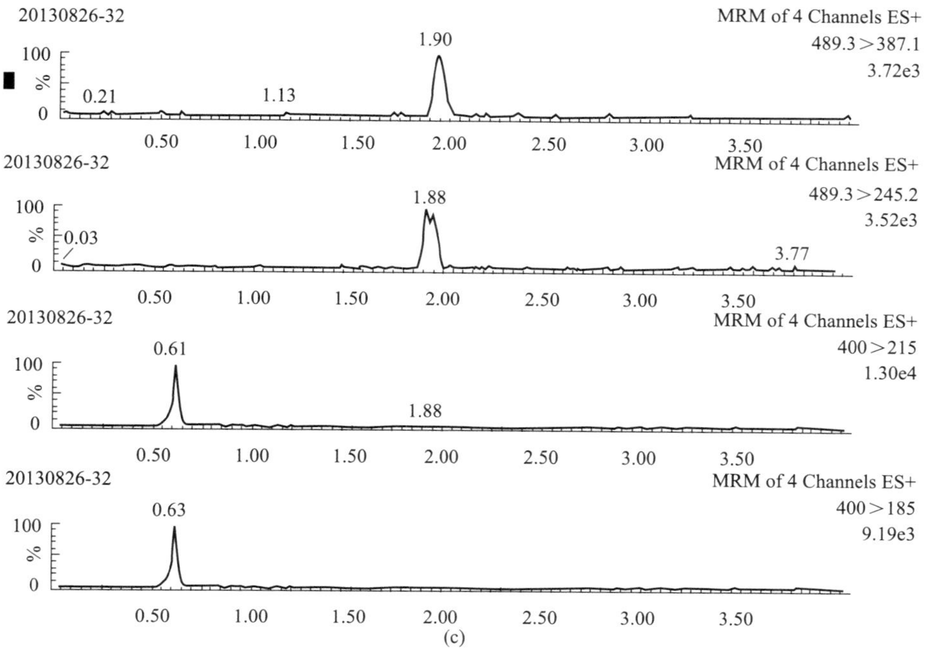

(c)

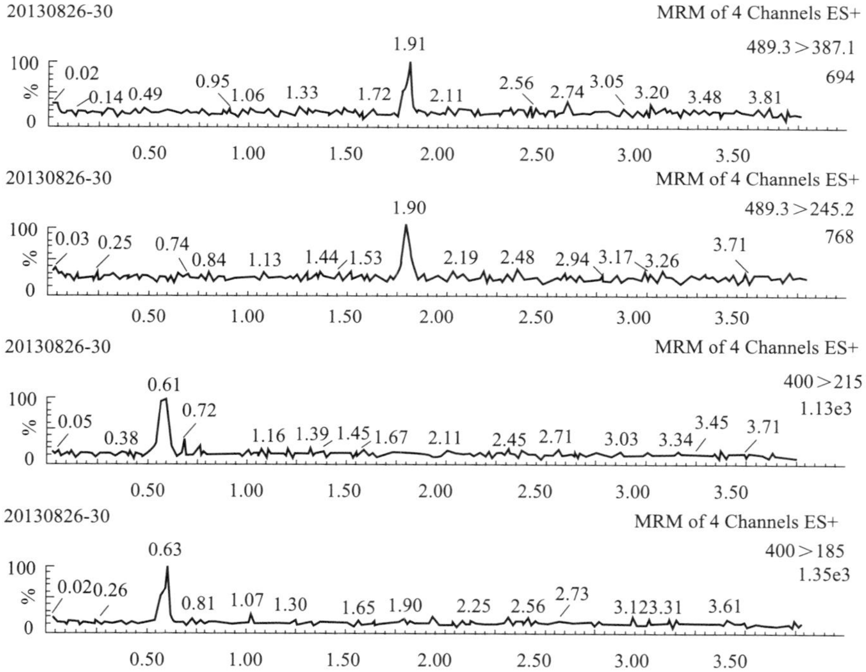

(d)

图 12.6　心腐病苹果果实中 T-2 毒素和 NEO 的 UPLC-MS/MS 分离图

（a）T-2 毒素和 NEO 在空白样品中的色谱分离图；

（b）腐烂组织中检测到的 T-2 毒素和 NEO 的色谱分离图；

（c）空白样品中 T-2 毒素和 NEO 的多重反应检测模式；

（d）腐烂组织中 T-2 毒素和 NEO 的多重反应检测模式

第五节　黄曲霉毒素的检测

为了减少 AFB1 对食品的污染，除了在粮食收获、贮藏、加工各个环节科学作业、注意防霉去毒外，另一有效的办法就是加强监管，及时发现被污染的食品，并立即剔除，防止 AFB1 超标的食品进入人类的食物链。AFB1 的检测方法依然包括 AFB1 的提取纯化与检测。

一、黄曲霉毒素的提取与纯化

黄曲霉毒素的提取最常用的溶剂系统有不同比例的甲醇-水系统，另外，不同比例的氯仿-水溶液和乙腈-水溶液也可作为提取黄曲霉毒素的溶剂系统。在粉碎好的样品中添加一定量的提取溶剂后高速振荡提取或超声波提取，快速过滤，这样可以提高黄曲霉毒素的提取效率。

无论哪种真菌毒素，由于其存在具有痕量性，所以，不管采用何种提取方法，提取物中干扰检测的化合物需通过一定的前处理方法将其除去，对样品中的黄曲霉毒素进行富集。最初采用的前处理方法是液-液萃取技术，通过黄曲霉毒素在不同极性溶剂中溶解度的差异进行富集[59,60]。现逐渐被固相萃取（SPE）技术所取代。SPE 柱中最常用的固定相有硅胶[61]，C18 键合相[62,63]，Florisil 硅土[64,65] 以及交联有抗体的免疫亲合柱（IAC）[66]。免疫亲和柱对黄曲霉毒素抗原有一一对应的特异性吸附，这种吸附又可以被极性有机溶剂洗脱，它将提取、净化、浓缩一次完成，大大简化了前处理过程，提高工作效率，提高了方法的准确度、精密度和灵敏度。目前使用最多的是美国 Vicam 公司的 AflaTestR-P 柱，它已为 AOAC 方法采用。此外，德国 r-Biopharm 公司研制的 Easi-extractAflatoxia 柱等。Sobolev 等报道了另一种净化方法，黄曲霉毒素经甲醇-水（80：20）提取后，经过一个装有氧化铝小柱的单一清洗步骤，可以被液相色谱仪、光化学反应器和荧光检测仪定量测定[67]。此氧化铝小柱对黄曲霉毒素 B1 的检出限为 1μg/kg，从花生中得到黄曲霉毒素 B1，B2，G1 和 G2 在 5.0μg/kg，2.5μg/kg，7.5μg/kg 及 2.5μg/kg 水平上回收率分别为（87.2±2.3）%，（82.0±0.8）%，（80.0±1.8）%，（80.2±2.8）%，该小柱的费用较低，从而使检测费用得到了显著下降。美国 ROMER LABS 公司的多功能柱（MFC）是一种特殊的固相萃取柱。以极性、非极性、离子交换等几类基因组成填充剂，可吸附样液中脂类、蛋白质、糖类等干扰物，而使待测 AF 成分不被吸附直接洗脱。Wilson 和 Romer[68] 在进行 HPLC 分析前用这种多功能小柱纯化了多种农产品提取液，净化效果同样理想，降低了费用。

二、黄曲霉毒素的检测

黄曲霉毒素的检测方法也是主要包括薄层色谱法（TLC）、高效液相色谱法（HPLC）、酶联免疫吸附法（ELISA）、胶体金免疫层析法（GICA）等。

1. 薄层色谱法（TLC）

TLC 是在 20 世纪 60 年代发展起来的方法，是最早应用在黄曲霉毒素检测分离技术之一，很多国家都把它作为国标中的主要测定方法。TLC 基本原理是，样品经过提取、柱层析、洗脱、浓缩、薄层板展开分离后，在 365nm 紫外荧光灯下，AFB1、AFB2、AFG1 和 AFG2 分别显示紫色、蓝紫色、绿色和绿色荧光。可根据其在薄层板上不同展开剂展开的距离为准，计算出显示的最低检出量来确定其含量，是一种定性半定量的方法。该方法所用的试剂常见、设备简单、操作容易，适用大量样品的分离、筛选，灵敏度在 1～5μg/kg 之间，可以满足大多数国家对黄曲霉毒素限量要求，因此其应用是十分广泛的。随后，Stroka 等[69] 开发出与光度检测器相结合的 TLC 方法，对 AFT 的最低检测下限可以达到 1ng 左右，完全满足现在生产上对 AFT 的检测要求。Otta 等[70] 在 TLC 基础上增加了光度计，不仅能有效地把样品提纯，而且能同时对多个样品进行检测。近年来，在 TLC 法基础上又发展出了高效薄层色谱法（HPTLC），和 TLC 方法对比，该方法不仅能改变展开剂，也可改变进样技术、展开槽、检测方式等分析条件，从而得到最佳的检测效果。张鹏等[71] 采用多功能净化柱与 HPTLC 结合检测花生中的黄曲霉毒素，检出限达 0.5μg/kg，以空白样品为基底，样品加标 0.5～10ng AFB1 标品，平均回收率为 86.5%～99.0%。TLC 法包括单向展开法和双向展开法，其中双向展开法检测样品时，也能进一步除去样品中的杂质提纯样品浓度，提高检测灵敏度，双向展开法省略了柱色谱等粗提纯步骤，简化检测过程，提高了检测限。尽管操作步骤繁琐，灵敏度、特异性、重现性较差，但由于其设备简单，检测成本低，易于推广，仍适合大批次样品的分离和筛选。因此，国内外仍在官方使用，特别是一些发展中国家。

2. 高效液相色谱法（HPLC）

HPLC 测定是目前最为常用的方法之一。HPLC 测定方法主要以 AFT 的分子量大小、极性强弱、水中和有机溶剂中溶解度、稳定性以及分子结构等理化性质为依据，选择合适的固定相、流动相和改性剂等进行 AFT 的定量测定。待测样品需要经提取、净化及衍生处理，然后在适宜的流动相的带动下通过色谱柱，从而使不同种类的黄曲霉毒素同时分离，最后根据检测器得到的信号判定样品中黄曲霉毒素的浓度。HPLC 以紫外检测器和荧光检测器为主要的检测器，由于黄曲霉毒素的荧光特性，所以用荧光检测器的灵敏度更高，国标中使用的是荧光检测器。HPLC 包括正相液相色谱法（Normal phase HPLC，NP-HPLC）和反相液相色谱方法（Reversed phase HPLC，RP-HPLC），正相液相色谱法一般使用硅胶柱，流动相含有三氯甲烷或二氯甲烷，有机溶剂对 AFB1 的荧光特性有很大的影响。流动相中若含有三氯甲烷或二氯甲烷，AFB1 会发生荧光淬灭，极大地影响了其灵敏度，甚至发生不能检出的现象。因此，当流动相中含有这两种有机溶剂时，需要用紫外检测器进行检测。此外，由于 AFB1 本身所发出的荧光强度较低，不利于检测器进行检测，所以，在样品的前处理过程中通常将其衍生化，以提高检测灵敏度和准确度。常用的衍生化试剂有溴、碘以及环糊精[72]。HPLC 法灵敏度高，数值精确，能同时检测 AFB1，AFB2，AFG1，AFG2，但是这种方法对样品的纯度要求很高，因此样品的前处理过程比较复杂耗时，和 TLC 方法相比，不适宜用于大量样品的检测。高效液相色谱法具有高效、快速、准确性好、灵敏度高、重现性好、检测下限低等优点，近年来在测定食品中的黄曲霉毒素上得到越来越广泛的应用。

3. 酶联免疫吸附法（ELISA）

ELISA 是在免疫学和细胞工程学基础上发展起来的一种微量检测方法，由瑞典学者 Engvall 和 Perlmann[73] 在 1971 年首次提出，它建立于抗原抗体高度特异性结合以及抗原或抗体的酶标记基础之上，具有快速、灵敏、干扰小、特异性高、操作简单、成本低廉、检测结果准确等特点，适用于大批样品的快速检测，目前已广泛用于食品乳制品中 AFT 的检测。ELISA 包括直接竞争、间接竞争和非竞争 3 种方式（图 12.7）。

直接竞争 ELISA（GB/T 17480—2008）是将 AFT 特异性抗体包被在反应板上，将酶标记在 AFT 抗原上，让试样中的 AFT 和酶标抗原与包被在板中的抗体进行竞争性反应，加入酶底物后显色，试样中的 AFT 的含量与颜色成反比，方法的检测限可达到 0.1μg/kg，见图 12.7(A)。另外，直接竞争 ELISA 也可以首先包被人工抗原，让人工抗原和加入的 AFT 与加入的酶标抗体竞争，见图 12.7(a)。Kolosova 等[74] 建立了基于 AFB1 单克隆抗体的直接竞争 ELISA，对 AFB1 的检测线性范围为 0.1～10μg/kg，IC50 为 0.62μg/kg，对样品加标回收率为 94%～113%，适合于实际样本中 AFB1 的快速筛查。近年来，ELISA 用于真菌毒素的检测已经相当普及。裴世春等[75] 建立了基于辣根过氧化物酶（horseradish peroxidase，HRP）标记抗体直接竞争 ELISA 检测 AFM1 的方法，检测限为 0.05μg/L，检测范围为 0.015～4.05μg/L，添加 AFM1 至 0.45μg/L 的样品平均回收率为 80%。

间接竞争 ELISA（GB/T 5009.22～2003）是将 AFT 抗原包被在反应板上，将酶标记在二抗上，试样中的 AFT 与定量 AFT 特异性抗体反应，多余的游离抗体与包被在板中的抗原结合，加入酶标二抗和底物后显色，试样中的 AFT 的含量与颜色成反比，方法的检测限可达到 0.01μg/kg，见图 12.7(b)。

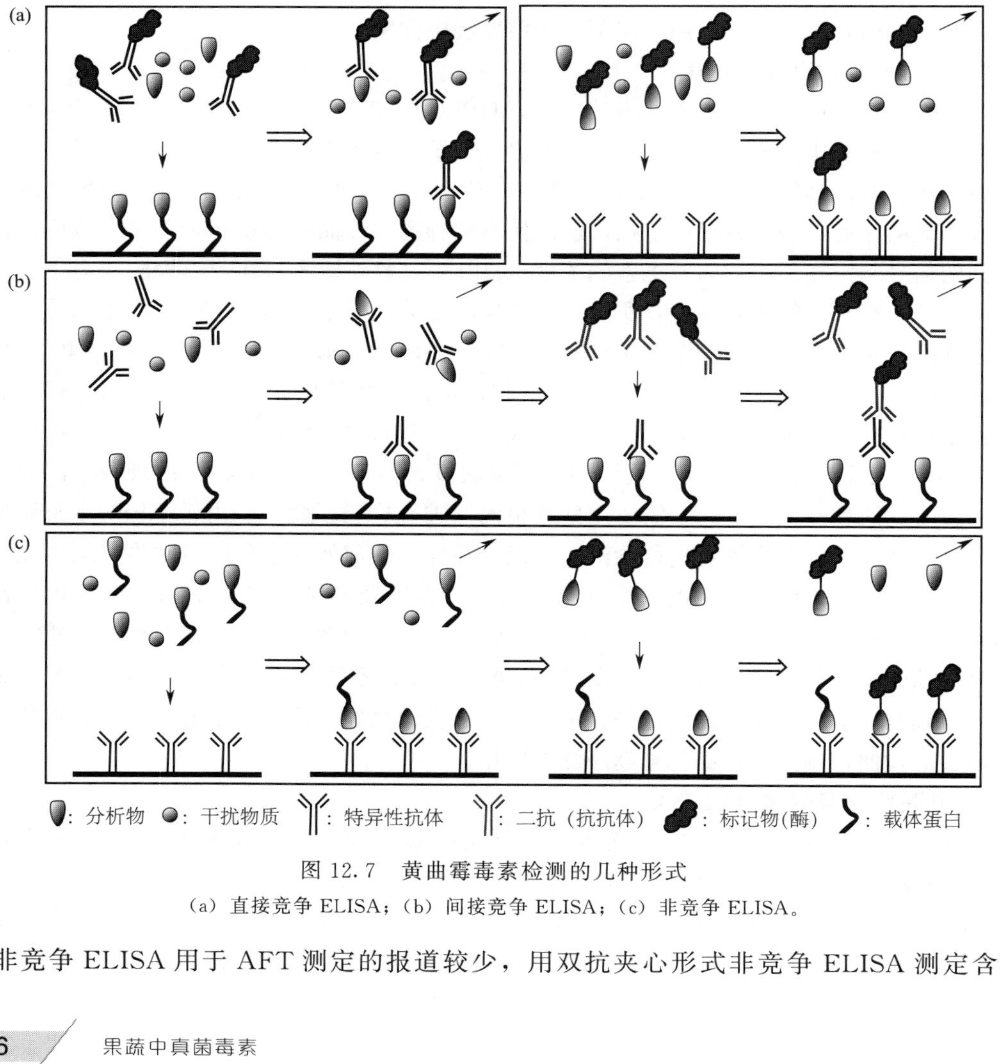

图 12.7　黄曲霉毒素检测的几种形式

(a) 直接竞争 ELISA；(b) 间接竞争 ELISA；(c) 非竞争 ELISA。

非竞争 ELISA 用于 AFT 测定的报道较少，用双抗夹心形式非竞争 ELISA 测定含有 2

个以上抗原决定簇的大分子的报道较多[76]，而 AFT 等小分子不能与 2 个抗体同时结合，难以用此种形式进行检测。Giraudi 等[77] 发展了一种用非竞争 ELISA 测定小分子物质的方法，首先连接上蛋白等大分子的目标分子，用这种“封闭试剂”和待测分析物同时结合所包被抗体的活性位点，然后加入酶标抗原，酶标抗原能取代待测分析物而与包被的抗体结合却不能取代与抗体牢固结合的“封闭试剂”，加入酶底物后显色，待测分析物的含量与颜色成正比，如图 12.7(c) 所示。这种非竞争 ELISA 由于被分析物的含量与检测信号成正相关，具有更好的灵敏度。Acharya 等[78] 采用此种形式的非竞争 ELISA 建立了检测总黄曲霉毒素的方法，方法检测限可以达到 5μg/kg，添加回收率在 88%～100%之间，批内变异系数为 4.4%～8.3%，批间变异系数为 5.4%～10.4%。

ELISA 方法中一般标记的酶为碱性磷酸酶（AP）或辣根过氧化物酶（HRP）。AP 常用的底物为对硝基苯磷酸盐（p-nitrophenylphosphate，NPP），HRP 常用的底物为四甲基联苯胺（3,3′,5,5′-tetramethylbenzidine，TMB）显色液。另外还有报道用化学发光试剂作酶为底物，利用高灵敏的化学发光与高特异性的免疫反应相结合来检测 AFT。Vdovenko 等[79] 用鲁米诺、过氧化氢和对碘苯酚溶液组成的作为 HPR 酶的化学发光底物建立了直接竞争化学发光酶免疫检测牛奶中 AFM1 的方法，检测限可以达到 0.001ng/mL，检测范围为 0.002～0.0075ng/mL。

4. 胶体金免疫层析法（GICA）

胶体金又叫纳米金，由于具有良好的光电性质，已成为目前应用最为广泛的纳米材料之一。GICA 是基于单克隆抗体而研发出的固相免疫分析法，可实现对黄曲霉毒素的现场快速检测。Sun 等[80] 首次报道了 GICA 在 AFT 检测中的应用，其原理如图 12.8 所示，用胶体金对抗体进行标记并分散在金标垫上，检测线上包被 AFB1-BSA，质控线包被羊抗鼠 Ig G，样品中不含 AFB1 时[图 12.8(b)]，缓冲液迁移至金标垫使金标抗体溶解，并由于层析作用向前移动，迁移至检测区时，与 AFB1-BSA 发生特异性结合，形成免疫复合物，由于胶体金标记物大量聚集，肉眼可见在检测线上形成一条红色条带。若样品中存在 AFB1 时［图 12.8(c)］，AFB1 溶液首先与金标抗体特异性结合，形成免疫复合物，使得与检测 AFB1-BSA 结合的金标抗体减少，检测线条带变浅，若 AFB1 足够多，金标抗体发生完全反应，不会再与包被的 AFB1-BSA 结合，检测线的红色条带就会消失，换言之，样品中 AFB1 的含量与检测线条带颜色强度呈负相关。羊抗鼠 Ig G 固定在对照区，金标抗体及其复合物均会与二抗羊抗鼠 Ig G 结合，形成红色条带。此方法的分析时间仅需 10min，检测限为 2.5ng/mL。

下面以食品中黄曲霉毒素 B 族和 G 族的同位素稀释液相色谱-串联质谱法为例（GB5009.22—2016）介绍检测步骤。

本法适用于谷物及其制品、豆类及其制品、坚果及籽类、油脂及其制品、调味品、婴幼儿配方食品和婴幼儿辅助食品中 AFTB1、AFTB2、AFTG1 和 AFTG2 的测定。

同位素内标 13C17-AFTB1（C17H12O6，CAS：157449-45-0）：纯度≥98%，浓度为 0.5μg/mL。

同位素内标 13C17-AFTB2（C17H14O6，CAS：157470-98-8）：纯度≥98%，浓度为 0.5μg/mL。

同位素内标 13C17-AFTG1（C17H12O7，CAS：157444-07-9）：纯度≥98%，浓度为 0.5μg/mL。

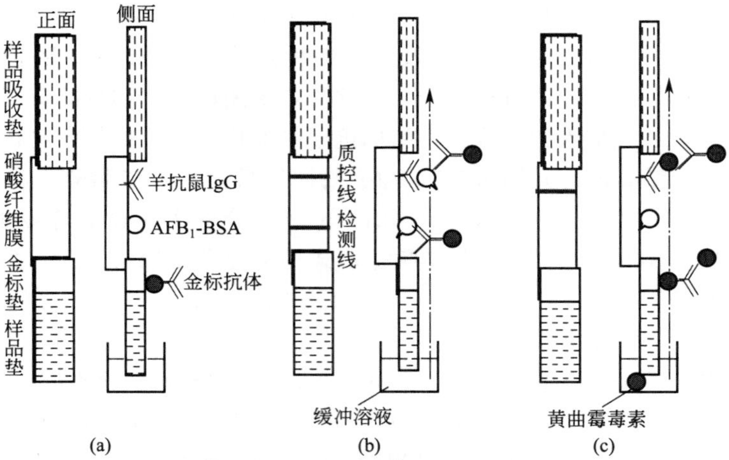

图 12.8　胶体金免疫层析试剂条检测黄曲霉毒素原理图

同位素内标 13C17-AFTG2（C17H14O7，CAS：157462-49-7）：纯度≥98%，浓度为 0.5μg/mL。

样品的提取　试样中的黄曲霉毒素 B1、黄曲霉毒素 B2、黄曲霉毒素 G1、黄曲霉毒素 G2，用乙腈-水溶液或甲醇-水溶液提取，提取液用含 1%TritonX-100（或吐温-20）的磷酸盐缓冲溶液稀释后（必要时经黄曲霉毒素固相净化柱初步净化），通过免疫亲和柱净化和富集，净化液浓缩、定容和过滤后经液相色谱分离，串联质谱检测，同位素内标法定量。称取 5g 试样（精确至 0.01g）于 50mL 离心管中，加入 100μL 同位素内标工作液振荡混合后静置 30min。加入 20.0mL 乙腈-水溶液（84+16）或甲醇-水溶液（70+30），涡旋混匀，置于超声波/涡旋振荡器或摇床中振荡 20min（或用均质器均质 3min），在 6000r/min 下离心 10min（或均质后玻璃纤维滤纸过滤），取上清液备用。准确移取 4mL 上清液，加入 46mL1% TritionX-100（或吐温-20）的 PBS（使用甲醇-水溶液提取时可减半加入），混匀。

样品的净化　将低温下保存的免疫亲和柱恢复至室温，待免疫亲和柱内原有液体流尽后，将上述样液移至 50mL 注射器筒中，调节下滴速度，控制样液以 1～3mL/min 的速度稳定下滴。待样液滴完后，往注射器筒内加入 2×10mL 水，以稳定流速淋洗免疫亲和柱。待水滴完后，用真空泵抽干亲和柱。脱离真空系统，在亲和柱下部放置 10mL 刻度试管，取下 50mL 的注射器筒，加入 2×1mL 甲醇洗脱亲和柱，控制 1～3mL/min 的速度下滴，再用真空泵抽干亲和柱，收集全部洗脱液至试管中。在 50℃下用氮气缓缓地将洗脱液吹至近干，加入 1.0mL 初始流动相，涡旋 30s 溶解残留物，0.22μm 滤膜过滤，收集滤液于进样瓶中以备进样。

样品的检测　液相色谱参考条件列出如下所示。

① 流动相：A 相：5mmol/L 乙酸铵溶液；B 相：乙腈-甲醇溶液（50+50）；

② 梯度洗脱：32% B（0～0.5min），45% B（3～4min），100% B（4.2～4.8min），32% B（5.0～7.0min）；

③ 色谱柱：C18 柱（柱长 100mm，柱内径 2.1mm，填料粒径 1.7μm）；

④ 流速：0.3mL/min；

⑤ 柱温：40℃；

⑥ 进样体积：10μL。

质谱参考条件列出如表 12.4、表 12.5 所示。

表 12.4 离子源控制条件

电离方式	毛细管电压/kV	锥孔电压/V	射频透镜1电压/V	射频透镜2电压/V	离子源温度/℃	锥孔反吹气流量(L/h)	脱溶剂气温度/℃	脱溶剂气流量(L/h)	电子倍增电压/V
ESI^+	3.5	30	14.9	15.1	150	50	500	800	650

表 12.5 离子选择参数表

化合物名称	母离子/(m/z)	定量离子/(m/z)	碰撞能量/eV	定性离子/(m/z)	碰撞能量/eV	离子化方式
AFT B1	313	285	22	241	38	ESI^+
$^{13}C_{17}$-AFT B1	330	255	23	301	35	ESI^+
AFT B2	315	287	25	259	28	ESI^+
$^{13}C_{17}$-FAFT B2	332	303	25	273	28	ESI^+
AFT G1	329	243	25	283	25	ESI^+
$^{13}C_{17}$-AFT G1	346	257	25	299	25	ESI^+
AFT G2	331	245	30	285	27	ESI^+
$^{13}C_{17}$-AFT G2	348	259	30	301	27	ESI^+

将处理得到的待测溶液进样，所得的色谱分离图如图 12.9 所示，内标法计算待测液中目标物质的质量浓度，然后换算得到样品中待测物的含量。

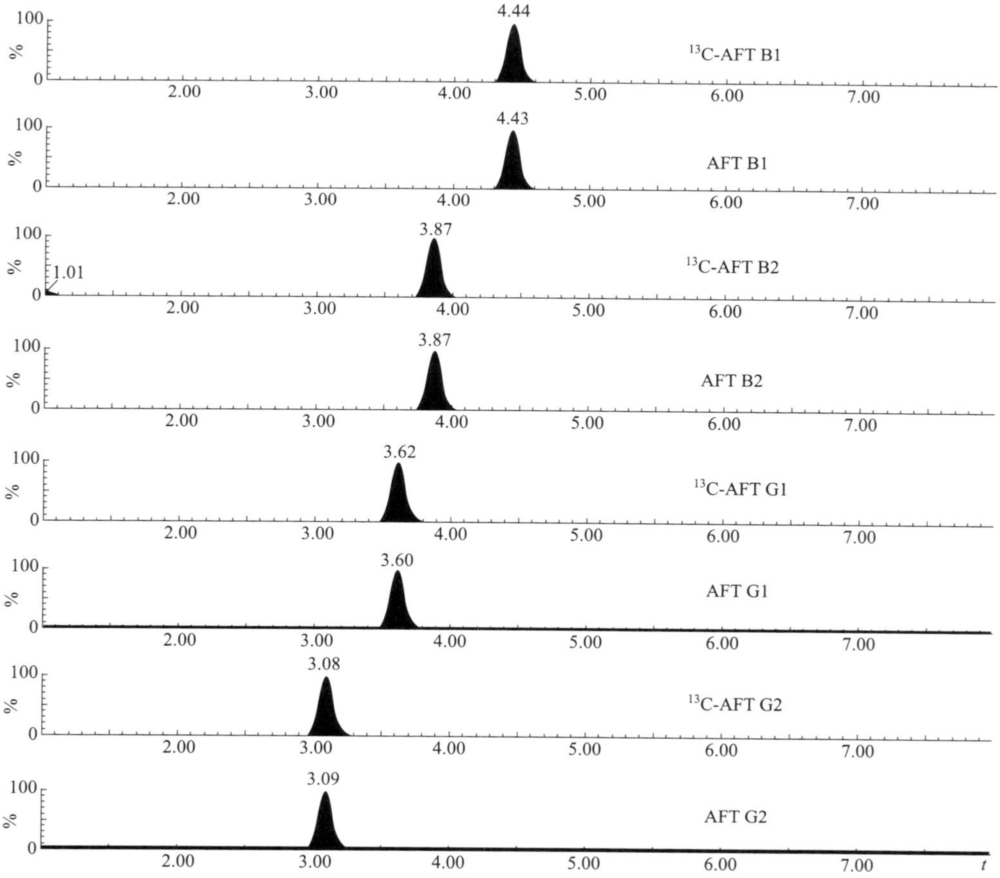

图 12.9 四种黄曲霉毒素（AFB1，AFB2，AFG1，AFG2）及其同位素内标化合物的串联质谱图

参考文献

[1] Shephard GS, Leggott NL. Chromatographic determination of the mycotoxin patulin in fruit juices. J. Chromatogr., 2000: 882: 17-22.

[2] Moake MM, Padilla-Zakour OI, Worobo RW. Comprehensive review of patulin control methods in foods. Compr. Rev. Food Sci. F. 2005, 1. 8-21.

[3] 孟瑾，黄菲菲，吴榕等．高效液相色谱法测定苹果及山楂制品中的展青霉素［J］．上海农业学报，2009，25：27-31.

[4] 周克权．展青霉素的化学检测方法．国外医学卫生学分册，2001，28：29-31.

[5] Li J K, Wu R N, Hu Q H, et al. Solid-phase extraction and HPLC determination of patulin in cider concentrate [J]. Food Control, 2007, 18: 530-534.

[6] 许杨，邓舜洲，赖卫华，陈高明，熊勇．华展青霉素免疫层析检测试纸的制作方法与应用．中国 G01N33/558；G01N33/531，03160299.1，2005.04.06.

[7] 孙艳，蒲陆梅，龙海涛等．辉光放电等离子体对水溶液中棒曲霉素的降解作用，2015，36（19）：29-33.

[8] Visconti A., Pascale M., Centonze G. Determination of ochratoxins A in wine and beer by immunoaffinity column cleanup and liquid chromatographic analysis with fluormetric detection: collaborative study [J]. Journal of AOAC International, 2001, 84: 1818-1827.

[9] 陈大义，余蓉．HPLC 法快速检测咖啡及粮食中赭曲霉毒素 A［J］．卫生研究，1999，27：143-145.

[10] 谢春梅，王华．葡萄与葡萄酒中赭曲霉毒素 A 检测方法研究进展［J］．酿酒科技，2007，(3)：92-96.

[11] 雷纪锋，吴祖芳，张鑫，陈树兵，陈杰．食品中赭曲霉毒素 A 的前处理方法比较［J］．核农学报，2015，29（9）：1749-1756.

[12] Lo Curto R, Pellicano T, Vilasi F, et al. Ochratoxin A occurrencein experimental wines in relationship with different pesticide treatments on grapes [J]. Food Chemistry, 2004, 84: 71-75.

[13] Berent Bálint e, Móricz ágnes, H-Otta Klára, Záraya Gyula, Lékó László, et al. Determination of ochratoxin A in Hungarian wines [J]. Microchemical Journal, 2005, 79: 103- 107.

[14] Aresta A, Vatinno R, Palmisano F, Zambonin Carlo G. Determination of ochratoxin A in wine at sub ng/mL levels by solid-phase microextraction coupled to liquid chromatography with fluorescence detection [J]. Journal of Chromatography A, 2006, 1115: 196-201.

[15] 侯建波，谢文，李杰等．液相色谱-串联质谱法测定葡萄酒中赭曲霉毒素 A、B 的残留量．理化检验-化学分册，2015，51：1290-1293.

[16] 褚庆华，郭德华，王敏等．谷物和酒类中赭曲霉毒素 A 的测定，中国国境卫生检疫杂志，2006，29（2）：109-112.

[17] 谢春梅，王华．葡萄与葡萄酒中赭曲霉毒素 A 检测方法研究进展［J］．酿酒科技，2007，(3)：92-96

[18] Reinsch M, Töpfer A, Lehmann A, Nehls I. Determination of ochratoxin A in wine by liquid chromatography tandem mass spectrometry after combined anion-exchange/reversed-phase clean-up. Analysis and Bioanalytical Chemistry, 2005, 381 (8): 1592-1595.

[19] Sibanda L, De Saeger S, Van Peteghem C. Optimization of solid-phase clean-upprior to liquid chromatographic analysis of ochratoxin A in roasted coffee [J]. Journal of Chromatography A, 2002, 959: 327-330.

[20] 江涛，李风琴，王玉环等．赭曲霉毒素 A 免疫学检测方法的研究［J］．中国公共卫生，2004，50（5）：556-558.，

[21] Jarczyk A, J-drychowski L, Wróbleweska B, et al. Relationship between ochratoxin A content in cereal grain and mixed meals determined by the ELISA and HPLC methods and an attempt to evaluate their usability for monitoring studies [J]. Polish Journal of Food and Nutrition Sciences, 1999, 8 (1): 53-54.

[22] Ruprich J, Ostry V. Enzymo-immunological assays of the mycotoxin ochratoxin A (in Czech) [J]. Vet Med, 1991, 36: 245.

[23] 赖卫华，熊勇化，陈高明等．应用胶体金试纸条快速检测赭曲霉毒素 A 的研究［J］．食品科学，2005，26（5）：204-207.

[24] 黄飚，陶文沂，张莲芬等．赭曲霉毒素 A 的高灵敏时间分辨荧光免疫分析［J］．生物化学与生物物理进展，2005，32（7）：662-666.

[25] Wang M，Jiang N，Xian H，et al. A single-step solid phase extraction for the simultaneous determination of 8 mycotoxins in fruits by ultra-high performance liquid chromatography tandem mass spectrometry ［J］. Journal of Chromatography A，2016，429：22-29.

[26] 蒋黎艳，赵其阳，龚蕾等．超高效液相色谱串联质谱法快速检测柑橘中的 5 种链格孢霉毒素［J］．分析化学，2015，43（12）：1851-1858.

[27] Myresiotis CK，Testempasis S，Vryzas Z，et al. Determination of mycotoxins in pomegranate fruits and juices using a QuEChERS-based method ［J］. Food Chemistry，2015，182：81-88.

[28] 史文景，赵其阳，焦必宁．UPLC-ESI-MS-MS 结合 QuEChERS 同时测定柑橘中的 4 种真菌毒素［J］．食品科学，2014，35（20）：170-174.

[29] Hasan H A. *Alternaria* mycotoxins in black rot lesion of tomato fruit：conditions and regulation of their production ［J］. Mycopathologia，1995，130（3）：171-177.

[30] Scott P M，Weber D，Kanhere SR. Gas chromatography-mass spectrometry of *Alternaria* mycotoxins ［J］. Journal of Chromatography A，1997，765（2）：255-263.

[31] Delgado T，Gómez-Cordovés C，Scott PM. Determination of alternariol and alternariol methyl ether in apple juice using solid-phase extraction and high-performance liquid chromatography ［J］. Journal of Chromatography A，1996，731：109-114.

[32] Aresta A，Cioffi N，Palmisano F，et al. Simultaneous determination of ochratoxin A and cyclopiazonic，mycophenolic，and tenuazonic acids in corn flakes by solid-phase microextraction coupled to high-performance liquid chromatography ［J］. Journal of Agricultural and Food Chemistry，2003，51（18）：5232-5237.

[33] Solfrizzo M，De-Girolamo A，Vitti C，et al. Liquid chromatographic determination of alternaria toxins in carrots ［J］. Journal of AOAC International，2004，87（1）：101-106.

[34] Fente C A，Jaimez J，Vazquez BI，et al. Determination of alternariol in tomato paste using solid phase extraction and highperformance liquid chromatography with fluorescence detection ［J］. Analyst，1998，123：2277-2280.

[35] 陈月萌，李建华，张静等．高效液相色谱-荧光检测法同时测定水果中的 3 种链格孢霉毒素［J］．分析试验室，2012，31（6）：70-73.

[36] Lau BPY，Scott PM，Lewis DA，et al. Liquid chromatography-mass spectrometry and liquid chromatography-tandem mass spectrometry of the *Alternaria* mycotoxins alternariol and alternariol monomethyl ether in fruit juices and beverages ［J］. Journal of Chromatography A，2003，998：119-131.

[37] Prelle A，Spadaro D，Garibaldi A，et al. A new method for detection of five *Alternaria* toxins in food matrices based on LC-APCI-MS ［J］. Food Chemistry，2013，140：161-167.

[38] Scott PM，Lawrence GA，Lau BPY. Analysis of wines，grape juices and cranberry juices for *Alternaria* toxins ［J］. Mycotoxin Research，2006，22：142-147.

[39] Spanjer MC，Rensen PM，Scholten JM. LC-MS/MS multi-method for mycotoxins after single extraction with validation data for peanut，pistachio，wheat，maize，cornflakes，raisins and figs ［J］. Food Additives and Contaminants，2008，25（4）：472-489.

[40] Sulyok M，Krska R，Schuhmacher R. A liquid chromatography /tandem mass spectrometric multi-mycotoxin method for the quantification of 87 analytes and its application to semi-quantitative screening of moldy food samples ［J］. Analytical and Bioanalytical Chemistry，2007，389：1505-1523.

[41] Sulyok M，Krska R，Schuhmacher R. Application of an LC-MS/MS based multi-mycotoxin method for the semi-quantitative determination of mycotoxins occurring in different types of food infected by moulds ［J］. Food Chemistry，2010，119（1）：408-416.

[42] Noser J，Schneider P，Rother M，et al. Determination of six *Alternaria* toxins with UPLC-MS/MS and their occurrence in tomatoes and tomato products from the Swiss market ［J］. Mycotoxin Research，2011，27（5）：265-271.

[43] Asam S，Liu Y，Konitzer K，et al. Development of a stable isotope dilution assay for tenuazonic acid ［J］. Journal of Agricultural and Food Chemistry，2011b，59（7）：2980-2987.

[44] Asam S, Konitzer K, Chieberle P, et al. Stable isotope dilution assays of alternariol and alternariol monomethyl ether in beverages [J]. Journal of Agricultural and Food Chemistry, 2009, 57 (12): 5152-5160.
[45] Langseth W, Elen O. The occurrence of deoxynivalenol in Norwegian cereals differences between years and districts, 1988-1996. Acta Agric. Scand. Section B Soil Plant Sci. 1997, 47 (3): 176.
[46] Xue HL, et al. New method for the simultaneous analysis of types A and B trichothecenes by ultrahigh-performance liquid chromatography coupled with tandem mass spectrometry in potato tubers inoculated with Fusarium sulphureum. Journal of Agricultural and Food Chemistry, 2013, 61 (39): 9333-9338.
[47] Seidel V, et al. Analysis of trace levels of trichothecene mycotoxins in Austrian cereals by gas chromatography with electron capture detection. Chromatographia, 1993, 37: 191-201.
[48] Cahill LM, et al. Quantification of deoxynivalenol in wheat using an immunoaffinity column and liquid chromatography. Journal of Chromatography A, 1999, 859: 23-28.
[49] Dall-Asta C, et al. Simultaneous detection of type A and type B trichothecenes in cereals by liquid chromatography electrospray ionization mass spectrometry using NaCl as cationization agent. Journal of Chromatography A, 2004, 1054: 389-395.
[50] Xue HL, et al. Effect of cultivars, *Fusarium* strains and storage temperature on trichothecenes production in inoculated potato tubers. Food Chemistry, 2014, 151: 236-242.
[51] Tang YM, et al. A New Method for Analysis of Trichothecenes by Ultrahigh-Performance Liquid Chromatography Coupled with Tandem Mass Spectrometry in Apple Fruits Inoculated with *Trichothecium roseum*. Food Additives & Contaminants: Part A, 2014, 32 (4): 480-487.
[52] Ramesh CS, et al. Production of Monoclonal Antibodies for the Specific Detection of Deoxynivalenol and 15-Acetyl deoxynivalenol by ELISAT. Journal of Agricultural Food Chemisrty. 1995, 43, 1740-1744.
[53] Sokolovic M., Simpraga B. Survey of trichothecene mycotoxins in grains and animal feed in Croatia by thin layer chromatography. Food Control. 2006, 17: 733-740.
[54] Cerveró CM, et al. Determination of trichothecenes, zearalenone and zearalenols in commercially available corn-based foods in Spain. Revista Iberoamericana Micologa, 2007, 24: 52-55.
[55] Ibáñez-Vea M, et al. Simultaneous determination of type-A and type-B trichothecenes in barley samples by GC-MS. Food Control, 2011, 22: 1428-1434.
[56] Han Z, et al. A rapid method with ultra-high-performanc liquid chromatography-tandem mass spectrometry for simultaneous determination of five type B trichothecenes in traditional Chinese medicines. Journal of Separation Science, 2010, 33: 1923-1932.
[57] Santini A, et al. Multitoxin extraction and detection of trichothecenes in cereals: an improved LC-MS/MS approach. Journal of Science Food Agriculture, 2009, 89: 1145-1153.
[58] 王虎军．采后甜瓜果实中 NEO 毒素的检测及控制．2016，兰州：甘肃农业大学．
[59] GB/T 5009. 22—1996 食品中黄曲霉毒素 B1 的测定方法．
[60] GB/ T5009. 23—1996 食品中黄曲霉毒素 B1，B2，G1，G2 的测定方法．
[61] Kozloski R P. High performance thin layer chromatographic screening for af latoxins in poultry feed by using silica Sep-Paks. Bull Environ Contam Toxicol, 1986, 36 (6): 815.
[62] Van EgmondH P, Paulsch W E, Sizoo E A. Comparison of six methods of analysis for the determination of aflatoxin B1 in feeding stuffs containing citrus pulp. Food Addit Contam, 1988, 5 (3): 321.
[63] Van Egmond H P, Wagstaffe P J. AflatoxinM1 in whole milk-powder reference materials. Food Addit Contam, 1988, 5 (3): 315.
[64] Jewers K, Coker R D, Jones B D, et al. Methodological developments in the sampling of foods and feeds for mycotoxin analysis. Soc Appl Bacteriol Symp Ser, 1989, 18: 105.
[65] Arim R H, Aguinaldo A R, Tanaka T, et al. Optimization and validation of a minicolumn method for determining aflatoxins in copra meal. J AOAC Int, 1999, 82 (4): 877.
[66] Bruce R M, Graig W H, Tom R R, et al. Determination of Aflatoxins in grains and raw peanut s by a rapid procedure with fluorometric analysis. J AOAC Int, 2000, 83 (1): 95.

[67] Sobolev V S, Dorner J W. Cleanup procedure for determination of aflatoxins in major agricultural commodities by liquid chromatography. J AOAC Int, 2002, 85 (3): 642.

[68] Wilson T J, Romer T R. Use of the mycosep multifunctional cleanup column f or liquid chromatographic determination of aflatoxins in agricultural products. J Assoc Off Anal Chem, 1991, 74 (6): 951.

[69] Stroka J. Development of a simplified densitometer for the determination of aflatoxins by thin-layer chromatography [J] . Journal of Chromatography A, 2000, 904: 263-268.

[70] Otta K H, Papp E, Bagocsi B. Determination of aflatoxins in food by overpressured-layer Chromatography [J] . Journal of Chromatography A, 2000, 882: 11-16.

[71] 张鹏，张艺兵，赵卫东．花生中黄曲霉毒素 B1、B2、G1、G2 的多功能净化柱-高效薄层色谱分析 [J]．分析测试学报，1999 ，18 (6): 62-64.

[72] Cepeda, Franco CM, Fente CA, Vázqueza BI, Rodrígueza JL, Prognonb P, Mahuzierb G. Postcolumn excitation of aflatoxins using cyclodextrins in Liquid chromatography for food analysis [J] . Journal of Chromatography A, 1996, 721 (1): 69-74.

[73] Engvall E, Perlmann P. Enzyme-linked immunosorbent assay (ELISA) quantitative assay of immunoglobulin G [J] . Immunochemistry, 1971, 8 (9): 871-874.

[74] Kolosova A Y, Shim W B, Yang Z Y, et al. Direct competitive ELISA based on a monoclonal antibody for detection of aflatoxin B-1. Stabilizatof ELISA kit components and application to grain samples [J] . Analytical and Bioanalytical Chemistry, 2006, 384 (1): 286-294.

[75] 裴世春，肖理文．基于 HRP 标记抗体的黄曲霉毒素 M1 的直接竞争 ELISA 快速检测方法 [J]．食品科学，2011, 32 (18): 211-224.

[76] Xue S, Li, HP, Zhang JB, et al. Chicken single-chain antibody fused to alkaline phosphatase detectsAspergillus pathogens and their presence in natural samples by direct sandwich enzyme-linked immunosorbent assay [J] . Anal Chem, 2013, 85 (22): 10992-10999.

[77] Giraudi G, Anfossi L, Rosso I, et al. A general method to perform a noncompetitive immunoassay for small molecules [J] . Anal Chem, 1999, 71 (20): 4697-4700.

[78] Acharya D, Dhar TK. A novel broad-specific noncompetitive immunoassay and its application in the determination of total aflatoxins [J] . Anal Chim Acta, 2008, 630 (1): 82-90.

[79] Vdovenko MM, Lu CC, Yu FY, et al. Development of ultrasensitive direct chemiluminescent enzyme immunoassay for determination of aflatoxin M1 in milk [J] . Food Chem, 2014, 158: 310-314.

[80] Sun XL, Zhao XL, Tang J, et al. Preparation of gold-labeled antibody probe and its use in immunochromatography assay for detection of aflatoxin B1 [J] . Int J Food Microbiol, 2005, 99 (2): 185-194.